IT Text

情報処理学会 編集

情報セキュリティ

改訂**2**版

宮地充子
菊池浩明　共編

Ohmsha

情報処理学会教科書編集委員会

本書に掲載されている会社名・製品名は，一般に各社の登録商標または商標です．

本書を発行するにあたって，内容に誤りのないようできる限りの注意を払いましたが，本書の内容を適用した結果生じたこと，また，適用できなかった結果について，著者，出版社とも一切の責任を負いませんのでご了承ください．

はしがき

　情報セキュリティは，電子化されたデータの秘匿・認証・改竄防止を主要なテーマとして取り扱う分野である．情報セキュリティの分野は，大きく分けて2つに分類される．

・数論や計算量理論などの要素を取り込みつつ総合科学として発展してきたアルゴリズムの観点から，セキュリティを概観する現代暗号理論．

・インターネットやネットワークにおける実際のサイバー犯罪からどのようにセキュリティ確保するかを議論するネットワークセキュリティ．

　現代暗号理論およびネットワークセキュリティは，これまでそれぞれ独立に研究がされてきた．しかし，近年のネットワークの普及および電子化社会への急速な移行に伴って，これらの独立した分野が互いに影響を与えあい，密接な関係をもつようになってきた．セキュリティ分野が，各分野の研究結果だけで議論することが難しくなってきたのである．

　このような背景のもと，本書では，これまで独立に記述されていたセキュリティ分野を体系的に記述することで，情報セキュリティの全分野を可能な限り概観することを目的とする．

　現代暗号理論，ネットワークセキュリティの本書の目的は以下のようになる．

　現代暗号理論の分野においては，暗号理論の大きな土台である共通鍵暗号，公開鍵暗号，ディジタル署名について記述するとともに，公開鍵暗号・ディジタル署名の安全性に大きく関わる素因数分解問題などの数論問題，実際に暗号を構成する道具として利用する数論の定義などを，公開鍵暗号の基礎として記述する．この共通鍵暗号・公開鍵暗号・ディジタル署名という暗号アルゴリズムは，ネットワークセキュリティの分野における現代暗号理論に基づいたセ

キュリティと密接に関係する．また，現代暗号理論のもう1つの重要なカテゴリとして，暗号プロトコルについて記述するとともに，電子投票などのより現実のシステムをターゲットにしたカテゴリについても記述する．暗号プロトコルは，ネットワークを利用した実用可能なプロトコルとして脚光を浴びているだけでなく，ネットワークセキュリティを前提とするプロトコルもあり，ネットワークセキュリティの分野と密接に関係している分野である．

暗号理論の土台である共通鍵暗号，公開鍵暗号においては，実用化あるいは標準化されている方式での記載を試みた．共通鍵暗号や公開鍵暗号のアルゴリズムにおいては，研究から実用化への移行の過程のなかで，当初提案された研究が，標準化・実用化される方式と異なるような場合が頻繁に起こってきている．これは，研究から実用という過程において，さまざまな攻撃・利用環境の変化などを経て，改良されるからである．暗号アルゴリズムは，このように標準化・実用化動向に注意をしないと，実用化から乖離した方式が記載されることになる．このような問題を避けるため，本書では，ISOなどの規格方式にのっとり，可能な限り実用化されている方式について記載を試みた．さらに，情報の普及につれて非常に問題になってきている，情報通信倫理についても記述する．

ネットワークセキュリティの分野は，大きく分けてコンピュータウイルス不正アクセスなどのシステムのぜい弱性に関するセキュリティと現代暗号理論に基づいた安全性の2種類の技術がある．前者は実践的で，即有益な技術である反面，特定のシステムに依存する部分が大きく，新しいサービスやプラットフォームの導入のたびに新しい保護対策が必要になるなど，体系的に学習するのが現時点では困難である．そこで，本書では具体的な例を示し，そこから普遍的な概念を習得できるように心がけた．

また，本書においては，現代暗号理論およびネットワークセキュリティの両分野において，しばしば議論の前提となるユーザ認証に利用するバイオメトリクスについても記載する．また，セキュリティの商用化において重要になるセキュリティ評価手法についても記述する．

本書は，体系のとれた情報セキュリティの教科書に必要な基本的

な暗号アルゴリズムからインターネットセキュリティ，情報通信倫理を含む構成である．1章1授業を想定し，15コマの授業に適した配分としている．各章ごとに4，5題ほどの演習問題を挙げているので，学生の自主勉強にも適している．もちろん，本書は教科書という目的でなく，幅広く情報セキュリティの知識習得のために利用したい企業や一般の学生などの読者に対しては，それぞれ習得したい分野によって，下記のような読み方も可能である．

現代暗号理論の修得を目的とする読者に対しては，

1章→2章→3章→4章→5章→6章→7章→8章→15章

ネットワークセキュリティの習得を目的とする読者に対しては，

2章→4章→5章→9章→10章→11章→12章→8章→15章

実用化されている技術の習得を目的にした読者に対しては，

1章→11章→12章→13章→14章

を読むとよいと思われる．

本書は，各章最適な執筆者によってまとめられている．本書をまとめるにあたって，編者は全章の原稿を読み，執筆者に種々の注文をつけて，全体としての調和のため再三改稿をお願いしたが，執筆者の温かい協力により，各章執筆者ごとの思い入れを含みつつ全体として調和の取れた本を出版することが可能になった．

また編集に当たって，双紙 正和氏，田村 裕子氏，坂下 善彦氏，勝山 光太郎氏，オーム社出版部の方々に協力と援助を受けた．ここに深く感謝の意を表したい．

2003年9月

宮 地 充 子
菊 池 浩 明

改訂にあたって

2003 年に本書の初版が発行されてから早 18 年．その間の IT 技術の発達は著しく，私たちの情報化社会も大きく変容している．2015 年には，スマートフォンの利用者数は PC の利用者数を超え，多くのウェブサイトは主軸をスマートフォンユーザに移して，レスポンシブウェブデザインに移行している．現金に代わって，クレジットカード，電子マネー，QR コード決済などのキャッシュレス決済の普及が拡大している．2017 年には，全世界のインターネットの広告市場がテレビなどの従来型の市場を上回った．2018 年には欧州にて EU 一般データ保護規則 GDPR が制定された．社会がディジタルに移行すると同時に，情報セキュリティの果たす役割もより重くなってきている．個人を狙った詐欺や偽警告などの小規模なものから，企業のもつ情報資産を対象とした標的型攻撃や，重要インフラや政府機関を標的としたサイバー攻撃などへと，より大規模に，深刻なものに移行している．

これらの世界的な変化の中で，情報セキュリティはもはや高度な知識をもつ専門家のための学術分野としてだけではなく，インターネットを利用する全ユーザとそれらを支える各種サービス事業の技術者が知っておく必要のある基礎知識となりつつある．幸い，情報系の学部講義を対象とした IT Text シリーズとして出版した本書は，多くの大学や専門学校で採用いただき，セキュリティ知識の習得に少しながら貢献している．その一方，情報セキュリティ技術の多くの変化をカバーしきれなくなっている．大きなところでは，暗号解読技術の向上により，多くの暗号技術が危殆化し，本書初版で安全と記載していた内容がもはや正しくないことが挙げられる．例えば，第 2 章「共通鍵暗号」で扱っていた DES 暗号，第 4 章「公開鍵暗号」で扱っていた 1024 ビット RSA 暗号，第 5 章「ディジタル署名」で扱っていた SHA1，MD5 などのセキュアハッシュ関数などはすでに利用が奨励されていない．プロトコル標準化も多くの改訂を重ねており，第 9 章「ネットワークセキュリティ」，第 10 章「インターネットセキュリティ」で解説していた多くのバージョンはすでに obsoleted（廃止）となっている．第 11 章「不正アクセス」で

記述していたコンピュータウイルスは，より広い脅威を含むマルウェアと呼び替えられている．そこで，これらの章は改訂を行い，いくつかの古い記述を正した．また，AES暗号を中心にして認証暗号やGCMアルゴリズムなどの最新技術を扱う第2章，顔や静脈などの新しい生体認証技術を含む第13章，最新の法制度やその外側にある倫理や社会的状況に関する諸問題であるELSI（Ethical, Legal, and Social Issues）を扱う第15章については，章全体を新たに執筆している．

　18年前には想定していなかった情報セキュリティの新しい動きもある．ビットコインを代表とする暗号資産（暗号通貨），匿名通信路Torとディープウェブである．これらについては，初版の中でも8.2節「電子現金」，12.4節「匿名通信路」にて，学術分野のテーマとしての原理的な解説がなされていた．すでに研究レベルを超えて実装され広く普及し，仮想通貨交換所などの新たなビジネスをも創生している．暗号資産については，当初の目的であった匿名の決済から，スマートコントラクトなどの新たな応用をも生み出しており，情報系の学部生の素養として習得が必須のものになっていると考える．そこで，該当節を改訂して，これらの最新の状況を取り込むこととした．

　顕著な進歩を認識しながらも，学部生の講義内容として取り上げるには専門的すぎるため迷った分野がある．量子コンピュータとディジタルフォレンジック，ゼロトラストなどの多重防御である．量子コンピュータが実現されると本書で扱う多くの暗号技術が安全でなくなるといわれており，本書とも無関係であるとは済まされまい．そこで，信頼できる参考文献をあげて，量子コンピュータのインパクト予測などを第1章でトピックス的に取り上げることとした．興味をもつ読者は参考文献を調べていただき，講師の先生方は今後の技術動向に応じて補足していただきたい．

　18年たっても変わらないものもあった．第3章で扱う数学的な基礎理論や第7章で扱う暗号プロトコルなどは，その分野の最先端は進んでいるが，本書で対象としている情報系の学部生が知るべき基礎としては十分であると判断してそのままにしている．また，10.3節「S/MIME」では暗号化メールの普及が進まない理由のいくつか

を考察していた．すでにそれらのいくつかは改良されて技術的な障壁はなくなってきているにもかかわらず，個人の公開鍵証明書の普及が進んでいない現状は変わっておらず，今日も多くの SMS フィッシングが飛び交い，暗号化された ZIP ファイルが添付されたメールが届いている．ぜひとも真のディジタルトランスフォーメーションを経て，再び本書の改訂が必要となって欲しいものである．

　最後に，改訂にあたって情報処理学会教科書編集委員会の阪田史郎委員長をはじめとする委員諸氏から多くの建設的なご意見を賜った．オーム社編集局の方々にも多大なご支援をいただいた．ここに深く感謝を申し上げたい．

2021 年 12 月

宮　地　充　子
菊　池　浩　明

目　　次

第10章　インターネットセキュリティ

第11章　不正アクセス

第12章　情報ハイディング

第13章　バイオメトリクス

第14章　セキュリティ評価

■用語一覧

- $\mathbb{Z}$：整数全体の集合
- $a \mid b$：整数 a が整数 b を割り切る
- $|n|$：正整数 n に対して n のビット長（n のサイズという）
- $\mathbb{Z}_n$：0 以上 $n(n>0)$ 未満の整数の集合（$=\mathbb{Z}/n\mathbb{Z}$）
- $a \equiv b \pmod{n}$：$a, b \in \mathbb{Z}$ かつ $n \mid (a-b)$
- $a = b \bmod n$：$a \in \mathbb{Z}_n$ かつ $a \equiv b \pmod{n}$
- $\mathrm{GCD}(a, b)$：a と b の最大公約数
- $\mathrm{LCM}(a, b)$：a と b の最小公倍数
- $\lceil a \rceil$：a 以上の最小の整数
- $\lfloor a \rfloor$：a 以下の最大の整数（ガウス記号と同じ意味）
- $[a, b]$：a 以上 b 以下の整数
- $a \Vert b$：a と b の（文字列としての）連結
- $a \oplus b$：a と b のビットごとの排他的論理和
- $a \wedge b$：a と b のビットごと（あるいは命題）の論理積（AND）
- $a \vee b$：a と b のビットごと（あるいは命題）の論理和（OR）
- $\sim a$：a のビットごと（あるいは命題）の否定（NOT）
- $\{0, 1\}^l$：長さ l の 0, 1 からなる文字列
- 0^l：長さ l の 0 だけからなる文字列
- $[a]^b$：a の最上位 b ビット
- $[a]^b_c$：a の上位 b ビット目から c ビット分
- $[a]_b$：a の最下位 b ビット
- $a \overset{?}{=} b$：$a = b$ が成り立つかどうか比較する
- $\mathrm{E}_K(m)/\mathrm{D}_K(c)$：$m$ の鍵 K による暗号化/c の鍵 K による復号
- $\mathrm{Sign}_{S_A}(m)/\mathrm{Verify}_{P_A}(\sigma)$：$m$ の秘密鍵 S_A による署名生成/σ の公開鍵 P_A による署名検証
- **多項式時間**：問題 x が与えられたとき，x を解く時間が $|x|$ の多項式（$|x|^a$，a は適当な定数）でおさまる時間（サイズを大きくしたときの漸近的性質である）
- **準指数時間**：x を解く時間が $|x|$ の準指数関数（$a^{|x|^l}$，a は適当な定数，$l<1$ の定数）でおさまる時間．
- **指数時間**：x を解く時間が $|x|$ の指数関数（$a^{|x|}$，a は適当な定数）でおさまる時間．

第1章

情報セキュリティ

　情報セキュリティは総合科学である．暗号理論に応用されている整数論を始めとする数学，インターネットを構成するホストと通信プロトコルなどの技術，そして，それらのサイバー空間の中で情報を交換する人に関する社会科学，これらが相互に結び付いて情報セキュリティという学問分野をなしている．ネットワークが重要インフラとなった今，セキュリティが破れることは社会基盤の停止を意味する．セキュリティが破れたときの損害は甚大になる一方である．セキュリティが決して破れない技術であると過信することなく，破れることを想定して被害を最小にする対策をすることが必要になっている．そこで本章では，膨大な被害を及ぼす暗号資産（暗号通貨）と量子計算機技術の動向を取り上げ，情報セキュリティにおける主要な要素が何であるかを学ぶ．

1.1　情報セキュリティの基本要素

　情報システムへの脅威は年々大きくなっている．フィッシング対策協議会のレポートによると，2019 年には 8,208 件のフィッシング攻撃が報告されており，これは前年同月の 4.4 倍に当たる．国内の被害も総額 7 億 7,600 万円に及び，2018 年の 4 億円の約 2 倍である．

2018年には，大手の取引所であるコインチェック社から，暗号資産の一つであるネム（NEM）が漏えいした．不正アクセスによりウォレット（電子財布ソフトウェア）の秘密鍵が盗まれ，数分の間に総額580億円のネムが外部に送金されてしまった．同社の顧客26万人が被害を受けたが，口座のもち主の特定は極めて困難といわれている．

セキュリティイン
シデント：
security incident

　これらのフィッシングや暗号資産の流出の事例を，セキュリティインシデントという．近年は，セキュリティインシデントに関わる被害額が膨大になるだけでなく，産業スパイから社会インフラまで脅威の種類や対象が広がっている．幅広い脅威に対応し，インシデント発生時に被害を最小化するために行う組織的，社会的な防衛行動を，広い意味の情報セキュリティと呼ぶ．

　その一歩は，脅威の種類を分類し，脆弱性の原因を特定し，それらに適した対策技術を知ることから始まる．そこで，ここではまず，表1.1に示す次の情報セキュリティの基本要素を知ろう．

表1.1　情報セキュリティの基本要素

	要素	説明	例
C	秘匿性 （Confidentiality）	情報を不適切な対象に見せない	・個人情報漏えい ・不正コピー
I	完全性 （Integrity）	情報が完全な形で保たれ，改ざんや破壊されない	・データの改ざん ・偽造 ・なりすまし
A	可用性 （Availability）	情報や資源がいつでも利用できる	・サービス利用不能攻撃（DoS） ・ランサムウェア

秘匿性：
confidentiality

・秘匿性
　情報を不適切な対象に見せないこと．ネットワークの盗聴や不正コピーが代表的な例である．消去したはずのデータを復元することは，データの秘匿性が損なわれたと考える．

完全性：
integrity

・完全性
　情報が完全な形で保たれ，偽造や改ざんがなされないこと．ウェブサイトを偽るフィッシングサイトや認証情報を推測して他人になりすますことも完全性を損なう脅威である．

可用性：
availability

・可用性

　情報や資源がいつでも利用できること．分散型の利用不能攻撃 DoS は可用性を損なう典型例である．

　例えば，顧客ファイルや患者情報を暗号化して身代金を要求するランサムウェアの脅威を考えよう．個人情報が外部に漏れたわけではなく，秘匿性は損なわれていない．しかし，復号鍵がなければ元の情報に復元できず，完全性は損なわれている．もしも病院情報がランサムウェアによりアクセスできなければ治療を行うこともできず，可用性は満たされない．インターネットバンキングの不正利用の脅威の例においては，認証情報を不正に入手して，本人を偽って不正送金を行うので，完全性が損なわれたことと考える．口座番号や口座名義などの情報が漏えいしていたら，秘匿性が損なわれたこととなる．このように，単一のサイバーインシデントに対して，複数の要素が損失していることもある．

　これらのさまざまな脅威に対して，さまざまな情報セキュリティ技術がある．本書では，実用化や標準化がされており，社会で広く用いられている次の技術を取り上げる．

・暗号技術（第 2，3，4，6 章）
・ディジタル署名技術（第 5 章）
・暗号プロトコル（第 7，8 章）
・ネットワークセキュリティ（第 9，10，11，13 章）
・情報ハイディング（第 12 章）
・セキュリティ評価（第 14 章）
・情報倫理（第 15 章）

　これらの間には，図 1.1 に示される関係がある．まず，暗号技術は秘匿性を保証する主要な技術であり，第 2 章で扱う共通鍵暗号と第 4 章で扱う公開鍵暗号の，大きく 2 つの理論がある．第 4 章の公開鍵暗号の原理を正しく理解するために必要な，整数論などの数学的な基礎と素因数分解問題などの主要な暗号プリミティブ（基本要素）の知識を第 3 章で，特に重要な暗号技術であるだ円曲線暗号を第 6 章で，それぞれ学ぶ．一方，メッセージの改ざんやなりすましなどが行われないように完全性を保証する技術に，第 5 章で学ぶディジタル署名とセキュアハッシュ関数がある．

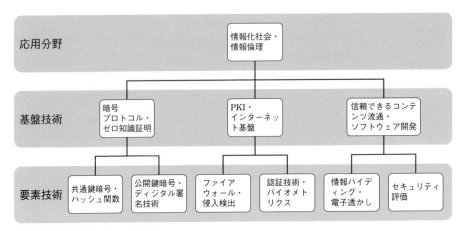

図1.1　情報セキュリティ技術の構造

　次に，暗号理論を要素技術として構成される基盤技術に，ゼロ知識証明，グループ署名，マルチパーティプロトコルなどを含む第7章で扱う暗号プロトコルと第8章で扱う社会システムの応用がある．暗号を用いた応用については，投票内容を秘匿したままで不正な投票者を排除して正しく集計結果を求める電子投票，入札値を秘匿したままで正しく最高額の落札値だけを算出する電子オークションなどがある．特に，ブロックチェーンと呼ばれる分散型の台帳システムには，ビットコインなどの仮想的な通貨システムを始めとして資産管理などを実現するスマートコントラクト（あらかじめ定めたプログラムに沿って自動的な契約や検証を行う技術）などの幅広い応用があり，技術革新が著しい．そこで，暗号資産については，本章後半にて補足を行う．

　同様にして，信頼できるインターネット基盤を構築するものに，第11章で取り上げる不正アクセス検出技術やファイアウォールを始めとするアクセス制御技術がある．正しい利用者が正しくリソースにアクセスできることを保証するためには，第9章で扱う認証技術，第13章で扱うバイオメトリクス技術が重要な要素技術となる．そして，インターネット基盤にも，暗号理論を要素技術として，IPSEC，TLS，S/MIMEなどの各種セキュアプロトコルが構築されている．この技術仕様については，第10章で学ぶ．

　最後の基盤には，信頼できるコンテンツ流通とソフトウェア開発が挙げられる．画像，音楽，ソフトウェアなどのディジタルコンテンツの著作権を守り，不正なコピーを検出して違法利用を防止するために，コンテンツの著作者名を埋め込む電子透かしを始めとする情報ハイディング技術が開発されている．逆に，内部告発などの目的で匿名のままで発言する用途のために，匿名ネットワークが開発されている．これらの原理と動向については，第12章で学ぶ．ソフトウェアの機能要件を明確に定義し，評価保証レベルを定めているISO/IEC評価記述については，第14章で触れる．

　これらの情報セキュリティ技術によって，今日の情報化社会の各種サービスは実現されている．しかし，その一方で技術だけで守りきれないことがある．例えば，ランサムウェアで暗号化されたときに，生活者の権利を守るためには身代金を払うべきだろうか．あるいは，攻撃者を特定するために偽のおとり環境を用意することは違法に問われるだろうか．これらのジレンマについては，技術だけでなく，法制度だけでもなく，しばしば私たちの社会の倫理にも複雑に関わる．これらは，Etherical, Legal and Social Issues の頭文字をとって ELSI と呼ばれている．第15章で具体例を通じて学ぶ．

　このように，情報セキュリティを保証することは，数学のような理論的な知識から，ネットワークのような通信技術，資産管理や商取引に関する知識，法律や倫理に関わる社会科学的な知見が加わり，複雑な様相をなしている．情報セキュリティはしばしば総合科学であるといわれる所以である．しかも，各々の技術の技術革新が著しい．例えば，量子コンピュータが開発されれば，今日のインターネットの基盤をなす公開鍵暗号の多くは安全でなくなるといわれている．しかも，量子コンピュータの実現によってもたらされる計算能力への期待のもと巨額の投資が行われ，各国で開発競争が盛んである．だからといって，すぐさますべての公開鍵暗号が無効になる状況ではない．そこで，最新の技術開発状況と暗号理論の関係を理解し，そのリスクを正確に理解するために，本章の後半にて解説を加えている．

　量子コンピュータと同様に，近年著しい技術改革が生じて，社会的な需要が高まっている技術として，ディジタルフォレンジックが

ある．これらについては，本書の想定している読者層の範疇を超えるため，本章の後半にて概説している．

■ 1.2　暗号資産

2009 年，正体不明の著者サトシナカモトによる論文"Bitcoin: A Peer-to-Peer Electronic Cash System"がネットワーク上で出版された．そこで提案される原理に基づき，オープンソースによる開発で実現した暗号通貨が，ビットコインである．原理もソースコードも公開されており，PC さえあれば誰もが「コイン」を採掘できる．暗号通貨の原理である分散型の台帳システムを図 1.2 の原理図で説明しよう．

暗号通貨：
cryptocurrency

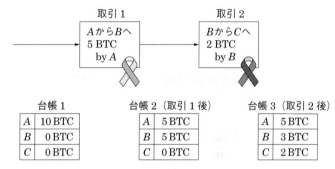

図 1.2　分散台帳（Block Chain）

アドレス A，B，C の間でビットコインを交換する．A から B へ 5 BTC（BTC はビットコインの基本通貨単位）を送金している．これを取引と呼び，偽造を防止するために送金主である A の秘密鍵でディジタル署名（図 1.2 のリボン）されている．これに伴い，A の有するコイン総額は 10 BTC から 5 BTC に減り，B の額が 5 BTC 増える．この取引は公開されており，その履歴がブロックチェーンと呼ばれる分散型の台帳である．取引を管理する中央集中のしくみはなく，ネットワーク上に分散されたノード間で検証が行われて，台帳の完全性が保証されている．

ビットコインの発表以降，将来の信頼される通貨基盤を目指し

て，数多くのシステムが提案されている．表1.2に，それらの一部を示す．取引額第2位のイーサリアム（Ethereum）は独自の記述言語をもちスマート契約を実現する．第3位のリップル（XRP）は国際送金を高速に定額に行うために開発されている．用途や特徴の多様さが進む一方，その取引価格は高騰しており，当初の目的であった電子通貨の技術というより，もはや投資対象の資産とみなされている．この背景のもと，2019年には，資金決済法が改正され，暗号資産と呼ばれることとなった．

暗号資産：
crypto assets

表1.2　仮想通貨ランキング2019

仮想通貨名	時価総額（億円）	取引所平均価格（円）
Bitcoin	146,614	826,244.64
Ethereum	27,671	26,010.97
XRP	18,762	44.42
Bitcoin Cash	7,285	40,874.78
Litecoin	6,957	11,201.03
EOS	6,041	658.09
Binance Coin	4,658	3,299.38
Bitcoin SV	3,615	20,283.74
Tether	3,504	108.67
Stellar	2,533	13.10

1.3　量子コンピュータと公開鍵暗号

　2019年10月，Google社の研究者らが，スパコンで1万年かかる計算を200秒で計算できたことをNature誌にて発表した[1]．彼らが開発した量子プロセッサSycamore（図1.3）は，53量子ビットの状態を作り出し，量子超越を実現したと主張している．量子コンピュータが実現されると，今日の情報セキュリティ技術の多くに影響を及ぼすことが知られている．米国国立標準技術研究所NISTがレポートの中で指摘している表1.3の暗号技術とその影響によると，AES-256などの共通鍵暗号は鍵長を拡大し，SHA-256などのハッ

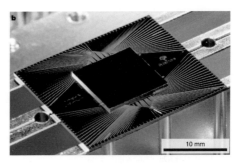

図 1.3　量子コンピュータ Sycamore（credit：Erick Lucero）

表 1.3　量子コンピュータによるインパクト（参考文献 5）Table 1 より）

暗号 アルゴリズム	種類	目的	大規模量子コンピュータ による影響
AES-256	共通鍵	暗号化	鍵長の拡大が必要
SHA-256		ハッシュ関数	出力ビットの拡大が必要
RSA, ECDSA, ECDH, DSA	公開鍵	ディジタル署名, 鍵交換	安全でない （No longer secure）

シュ関数は出力を拡大することが求められる．しかし，RSA 暗号，
だ円曲線暗号 ECDSA，ECDH などの公開鍵暗号系は，もはや安全
には使えない（No longer secure）という．

　今日のインターネットは，公開鍵暗号に基づく公開鍵認証基盤
PKI の上で安全性が実現されており，電子政府推奨暗号である RSA
暗号は素因数分解問題を，DH，ECDSA は離散対数問題の困難性
を，それぞれ安全性の根拠としている．量子コンピュータがこれら
を古典的コンピュータよりも高速に解き，それが不正に利用されて
しまうと，インターネットのほとんどのアプリケーションが利用不
能になるおそれがある．

　これを受けて，電子政府推奨暗号の安全性を評価監視する総務省
と経済産業省のプロジェクト CRYPTREC では，安全性への影響を
調査した[2]．現在の量子コンピュータの能力に基づいて評価すると，
2048 ビット RSA 合成数の素因数分解を解くためには，4098 量子ビ
ットと 10^{13} 回のゲート演算が必要であり，解読されるレベルには大
きなかい離がある．2020 年 2 月，電子政府推奨暗号が近い将来に危

殆化する可能性は低いと結論づけた.

　過度に危惧する必要はないが，現在の暗号技術を過信してもならない．ある日ブレイクスルーが起こり，量子コンピュータの研究開発が加速しないともいえない．NIST では，量子コンピュータに耐性をもつ新しい暗号技術 PQC（Post-Quantum Cryptography）の標準化を進めている．格子問題に基づく暗号，多変数を用いた公開鍵暗号など新しい技術が検討されている．本書のレベルを超えるので詳細は述べないが，本書で学ぶ技術が危殆化する可能性があることは是非覚えていただきたい.

■ 1.4　ハードウェアとディジタルフォレンジック

　2019 年 6 月，京都の電子部品メーカーNISSHA を退社して中国企業で働いていた技術者が不正競争取引法違反の疑いで逮捕された[3]．同社の営業機密を社外に持ち出す，いわゆる産業スパイとして疑われているという．ここで大きな役割を果たしたのが，ディジタルフォレンジック（電子鑑識）である.

　ディジタルフォレンジックは，犯罪捜査や法的紛争のために IT 機器に残るデータを調査する科学的調査手法であり，データの改ざんの有無や意図的な消去を検出したりする専門会社もある．本事案においても，ディジタルフォレンジックの専門会社は，システムの利用履歴を調査し，退職の直前にサーバから大量の技術関連資料をダウンロードしていることを突き止めた．人工知能やバイオなどの先端分野における競争の激化を背景として，営業機密侵害で検挙される例は単調に増加しており，今後重要になることと見られている．容疑者が正規の従業員であり，内部犯行であることが，この検出をより困難にしている.

　消去されたデータが復元できることは広く知られている．ファイルシステムは，データが格納されている領域とそれらの場所を表すファイルテーブルからなるが，削除操作で書き換えられるのは後者だけであり，実データは記憶媒体のどこかにそのまま残っているからである．図 1.4 は，このファイルテーブルを分析してデータを復

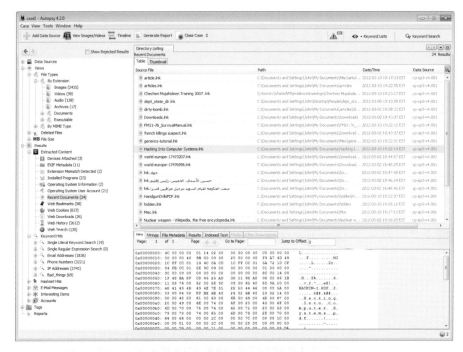

図 1.4　Autopsy ツール（https://www.autopsy.com）

　元するオープンソース Autopsy である．このツールで復元されない
ようにするためには，データ格納領域を別のデータで上書きする必
要がある．

■1.5　社会インフラを守る多重防御

　安心安全を確保するためにはさまざまな脅威を想定することが求
められている．例えば，開発の段階で脆弱性のある要素が混在して
しまうサプライチェーンのリスク，運用だけでなく保守においても
発生するインシデント，外部から不正アクセスされるだけでなく内
部に感染したホストが活動することで引き起こされるリスクなど多
岐にわたる．したがって，サービス事業者やベンダは，基本要素に
加えて，インシデントが生じることを想定した多重防御の考え方が

求められてきている．例えば，鍛は社会インフラを守るためのセキュリティ機能として，次を提案している（参考文献4）より抜粋）．

- ・挙動監視機能
- ・装置のログの管理する機能
- ・インシデントの原因を特定し，隔離排除するセキュリティポリシーを立案する機能
- ・セキュリティポリシーに従ってインシデントを対処する機能
- ・組織の構成員への教育・訓練
- ・インシデント対応体制の確立
- ・機器認証機能，システム正当性確認機能

社会インフラの安全性を保証するためには，技術的な対策だけではなく，セキュリティマネジメントシステムなどの組織的な安全管理措置などの多くの観点を考慮する必要がある．

演 習 問 題

問1 次の例は，情報セキュリティの基本要素のどれに該当するか．
- ア：正規の従業員が，顧客情報を持ち出して名簿業者に売却してしまった．
- イ：マルウェアに感染したホストを何百台も操り，特定のウェブサイトをダウンさせた．
- ウ：コップに残留した指紋を取得して指を偽造し，他人になりすまして部屋の鍵を開錠した．

問2 任意の暗号資産を選び，そこで用いられている暗号技術やディジタル署名技術を調べよ．

問3 今日のコンピュータ技術は，2年ごとに性能が倍になるといわれている．したがって，量子コンピュータの開発を待たなくても，高速なコンピュータができれば公開鍵暗号を破ることができる．この主張は正しいだろうか．

問4 重要インフラの安全性を担保するためには，インターネットから不正侵入されないようにファイアウォールを構築するだけでは十分でなく，内部からインターネットへの通信も監視しなくてはならない．なぜだろうか．

第2章

共通鍵暗号

　暗号は大きく共通鍵暗号と公開鍵暗号に分類される．このうち共通鍵暗号は送信者と受信者が共通にもつ秘密の鍵を使って暗号化や復号を行う方式であり，古くから使われてきた暗号のディジタル版といえるものである．共通鍵暗号は小型・高速に実現できるという実用上の大きなメリットがあり，現在ではコンテンツの暗号化は共通鍵暗号で行い，鍵共有やディジタル署名は公開鍵暗号で行うといった使い分けがなされている．この章では2つのタイプの共通鍵暗号であるストリーム暗号とブロック暗号に関する基本的知識について説明するとともに，現在最も広く用いられている共通鍵暗号であるAESの完全な仕様を記述する．

2.1　ストリーム暗号

ストリーム暗号：
stream cipher

初期値：
initial value
あるいは
initial vector

1．ストリーム暗号とは

　ストリーム暗号は，図2.1に示すように共通鍵と初期値を入力とする何らかのアルゴリズムで擬似乱数を生成し，これと平文とを排他的論理和することにより暗号文を生成するタイプの共通鍵暗号である．

　ストリーム暗号は，暗号化と復号の処理に用いる擬似乱数生成ア

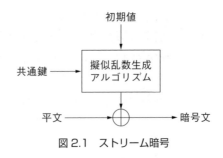

図2.1　ストリーム暗号

ルゴリズムが同一であり，また誤り拡大が起こらない，すなわち通信路で発生した暗号文の誤りを復号で拡大することがないという特長があるため，リアルタイムの音声通信の秘匿など誤り拡大が通信品質に影響を及ぼす場合にはストリーム暗号が利用されることが一般的である．

　一方で，ストリーム暗号で同じ擬似乱数を2度使うと，2つの暗号文を排他的論理和することで2つの平文の排他的論理和値が露呈するため，共通鍵が変更されない限り同じ初期値を2度使ってはならないことに注意が必要である．初期値は重複が起こらないようにシステムが適切な設定を行わなければならない．

バーナム暗号：
Vernam cipher

▌2．バーナム暗号

　バーナム暗号は，すべてのビットが一様独立な分布をもつ真正乱数を送信者と受信者が共有し，これを平文と排他的論理和して暗号文とするもので，ワンタイムパッドとも呼ばれる．このような暗号は，暗号文だけからは平文の情報がまったく得られないという意味で情報理論的安全性を実現するいわば理想的な暗号である．

　しかしながら，真正乱数を生成し安全に配布することは現実には必ずしも容易ではなく，またこの乱数は使い捨てにしなければならず共有した真正乱数のビット数以上の平文を暗号化できないため，バーナム暗号が利用可能な応用は限られる．

▌3．ストリーム暗号の例

　ストリーム暗号の構成法には，シフトレジスタと非線形演算を組み合わせて擬似乱数を生成するものや，共通鍵を使って乱数表を作

成してここから擬似乱数列を取り出すものなどが代表的である．後者の代表例は RC4 と呼ばれる極めて小型かつ高速なストリーム暗号で，かつては SSL/TLS や Wi-Fi などで利用されていた*が，それぞれ暗号解読に結び付く脆弱性が発見されたために，現在ではその利用は推奨されない．

　ストリーム暗号においてシフトレジスタを用いる利点は，周期が保証できることである．擬似乱数には必ず周期が存在し，この周期で同じビット列が繰り返し現れるので，ストリーム暗号は周期が十分長くなるように設計されなければならない．例えば，N ビットのシフトレジスタを用いれば最大 2^N-1 の周期を保証することができ，また周期がそれぞれ $c_1, c_2, \cdots, c_r$ の r 個のシフトレジスタと非線形関数を図2.2のように組み合わせた擬似乱数生成アルゴリズムは，その周期がこれらの最小公倍数 LCM $(c_1, c_2, \cdots, c_r)$ となるように設計できる（図2.2）.

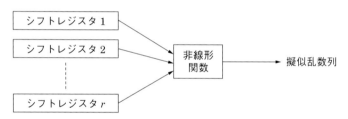

図2.2　シフトレジスタを組み合わせた擬似乱数生成アルゴリズム

　このほかに，ブロック暗号あるいはそのコンポーネントを用いて擬似乱数生成アルゴリズムを構成することもできる．この方式の利点は，回路やプログラムをブロック暗号と共用できることや，一度の処理で多数のビット列を生成できることにある．次節で述べるブロック暗号の利用モードの中には実質的にストリーム暗号を実現するものが存在し，最近ではこちらが使われることも多い．

■2.2　ブロック暗号

ブロック暗号：
block cipher

▌1.　ブロック暗号とは

　ブロック暗号はブロックと呼ばれる単位で暗号化を行う共通鍵暗号である．1ブロックの大きさ（これをブロックサイズという）はかつては64ビットであったが，現在は128ビットのものが使われることが多い．その構造は図2.3に示すように共通鍵を処理する鍵スケジュール部と，平文を処理するデータかくはん部の2つの部分から構成される．鍵スケジュール部の出力を副鍵あるいは拡大鍵と呼び，データかくはん部は，この副鍵を用いて平文1ブロックのデータを暗号文1ブロックのデータに変換する．

副鍵：subkey

拡大鍵：
extended key

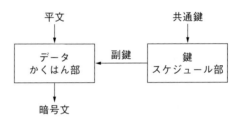

図2.3　ブロック暗号

　ブロック暗号は情報の秘匿だけではなく，ユーザ認証やメッセージ認証にも利用できるなど応用範囲の広い共通鍵暗号である．図2.4に共通鍵暗号を用いたユーザ認証の一例を示す．ここでは証明者が検証者と同じ共通鍵を持っていることを，共通鍵そのものを送信することなく検証者に納得させる方法を示している．まず検証者は使い捨ての乱数を生成し証明者に送る．次に証明者は送られてきた乱数を自分のもつ共通鍵で暗号化して検証者に送り返す．そして検証者は自分が生成した乱数を自分がもつ共通鍵で暗号化し，この結果と証明者から送られてきた情報とを比較し，一致すれば証明者は正しい共通鍵を持っているとみなす．これはチャレンジ・アンド・レスポンス認証と呼ばれる基本的なユーザ認証方法である．

　ここで，検証者が使い捨ての乱数を使うことは重要である．同じ乱数を2度用いると，1回目の通信を盗聴していた第三者は2回目

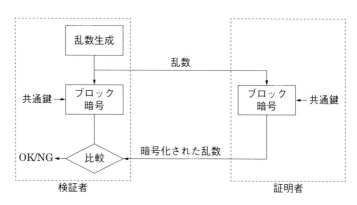

図 2.4　ブロック暗号を用いたユーザ認証

の認証時に証明者へのなりすましが可能だからである.

　ブロック暗号はストリーム暗号と異なり,通信路で発生した通信誤りを復号時に拡大してしまうことに注意する必要がある.すなわち暗号文ブロックに1ビットでも誤りが発生していた場合,その暗号文を復号した結果得られる平文の1ブロックはすべてのビットがもはや信用できない.このような誤り波及の問題は通信プロトコルや誤り訂正機能で十分対処できる場合も少なくないが,そうでない場合には次に述べるブロック暗号の利用モードをこの点を考慮して選択する必要がある.

利用モード：
mode of
operation

▌2.　ブロック暗号の利用モード

　ブロック暗号単体は1ブロックの平文を暗号化する機能しか有しない.長い平文を暗号化するにはブロック暗号を繰り返し適用しなければならないが,この繰り返しの方法を利用モードと呼び,いくつかの方法が知られている.ここではそれらの代表的なものを紹介し,それぞれの特長と注意点について述べる.以下では,共通鍵は固定されているものとし,図における共通鍵の記載は省略する.

ECB モード：
electronic
codebook mode

（a）ECB モード

　ECB モードは,図2.5 に示すように,平文をブロックごとに分割してそれぞれのブロックを独立にブロック暗号で暗号化する,最も単純な利用モードである.しかしながら,このモードは特別な場合以外使うことは推奨されない.なぜならば,同じ内容をもつ2つの

平文ブロックから同じ内容の2つの暗号文ブロックが生成されるからである．すなわち，2つの暗号文ブロックが同一ならば直ちに対応する2つの平文ブロックが同一であることが露呈する．

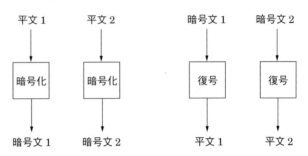

図2.5　ECBモードの暗号化（左）と復号（右）

CBC モード：
cipher block
chaining mode

（b）CBC モード

上述の ECB モードの欠点を解消したものが，図2.6に示す CBC モードである．このモードでは，暗号文ブロックが次のブロックの平文と排他的論理和されてからブロック暗号処理がなされる．これにより，仮に複数の平文ブロックの内容が同一であっても，対応する暗号文ブロックの内容は異なるものになるため，暗号文から平文ブロックの一致が露呈することはない．

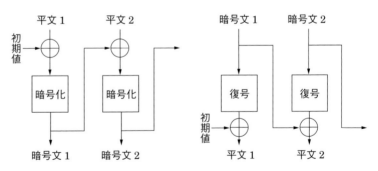

図2.6　CBCモードの暗号化（左）と復号（右）

ECBモードやCBCモードは平文をブロック単位で処理するため，平文の長さはブロックサイズの倍数でなければならず，したがって平文の末尾に何らかのデータを追加しなければならない．これをパディングと呼ぶ．パディングにはさまざまな方式があるが，異なる

平文がパディング後に同一になることのないように，平文の直後にビット1を埋めてから残りを0で埋める方法や，平文の長さの情報をパディングの中に埋め込む方法が一般的である．なお，パディングを行った場合には，一般に暗号文が平文よりも長くなることに注意する必要がある．

また，CBC モードではブロックサイズと同じ長さの初期値が必要となる．これは，同じ共通鍵で同じ平文を2度暗号化したときに，暗号文が同じにならないために必要となるものであり，送信者は暗号文とともにこの初期値を受信者に送る必要がある．この初期値は暗号化せずにそのまま送ってよいものであるが，毎回送信者がランダムに生成したものを使うことが望ましい．

CBC モードは ECB モードと異なり，暗号化ではブロック単位の並列実行ができない．すなわち一つの平文ブロックのブロック暗号処理が終了しないと，次の平文ブロックのブロック暗号処理が開始できない．これに対して，CBC モードの復号では複数のブロックの並列実行が可能である．また誤り波及については，CBC モードでは1ビットの暗号文の誤りが，対応する平文ブロックだけでなく，その次の平文ブロックにまで波及する．しかしながら，次のブロックの平文への誤り波及は1ビットにとどまる．

CTR モード：
counter mode

(c) CTR モード

CTR モードは，図2.7 に示すように，初期値を1ずつカウントアップしながらそれらをブロック暗号で暗号化した結果を平文と排他的論理和して暗号文とするものである．このモードはブロック暗号を用いて実質的にストリーム暗号を実現する方式である．したがって，ストリーム暗号の特長である，暗号化と復号の処理が同一，暗

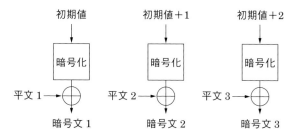

図 2.7　CTR モードの暗号化（復号は平文と暗号文を入れ替える）

号文の誤りを拡大しない，パディングが必要なく平文と暗号文の長さが同じなどの性質をもつ．しかも CTR モードはブロック単位で並列処理ができるうえ，復号時でもブロック暗号としての復号処理を行う必要がないなどの実装上のメリットも多いため，近年はこのモードが利用されることが多い．

ナンス：nonce

　一方で，CTR モードを用いる場合には初期値の設定に特別な注意が必要である．まずこれはストリーム暗号であるので，同じ共通鍵を用いる場合に同じ初期値を 2 度使うことがあってはならない．同じ初期値を用いると同じ擬似乱数が生成されるからである．このような重複が許されない初期値のことをナンスという．さらに CTR モードでは，初期値が重ならないだけではなく，カウントアップした初期値の値も含めて重複が起こってはならない．例えば，初期値 I を用いて N ブロックの平文の暗号化が行われた場合，次回の暗号化における初期値 J は I と同じであってはならないだけでなく，暗号化中に J がカウントアップされたどの値も $I+1, I+2, \cdots, I+N-1$ のいずれとも異なるものでなければならない．すなわち，CTR モードを用いる場合には，そのシステムで暗号化される平文の最大長を知ったうえで初期値の設定を適切に行わなければならない．実際には，初期値の一定ビット数を時間や機器番号などの領域に割り当てて唯一性を保証し，残りのビットをカウンター領域として，常に 0 からカウントアップするなどの方法がとられる．

▌3. ブロック暗号の歴史と DES

DES：
Data Encryption
Standard

ブロック暗号の歴史は DES に始まるといってよい．DES は 1977 年に米国連邦政府標準に採用され，以後 20 年以上にわたって世界中で利用されたブロック暗号である．DES はブロックサイズが 64 ビットで共通鍵のサイズは 56 ビットである[*1]．

＊1　DES の鍵は仕様上は 64 ビットであるが，そのうち 8 ビットはパリティなので，実質的な鍵長は 56 ビットである．

DES のデータかくはん部の構造を図 2.8 に示す[*2]．平文ブロック 64 ビットは，左右 32 ビットに分割された後，ラウンドと呼ばれる処理を 16 回繰り返してその結果を暗号文とする．1 つのラウンドの処理は，まず入力の右 32 ビットがそのまま出力されるとともに関数 F に入力される．関数 F は入力 32 ビットと副鍵 48 ビットとから出力 32 ビットを生成する．これが左 32 ビットと排他的論理和され，

＊2　正確には初期転置，最終転置と呼ばれる処理が最初と最後に含まれるが，説明の都合上ここでは省略した．

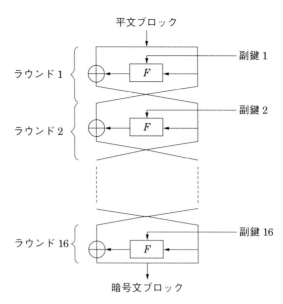

平文ブロック

副鍵1

ラウンド1 F

副鍵2

ラウンド2 F

副鍵16

ラウンド16 F

暗号文ブロック

図 2.8　DES のデータかくはん部

ファイステル：
DES の設計者の
一人
（Horst Feistel）

最後に左右の32ビットが入れ替えられる．ただし，最後のラウンドだけは左右の入れ替えは行わない．このはしごのような構造はファイステル構造と呼ばれ，復号の処理が副鍵の順序を逆順にするだけで暗号化と同じ処理でできるという特長をもっており，その後のブロック暗号設計のお手本となるものであった．

　一方で DES の鍵長は56ビットと短く，DES 標準化の当初から鍵の全数探索による解読の可能性が議論となっていた．この欠点を補う方法として，Triple-DES がその後開発された．Triple-DES とは，図2.9のように DES を直列に3回並べたもので，鍵サイズは168ビットとなる．ここで2回目は復号であることに注意する．これは DES との互換性を保つためである．すなわち，最初と2番目の鍵を同じ値に設定すると，この Triple-DES は3番目の鍵で1回だけ DES で暗号化したものと等価になる．なお，鍵1と鍵3を同一に設定したものを Two-key Triple-DES（この場合，鍵サイズは112ビット），3つの鍵すべてが独立なものを Three-key Triple-DES という．

　長らくブロック暗号の世界標準として使われた DES も，1997年

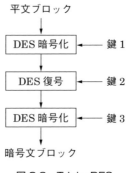

図 2.9　Triple-DES

に初めて鍵の全数探索解読の成功が報告されるなど，新しい標準への移行が求められるようになり，DES の後継としての新ブロック暗号 AES が 2001 年に米国連邦政府標準として制定されるに至った．

4. ブロック暗号 AES

AES : Advanced Encryption Standard

NIST : 米国国立標準技術研究所（National Institute of Standards and Technology）

AES は，アメリカの NIST が主催した公募によるコンテストで選ばれたブロック暗号であり，現在世界で最も広く用いられている共通鍵暗号である．ブロックサイズは 128 ビットで，共通鍵のサイズは 128，192，256 ビットの 3 種類が存在する．ここでは AES の完全な仕様を解説する．

（a）暗号化の全体構造

AES による暗号化の全体構造は，図 2.10 に示すように，DES と同じくラウンドと呼ばれる処理を積み重ねてデータかくはんを行う構造をもつ．このラウンドの数は 3 種類の鍵サイズに応じて 10，12，14 と定義されている．

各ラウンドは 4 つの関数 AddRoundKey，SubBytes，ShiftRows，MixColumns から構成され，これらが順に適用される．ただし，最後のラウンドだけは AddRoundKey，SubBytes，ShiftRows，AddRoundKey が順に実行される．このうち AddRoundKey には 128 ビットの副鍵が必要となる．

以下では，AES の平文や暗号文ならびに内部関数の入出力 16 バイトを，4 行 4 列の行列で表現して説明する．図 2.11 に，この行列における 16 バイトデータのバイト順を示す．

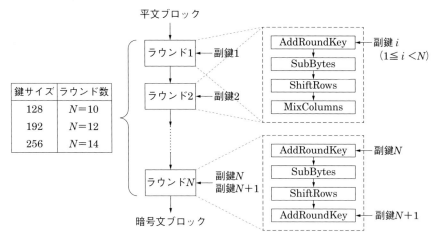

図2.10 AES暗号化の全体構造

0	4	8	12
1	5	9	13
2	6	10	14
3	7	11	15

図2.11 AESの行列表現におけるバイト順

(b) AddRoundKey

AddRoundKey 関数は，入力 16 バイト $D_0, D_1, \cdots, D_{15}$ ならびに副鍵 16 バイト $K_0, K_1, \cdots, K_{15}$ から，その出力 16 バイト $E_0, E_1, \cdots, E_{15}$ をバイトごとの排他的論理和演算により求めるものである．すなわち，

$$E_i = D_i \oplus K_i \quad (0 \leq i \leq 15)$$

と書くことができる（図 2.12）．

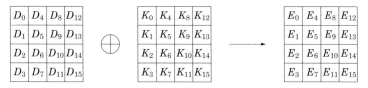

図2.12 AddRoundKey 関数

（c）SubBytes

SubBytes 関数は，入力 16 バイト $E_0, E_1, \cdots, E_{15}$ のそれぞれに対して，S-box と呼ばれる 256 バイトの数表 S を参照してその結果を出力 $F_0, F_1, \cdots, F_{15}$ とするものである．すなわち，

$$F_i = S[E_i] \quad (0 \leqq i \leqq 15)$$

と書くことができる（図 2.13）．

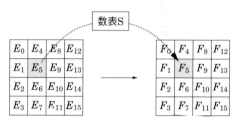

図 2.13　SubBytes 関数

数表 S を図 2.14 に示す．この図では，入力が 16 進数で xy であるときの出力が 16 進数で記述されている．例えば，入力が 43 のとき，S-box の出力は S[43] = 1a となる．

		y															
		0	1	2	3	4	5	6	7	8	9	a	b	c	d	e	f
	0	63	7c	77	7b	f2	6b	6f	c5	30	01	67	2b	fe	d7	ab	76
	1	ca	82	c9	7d	fa	59	47	f0	ad	d4	a2	af	9c	a4	72	c0
	2	b7	fd	93	26	36	3f	f7	cc	34	a5	e5	f1	71	d8	31	15
	3	04	c7	23	c3	18	96	05	9a	07	12	80	e2	eb	27	b2	75
	4	09	83	2c	1a	1b	6e	5a	a0	52	3b	d6	b3	29	e3	2f	84
	5	53	d1	00	ed	20	fc	b1	5b	6a	cb	be	39	4a	4c	58	cf
	6	d0	ef	aa	fb	43	4d	33	85	45	f9	02	7f	50	3c	9f	a8
x	7	51	a3	40	8f	92	9d	38	f5	bc	b6	da	21	10	ff	f3	d2
	8	cd	0c	13	ec	5f	97	44	17	c4	a7	7e	3d	64	5d	19	73
	9	60	81	4f	dc	22	2a	90	88	46	ee	b8	14	de	5e	0b	db
	a	e0	32	3a	0a	49	06	24	5c	c2	d3	ac	62	91	95	e4	79
	b	e7	c8	37	6d	8d	d5	4e	a9	6c	56	f4	ea	65	7a	ae	08
	c	ba	78	25	2e	1c	a6	b4	c6	e8	dd	74	1f	4b	bd	8b	8a
	d	70	3e	b5	66	48	03	f6	0e	61	35	57	b9	86	c1	1d	9e
	e	e1	f8	98	11	69	d9	8e	94	9b	1e	87	e9	ce	55	28	df
	f	8c	a1	89	0d	bf	e6	42	68	41	99	2d	0f	b0	54	bb	16

図 2.14　AES の S-box

(d) ShiftRows

ShiftRows 関数は，入力 16 バイト $F_0, F_1, \cdots, F_{15}$ の順序を入れ替えて 16 バイトの出力 $G_0, G_1, \cdots, G_{15}$ とするもので，入力行列の第 i 列（$0 \leqq i \leqq 3$ とする）の 4 バイトを左に i バイト回転シフトしたものを，出力行列の第 i 列とする．この関数は

$$G_i = F_{5i \,(\mathrm{mod}\ 16)} \quad (0 \leqq i \leqq 15)$$

と書くことができる（図 2.15）．

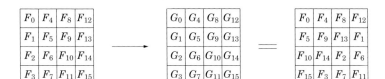

図 2.15　ShiftRows 関数

(e) MixColumns

MixColumns 関数は，16 バイトの $G_0, G_1, \cdots, G_{15}$ で表される行列に定数行列を掛け算した結果の 16 バイト $H_0, H_1, \cdots, H_{15}$ を出力とするもので，具体的には次の式で表される（図 2.16）．

$$H_{4i+0} = 02 \times G_{4i+0} + 03 \times G_{4i+1} + 01 \times G_{4i+2} + 01 \times G_{4i+3}$$
$$H_{4i+1} = 01 \times G_{4i+0} + 02 \times G_{4i+1} + 03 \times G_{4i+2} + 01 \times G_{4i+3}$$
$$H_{4i+2} = 01 \times G_{4i+0} + 01 \times G_{4i+1} + 02 \times G_{4i+2} + 03 \times G_{4i+3}$$
$$H_{4i+3} = 03 \times G_{4i+0} + 01 \times G_{4i+1} + 01 \times G_{4i+2} + 02 \times G_{4i+3}$$

$$(0 \leqq i \leqq 3)$$

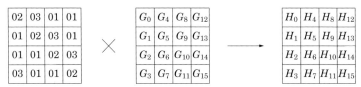

図 2.16　MixColumns 関数（定数は 16 進表記）

ここで，これらの式に現れるバイトごとの加算＋や乗算×は，有限体 $GF(2^8)$ 上の演算を表している．具体的には，加算は排他的論理和と等価である．また乗算はバイトデータを $GF(2)$ 係数の既約多項式 $X^8 + X^4 + X^3 + X + 1$ を用いて多項式表現された有限体の元とみなして行う．この乗算は図 2.17 のアルゴリズムで実行できる．

> Step 1：$c=0$ とする
> Step 2：以下を 8 回繰り返す
> 　　Step 2-1：a の最下位ビットが 1 なら $c=c \oplus b$ とする
> 　　Step 2-2：a を右に 1 ビットシフトする　$a=a \gg 1$
> 　　Step 2-3：b を左に 1 ビットシフトする　$b=b \ll 1$
> 　　Step 2-4：b が 256 以上なら $b=b \oplus 283$ とする

図 2.17　MixColumns 関数での $c=a \times b$ を求めるアルゴリズム

(f) 鍵スケジュール部

AES のラウンド数を N とするとき（N は 10，12，14 のいずれか），その暗号化には 16 バイトの副鍵が $N+1$ 個必要となる．4 バイトを 1 ワードと呼ぶことにすると，副鍵の総数は $4(N+1)$ ワードとなる．これらを w_0, w_1, $\cdots$, w_{4N+3} とすると，ラウンド r の副鍵 16 バイト K_0, K_1, $\cdots$, K_{15} との関係は次のように書ける．

$$w_{4(r-1)+0} = (K_0, K_1, K_2, K_3)$$
$$w_{4(r-1)+1} = (K_4, K_5, K_6, K_7)$$
$$w_{4(r-1)+2} = (K_8, K_9, K_{10}, K_{11})$$
$$w_{4(r-1)+3} = (K_{12}, K_{13}, K_{14}, K_{15})$$

AES の鍵スケジュール部では副鍵を 1 ワードずつ生成する．このアルゴリズムは図 2.18 のとおりである

> Step 1：暗号鍵 H ワード（H は 4，6，8 のいずれか）をそれぞれ
> 　　　　w_0, w_1, $\cdots$, w_{H-1} に格納する
> Step 2：以下を $i=H$ から $4N+3$ まで繰り返す
> 　　Step 2-1：$t=w_{i-1}$ とおく
> 　　Step 2-2：$i \bmod H=0$ のときのみ t を次のように更新する
> 　　　　　　$t = \mathrm{SubWord}(\mathrm{RotWord}(t)) \oplus \mathrm{Rcon}_{i/H}$
> 　　Step 2-3：$H=8$（鍵サイズが 256 ビット）でかつ
> 　　　　　　$i \bmod H=4$ のときのみ t を次のように更新する
> 　　　　　　$t = \mathrm{SubWord}(t)$
> 　　Step 2-4：$w_i = w_{i-H} \oplus t$ とする

図 2.18　AES の鍵スケジュールアルゴリズム

ここで現れる SubWord はバイトごとに S-box を参照する関数，

RotWord は 1 バイト左に回転シフトする関数であり，また Rcon は定数である（図 2.19）．ただし，02^i とは有限体の元 02 を i 乗したもので，具体的には，$02^0 = 01$，$02^1 = 02$，$02^2 = 04$，$02^3 = 08$，$02^4 = 10$，$02^5 = 20$，$02^6 = 40$，$02^7 = 80$，$02^8 = 1b$，$02^9 = 36$ である（16 進表記）．

$$\mathrm{SubWord}(a, b, c, d) = (\mathrm{S}[a], \mathrm{S}[b], \mathrm{S}[c], \mathrm{S}[d])$$
$$\mathrm{RotWord}(a, b, c, d) = (b, c, d, a)$$
$$\mathrm{Rcon}_i = (02^{i-1}, 00, 00, 00)$$

図 2.19 SubWord 関数，RotWord 関数，定数 Rcon

（g）復号の全体構造

AES は DES と異なり，暗号化と復号の処理の共用化は困難である．これは AES の欠点であるが，例えば，CTR モードを使えば，この AES としての復号処理は不要である．図 2.20 に AES の復号処理の全体構造を示す．各ラウンドに含まれる関数は暗号化で使われる関数の逆関数である．なお，AddRoundKey 関数はその逆関数が自分自身と一致するので変更する必要がない．

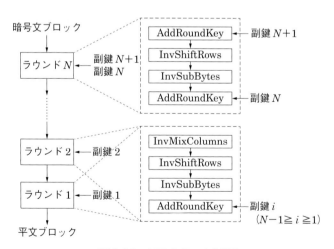

図 2.20 AES 復号の全体構造

（h）InvSubBytes

SubBytes 関数は，バイトごとに S-box と呼ばれる 256 バイトの

数表 S を参照する関数であったが，InvSubBytes 関数は，バイトごとにこの逆参照を行う関数である．すなわち，

$$F_i = S^{-1}[E_i] \quad (0 \le i \le 15)$$

と書くことができる（図 2.21）.

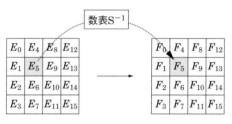

図 2.21　InvSubBytes 関数

また，数表 S^{-1} は図 2.22 のとおりである．この図では，入力が xy であるときの出力が 16 進数で記述されている.

		\multicolumn{16}{c}{y}
		0	1	2	3	4	5	6	7	8	9	a	b	c	d	e	f
	0	52	09	6a	d5	30	36	a5	38	bf	40	a3	9e	81	f3	d7	fb
	1	7c	e3	39	82	9b	2f	ff	87	34	8e	43	44	c4	de	e9	cb
	2	54	7b	94	32	a6	c2	23	3d	ee	4c	95	0b	42	fa	c3	4e
	3	08	2e	a1	66	28	d9	24	b2	76	5b	a2	49	6d	8b	d1	25
	4	72	f8	f6	64	86	68	98	16	d4	a4	5c	cc	5d	65	b6	92
	5	6c	70	48	50	fd	ed	b9	da	5e	15	46	57	a7	8d	9d	84
	6	90	d8	ab	00	8c	bc	d3	0a	f7	e4	58	05	b8	b3	45	06
x	7	d0	2c	1e	8f	ca	3f	0f	02	c1	af	bd	03	01	13	8a	6b
	8	3a	91	11	41	4f	67	dc	ea	97	f2	cf	ce	f0	b4	e6	73
	9	96	ac	74	22	e7	ad	35	85	e2	f9	37	e8	1c	75	df	6e
	a	47	f1	1a	71	1d	29	c5	89	6f	b7	62	0e	aa	18	be	1b
	b	fc	56	3e	4b	c6	d2	79	20	9a	db	c0	fe	78	cd	5a	f4
	c	1f	dd	a8	33	88	07	c7	31	b1	12	10	59	27	80	ec	5f
	d	60	51	7f	a9	19	b5	4a	0d	2d	e5	7a	9f	93	c9	9c	ef
	e	a0	e0	3b	4d	ae	2a	f5	b0	c8	eb	bb	3c	83	53	99	61
	f	17	2b	04	7e	ba	77	d6	26	e1	69	14	63	55	21	0c	7d

図 2.22　AES の逆 S-box

（i）InvShiftRows

ShiftRows 関数は，入力行列第 i 列（$0 \le i \le 3$）の 4 バイトを左に i バイト回転シフトしたものを出力行列の第 i 列とする関数であった

が，InvShiftRows 関数は，回転シフトの方向を右にする関数である．この関数は

$$G_i = F_{13i(\text{mod }16)} \quad (0 \leqq i \leqq 15)$$

と書くことができる（図 2.23）．

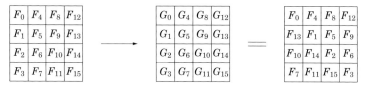

図 2.23　InvSubBytes 関数

（j）InvMixColumns

MixColumns 関数は，入力行列に定数行列を掛けた結果を出力とする関数であったが，同様に InvMixColumns 関数も，定数行列を掛ける操作を行う関数である．具体的には次の式で表される（図 2.24）．

$$H_{4i+0} = 0e \times G_{4i+0} + 0b \times G_{4i+1} + 0d \times G_{4i+2} + 09 \times G_{4i+3}$$
$$H_{4i+1} = 09 \times G_{4i+0} + 0e \times G_{4i+1} + 0b \times G_{4i+2} + 0d \times G_{4i+3}$$
$$H_{4i+2} = 0d \times G_{4i+0} + 09 \times G_{4i+1} + 0e \times G_{4i+2} + 0b \times G_{4i+3}$$
$$H_{4i+3} = 0b \times G_{4i+0} + 0d \times G_{4i+1} + 09 \times G_{4i+2} + 0e \times G_{4i+3}$$

$$(0 \leqq i \leqq 3)$$

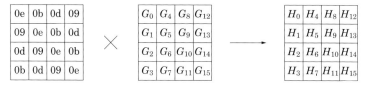

図 2.24　InvMixColumns 関数（定数は 16 進表記）

メッセージ認証：
message
authentication

█ 5．メッセージ認証

共通鍵暗号の応用の一つにメッセージ認証がある．これは通信路での情報の改ざんを検知する機能であり，図 2.25 に示すように，送信者はメッセージから認証コードを生成し，これをメッセージとともに受信者に送る．受信者は受け取ったメッセージから認証コードを自分で計算し，受け取った認証コードと一致するかどうかでメッ

認証コード：
message authen-
tication code
MAC と略される

セージの改ざんの有無を検証する.

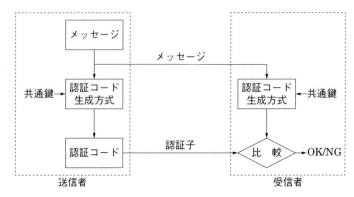

図 2.25　メッセージ認証

認証コード生成方式には，ブロック暗号を用いるものやハッシュ関数を用いるものなどがあるが，ここでは HMAC と呼ばれるハッシュ関数を用いるものを紹介する*. HMAC は，メッセージ M と共通鍵 K から，次の式で認証コードを計算する.

* ハッシュ関数については第 5 章 5.2 節を参照のこと.

$$\text{HMAC}(M, K) = \text{Hash}((K \oplus \text{opad}) \| H((K \oplus \text{ipad}) \| M))$$

ここで Hash はハッシュ関数，ipad は 1 バイトデータ 36（16 進表記）を鍵のバイト数だけ繰り返した定数，opad は 5c（16 進表記）を同じく鍵のバイト数だけ繰り返した定数である（図 2.26）.

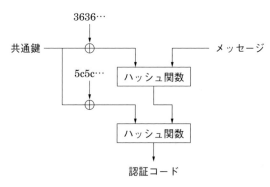

図 2.26　HMAC アルゴリズム

メッセージ認証における認証コードはメッセージのいわば指紋であり，したがって，認証コード生成方式は同じ認証コードをもつ異

なる2つのメッセージを簡単に作り出せるようなものであってはならない．HMAC などの認証コード生成方式はそのようなことが起こらないよう設計されたものである．

▌6. 認証暗号と GCM アルゴリズム

近年，秘匿とメッセージ認証を1つのアルゴリズムで行う認証暗号が注目されている．この背景には，アルゴリズムの共用による小型化だけでなく，秘匿とメッセージ認証の組み合わせ方が不適切であると解読につながる可能性があるなどの指摘がある．ここでは認証暗号の定義と，最も広く知られている認証暗号である GCM を紹介する．

認証暗号は，図 2.27 に示すように，暗号化では平文，共通鍵，初期値[*1]，ヘッダ情報[*2] を入力とし，暗号文とタグ[*3] を出力とする．ここでヘッダ情報とは，メッセージ認証の対象ではあるが秘匿の対象ではない情報を意味している．復号では，暗号文，共通鍵，初期値，ヘッダ情報，タグを入力とし，認証結果と平文を出力とする．復号時に認証に失敗した場合，すなわち改ざんが検知された場合には平文は出力されない．

改ざんが検知された場合の平文出力抑止は重要で，暗号文の改ざんを意図的に行った第三者に情報を渡さないことを目的としている．このような攻撃を未然に防ぐことができるのも，秘匿とメッセージ認証を同時に行う認証暗号を利用するメリットであるといえる．

認証暗号：
authenticated encryption

GCM：
Galois counter mode

*1　通常この初期値は2度使ってはならないナンスである．

*2　ヘッダ情報は associated data とも呼ばれるオプショナルな入力である．

*3　認証暗号ではタグと呼ばれるが，これは認証コードと同義である．

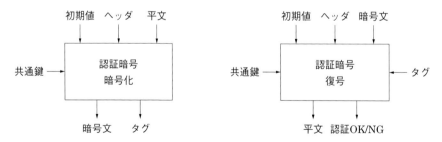

図 2.27　認証暗号における暗号化（左）と復号（右）

GCM は，平文をカウンターモードで暗号化して暗号文を出力する処理と，その暗号文とヘッダから固定長のデータを生成する

GHASH と呼ばれる処理，ならびにそこからタグを生成する処理の 3 つの部分から構成される．以下では，これらについて説明する．

（a）カウンターモード暗号化

＊　GCM の仕様上は 96 ビット以外の初期値も取り得るが，その場合は処理が増える．ほとんどの場合 96 ビットで十分である．

GCM では 96 ビットの初期値を用いる＊．この後ろに 32 ビットデータ 00000001（16 進表現）を付け加えた 128 ビット値を J とする．与えられた平文を，AES を用いたカウンターモードで初期値を $J+1$ として暗号化する．

（b）GHASH 関数

GHASH は，2 つの入力 S と H から出力 T を返す関数である．S は次の 4 つの情報を連結したものであり，その長さは 128 ビットの倍数となる．

① ヘッダに 0 をパディングしてその長さを 128 ビットの倍数にしたもの

② 暗号文に 0 をパディングしてその長さを 128 ビットの倍数にしたもの

③ ヘッダのビット数を 64 ビットの整数として表現したもの

④ 暗号文のビット数を 64 ビットの整数として表現したもの

また，H はすべてのビットが 0 である平文を AES で暗号化した暗号文 128 ビットである．S を 128 ビットごとに分割したものを S_i（$1 \leqq i \leqq n$）とするとき，これらと H から出力 T を図 2.28 のアルゴリズムで生成する．

Step 1：$T=0$ とする

Step 2：以下を $i=1$ から n まで実行する

$T=T+S_i$

$T=T \times H$

図 2.28　GHASH 関数

ここで，加算と乗算は有限体 $GF(2^{128})$ 上の演算であり，加算は排他的論理和，乗算は図 2.17 と同様の図 2.29 のアルゴリズムで実現できる．

（c）タグ生成

GHASH の出力に，平文 J を AES で暗号化した結果を排他的論理

Step 1：$c=0$ とする
Step 2：以下を 128 回繰り返す
　　Step 2-1：a の最下位ビットが 1 なら $c=c \oplus b$ とする
　　Step 2-2：a を右に 1 ビットシフトする　$a=a \gg 1$
　　Step 2-3：b を左に 1 ビットシフトする　$b=b \ll 1$
　　Step 2-4：b が 2^{128} 以上なら $b=b \oplus (2^{128}+135)$ とする

図 2.29　GHASH での $c=a \times b$ を求めるアルゴリズム

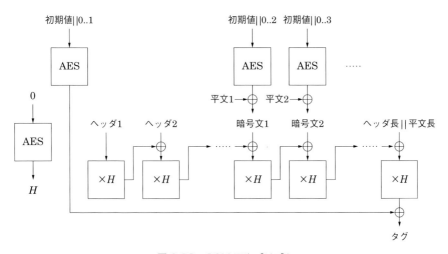

図 2.30　GCM アルゴリズム

和したものをタグとする．

　GCM アルゴリズムの全体構造を図 2.30 に示す．この図からわかるように，暗号文をすべて生成してから GHASH 関数を実行する必要はなく，平文 1 ブロックごとにカウンターモードの暗号化と GHASH 関数の 1 ブロック分を逐次実行することもできる．

演習問題

問 1　長さ 8，9，10 の 3 つのシフトレジスタの出力を排他的論理和したものを擬似乱数生成アルゴリズムとするストリーム暗号の最大周期を求めよ．

問 2　図 2.17 の有限体の乗算アルゴリズムは，定数行列がどのようなものでも適用できる形で記述されている．MixColumns の演算だけを行うのならば Step 2 のループ回数は 2 回でよいことを示せ．また，InvMixColumns の演算を行う場合は 4 回でよいことを示せ．

問 3　ブロックサイズが b バイトのブロック暗号を用いて n バイトの平文を CBC モードで暗号化する場合に，次のようなパティングを行うものとする．
「値 $b-(n \bmod b)$ を $b-(n \bmod b)$ バイト繰り返し付加する」
長さが b の倍数バイトのランダムなデータを暗号文とみなして復号したときに，たまたまこのようなパディングのパターンが復号結果に現れる確率を求めよ．

問 4　この問題では，誕生日のパラドックスと呼ばれる，暗号で頻繁に引用される数学の定理を用いる．これは次のようなものである．
「N 個の異なるものから重複を許して無作為に R 個を取り出したとき，その中に同じものが含まれている確率は，およそ

$$1-\exp\left(-\frac{R^2}{2N}\right)$$

である」
この確率は，$R=\sqrt{N}$ のときに 39 ％となり，同じものが含まれる可能性が無視できなくなる．
CBC モードで平文を暗号化したときに，暗号文中のどこかの 2 つのブロックの値が完全に一致したら平文 1 ブロック分の情報が露呈することを示せ．また，このような一致は，どの程度の長さの平文を暗号化すると起こる可能性が無視できなくなると考えられるか．

第3章

公開鍵暗号・ディジタル署名の基礎理論

　本章では，公開鍵暗号やディジタル署名のさまざまな方式（これらをまとめて公開鍵系スキームと呼ぶ）の基盤となる初等整数論および数学的問題とその難しさを解説する．また，公開鍵系スキームの強度の評価基準についても述べる．

■3.1　公開鍵暗号・ディジタル署名の基礎理論の概要

　公開鍵暗号やディジタル署名などの公開鍵系スキームは，初等整数論の手法を巧みに利用して構成されており，その安全性は数学的問題の難しさを利用している．そのような問題のほとんどは数論に関係するものであり，代表例は素因数分解問題と離散対数問題である．

　素因数分解問題は，一般的には素元分解問題であり，これは**素元分解環***（または一意分解環）と呼ばれる環において，元を素元の積に書き表す問題を意味する．しかし，暗号理論では特に断らないかぎり，素元分解環として整数環 $\mathbb{Z}$ に限定して考えており，本章でもそれに従う．具体的には，$n\ (>0)$ が与えられたとき，$n = p_1^{e_1} \cdots p_t^{e_t}$ となる $\{(p_1, e_1), \cdots, (p_t, e_t)\}$ を答える問題である．ただし，p_i $(1 \leq i \leq t)$ は相異なる素数であり，e_i $(1 \leq i \leq t)$ は正の整数である．

*　素元分解環：
素元と呼ばれる元
で任意の元が一意
的に表される環

暗号理論ではとりわけ，$n = pq$ または $n = p^l q$（p, q：素数，l：2 以上の整数）などのように，特別な型の合成数を分解する問題が重要である.

＊　3.2 節 1 項参照

　　離散対数問題は，有限群＊G を 1 つ固定し，任意の元 g, $y \in G$ が与えられたときに $y = g^x$ なる整数 x が存在すればそれを答える問題である. ただし，群 G の演算が加法的に定義されている場合は，$y = xg$（つまり y は g の x 倍）となる x を答えることになる. このような x を**離散対数**と呼ぶ. なお，この典型的な離散対数は，初等整数論では指数という術語で古くから認識されていた.

　　ところで，離散対数問題を定義するための有限群 G は何でもよいが，暗号への応用上は演算が効率的にできる必要がある. 重要なのは，定義した群によって離散対数問題の難しさの違いが顕在化する点である. 例えば，有限体上で定義されただ円曲線上の点のなす可換群を G としてとったとき，これはだ円曲線上の離散対数問題と呼ばれ，精力的に研究が進められている. だ円曲線上の離散対数問題については，第 6 章において解説する.

　　素因数分解問題も離散対数問題も，特別な場合を除いては効率的な解法（アルゴリズム）は現在までに発見されていないという意味で困難な問題と考えられている. 実際，問題のサイズを適当に大きく取ると，現実的に利用可能な時間（コンピュータの CPU 消費時間）と空間（コンピュータ上の記憶領域）では解けない問題となる. 本章では，これらの問題の難しさを計算量理論の言葉で確認する.

　　さて，素因数分解問題や離散対数問題は，それ自体では暗号方式を構成しない. これらを基本構成要素（**暗号プリミティブ**）として，所望の機能や性能をもつ暗号方式（**暗号スキーム**）が組み上げられるのが通常である. 注意しなければならないのは，暗号プリミティブの難しさと暗号スキームを破る難しさが同等となるとは限らない点である. 例えば，素因数分解問題に基づく公開鍵系スキームがあったとして，素因数分解問題が効率的に解ければそのスキームが破れるのは自明としても，そのスキームを効率的に破るアルゴリズムが発見されたからといって，素因数分解問題を効率的に解くアルゴリズムが発見されたことを必ずしも意味しない. つまり，そのスキームを破ることは，基盤となるプリミティブを解くことよりはやさ

しいか，せいぜい同等である．したがって，そのスキームを破る難しさ，すなわち強度を調べることは安全性の解析上は極めて重要である．本章では公開鍵暗号やディジタル署名などの公開鍵系スキームの強度についても考察する．

■3.2 数学的準備

本節では，これ以降必要となる代数学，初等整数論の性質や定義について述べる．

■1. 群・環

演算・が定義された集合 G が**群**であるとは，次の4つの条件が満たされていることである．これ以降 $a \cdot b = ab$ と表記する．

（**G0**）G の任意の2元 a, b に対して，$ab \in G$ が定義されている．

（**G1**）（結合律）$(ab)c = a(bc)$

（**G2**）（単位元の存在）$1 \in G$ で，任意の $a \in G$ に対して，$a1 = 1a = a$ となるものが存在する．

（**G3**）（逆元の存在）各 $a \in G$ について，$aa^{-1} = a^{-1}a = 1$ となる $a^{-1} \in G$ が存在する．

上述の4つの条件を**群の公理**と呼ぶ．群 G において，

（**G4**）（可換律）$ab = ba$

が満たされているとき，G は**可換群（アーベル群）**と呼ぶ．以降，公開鍵暗号系において利用される群は，可換群が中心となるので，断らないかぎり，本書において群といえば可換群を意味することにする．いくつかの群の例を示そう．実数の集合 $\mathbb{R}$ と乗法（$\mathbb{R}$, $\times$），整数の集合 $\mathbb{Z}$ と加法（$\mathbb{Z}$, $+$）は可換群である．

元の個数が有限個の群を**有限群**と呼ぶ．群 G の部分集合 H において，G の演算を H の上に制限して考えて，H 自身が群になるとき，H を G の**部分群**という[*1]．群 G の元の個数 $\#G$ を G の**位数**という．また，群 G の元 a を取るとき，a で生成される群を $\langle a \rangle$ と表す[*2]．

$$\langle a \rangle = \{a^l \mid l \in \mathbb{Z}\}$$

$\langle a \rangle$ は，明らかに G の部分群になる．部分群 $\langle a \rangle$ の位数を a の位

部分群：subgroup

[*1] 群 G において，単位元からなる群 {1} および G は G の部分群である．

位数：order

[*2] G が加法群のとき
$\langle a \rangle = \{la \mid l \in \mathbb{Z}\}$

数という．a の位数は，$a^l = 1$ となる最小の正整数 l（または無限大）に等しい．群 G が 1 つの元 a で生成されるとき，すなわち，$G = \langle a \rangle$ であるとき，**巡回群** と呼ぶ．

　G を可換群，H をその部分群とする．Ha $(a \in G)$ の形の部分集合を G における H の **剰余類** と呼ぶ．特に $H = H1 = 1H$ であるから，H 自身 1 つの剰余類である．G の H の剰余類の集合による分割，すなわち，

$$G = \bigcup_{i \in I} Ha_i,\ Ha_i \cap Ha_j = \phi\,(i \neq j)$$

を G の H による分解と呼び

$$G = \sum_{i \in I} Ha_i$$

と表す．G の H を法とした剰余類の全体を $G/H = \{Ha_i\}_{i \in I}$ で表す．ここで剰余類 Ha, Hb の積を取ると，

$$(Ha)(Hb) = HaHb = HHab = Hab$$

となり，これも H の剰余類である．この積に関し，H は単位元，Ha の逆元は Ha^{-1} となるので，G/H は群になる．G/H を G の H による **剰余群** と呼ぶ．

　次に環について定義しよう．加法と乗法という 2 つの演算の定義された集合 R が環であるとは，R が次の 3 つの条件を満たすことである．

　（**R1**）R の加法について可換群になる（これを **加群** と呼ぶ）．

　（**R2**）（乗法の結合法則）$(ab)c = a(bc)$

　（**R3**）（分配法則）$a(b + c) = ab + ac$,　$(a + b)c = ac + bc$

*1　公開鍵暗号系では，単位元をもつ環を中心に利用するので（R4）も環の公理に加える．

　（**R4**）（単位元の存在[*1]）R の 0 と異なる元 1 で，R の任意の元 x に対して，$1x = x1 = x$ を満たすものが存在する．

　集合 R が上の性質に加えて，

　（**R5**）（乗法の交換法則）$ab = ba$

を満たすとき，R は **可換環** と呼ぶ．例えば，整数の集合は加算と乗算に関して環である．このことから，整数全体の集合 $\mathbb{Z}$ を，整数環と呼ぶ．環 R において，元 a が乗法に関して **逆元** をもつとき，すなわち，$ab = ba = 1$ なる $b \in R$ が存在するとき，a は正則元あるいは単数であるという．一方，b を a の逆元と呼び，$b = a^{-1}$ と表す．可換環 R において，積に関して逆元をもつ元の全体の集合は積に関して群をなす．この群を R の **単数群**[*2] といい，

*2　乗法群ともいう．

$$R^* = \{R \in x \mid x \text{ は逆元をもつ}\}$$

と表す.

2. 剰余環と体

* 整数環に限らず任意の可換環に関して同様な議論が成り立つ.

可換環である整数環の性質について述べる*. $n \in \mathbb{Z}$ を正整数とする. $\mathbb{Z}$ の加法に関する部分群である $n\mathbb{Z} = \{nt \mid t \in \mathbb{Z}\}$ に対して, $\mathbb{Z}/n\mathbb{Z}$ は剰余群になる. ここで元 a を含む剰余類は $a + n\mathbb{Z} = \{a + x \mid x \in n\mathbb{Z}\}$ である. これを $\bar{a}$ で表す. このとき, $\mathbb{Z}/n\mathbb{Z}$ 上の積を

$$\mathbb{Z}/n\mathbb{Z} \ni \bar{a}, \ \bar{b}, \ \bar{a}\bar{b} = \overline{ab}$$

で定義すると, 剰余類 $a + n\mathbb{Z}$ の元によらず一意的に定まる. 結合法則, 分配法則は明らかに成り立ち, $\bar{1} = 1 + n\mathbb{Z}$ が単位元になり, $\mathbb{Z}/n\mathbb{Z}$ は環になる. $\mathbb{Z}/n\mathbb{Z}$ を剰余環と呼び $\mathbb{Z}_n$ で表す. 2整数 a, b に対して,

$$a - b \in n\mathbb{Z} \Leftrightarrow a \equiv b \pmod{n}.$$

と表し, a は n を法として b と合同という.

（例）3を法とした剰余類は, 以下の3個である.

$\bar{0} = 3\mathbb{Z} = \{\cdots, -3, 0, 3, \cdots\}$

$\bar{1} = 1 + 3\mathbb{Z} = \{\cdots, -2, 1, 4, \cdots\}$

$\bar{2} = 2 + 3\mathbb{Z} = \{\cdots, -1, 2, 5, \cdots\}$

$\mathbb{Z}/3\mathbb{Z}$ における和と積は以下のようになる.

+	0	1	2		×	0	1	2
0	0	1	2		0	0	0	0
1	1	2	0		1	0	1	2
2	2	0	1		2	0	2	1

本章以降, 剰余環 $\mathbb{Z}_n$ と各剰余類から選んだ以下の代表元系の集合を同一視する. すなわち

$$\mathbb{Z}_n = \{0, 1, \cdots, n-1\}$$

とする.

剰余環 $\mathbb{Z}_n$ において, n と互いに素な整数 a で代表される剰余類を, 法 n に関する**既約剰余類**といい, 既約剰余類全体の集合を $\mathbb{Z}_n{}^*$ と表す. $\mathbb{Z}_n{}^* = \{a \in \mathbb{Z}_n \mid \mathrm{GCD}(a, n) = 1\}$. 例えば, $\mathbb{Z}_3{}^* = \{1, 2\}$, $\mathbb{Z}_4{}^* = \{1, 3\}$ である. 法 n に関する既約剰余類群 $\mathbb{Z}_n{}^*$ の元の個数（位数）を, $\varphi(n) = \#\mathbb{Z}_n{}^*$ と表し, $\varphi(n)$ をオイラー関数と呼ぶ.

オイラー関数については，以下が成り立つ（証明は演習問題）．

オイラー：Euler

命題 オイラー関数について，次が成り立つ．ここで，a, b, n を正整数とする．

(1) $\mathrm{GCD}(a, b) = 1$ のとき，$\varphi(ab) = \varphi(a)\varphi(b)$．

(2) 素数 p について，$\varphi(p^n) = p^{n-1}(p-1)$，$(n \geqq 1)$．

(3) n の素因数分解を，$n = p_1^{e_1} \cdots p_t^{e_t}$ $(e_1, \cdots, e_t \geqq 1)$ とするとき，

$$\varphi(n) = n\left(1 - \frac{1}{p_1}\right) \cdots \left(1 - \frac{1}{p_t}\right) \qquad \square$$

一般に，可換環 R において，零元以外の任意の元が可逆元であるとき，すなわち $R^* = R - \{0\}$ であるとき，R を**体**という．剰余環 $\mathbb{Z}_n$ は，n が素数 p のとき，位数 p の有限体[*1]となる．この体を $\mathbb{F}_p$ と書く[*2]．有限体 $\mathbb{F}_p$ の場合，単数群 $\mathbb{F}_p^*$ は 1 つの元 g で生成される．すなわち $\mathbb{F}_p^* = \langle g \rangle$．この g を $\mathbb{F}_p^*$ の原始根と呼ぶ．体 K において，n 個の 1 の和，$1 + \cdots + 1$ が 0 となるような整数があるとき，その最小の数を体 K の標数といい，$\mathrm{ch}(K)$ で表す．いくつ加えても 0 にならないとき，K の標数は 0 と定める．標数は，0 か素数である．実数体 $\mathbb{R}$，有理数体 $\mathbb{Q}$，複素数体 $\mathbb{C}$ の標数は 0 である．一方，有限体 $\mathbb{F}_p$ の標数は，p となる．また，体 K に対して，K を部分体として含む体 $\bar{K}$ で以下の 2 つの条件，

*1 ガロノ体 GF(p) と呼ぶこともある．

*2 一般に $q = p^n$ $(n \geqq 1)$ に対し $\mathbb{F}_q$ は位数 q の体である．暗号では $\mathbb{F}_{2^n}$ がよく利用される．

(1) $\bar{K}$ の任意の元が K 上の多項式の根である．

(2) $\bar{K}$ の任意の多項式が $\bar{K}$ 上で 1 次式に分解できる．

を満たすとき，$\bar{K}$ を K の**代数的閉包**という．

■3. 初等整数論

次に素数判定にも利用されるフェルマの小定理について述べよう（正確には，フェルマの小定理の対偶が利用される）．なお，フェルマの小定理の証明も演習問題に挙げているので，後で試みることをお勧めする．

定理 ［フェルマの小定理］

p を素数，a を p と互いに素な整数とするとき，$a^{p-1} \equiv 1 \pmod{p}$ が成り立つ． $\square$

フェルマ：P. Fermat

フェルマの小定理の対偶は，"互いに素な 2 つの正整数 a, n につ

いて，$a^{n-1} \not\equiv 1 \pmod{n}$ ならば，n は合成数である"となり，これを利用した素数判定アルゴリズムがある．

次に，平方剰余記号について述べる．p を 2 でない素数（すなわち，奇素数）とする．a を p と互いに素な整数とし，a がある整数 n の p を法とした平方数，$n^2 \equiv a \pmod{p}$ となるとき，a を法 p に関する平方剰余と呼び，記号 $\left(\dfrac{a}{p}\right) = 1$ で表す．また，$\mathrm{GCD}(a, p) = 1$ なる a について，a が法 p に関して，平方剰余でないとき，a は法 p に関して**平方非剰余**といい，記号 $\left(\dfrac{a}{p}\right) = -1$ で表す．$\mathrm{GCD}(a, p) \neq 1$ である場合，すなわち，$p|a$ のときには，$\left(\dfrac{a}{p}\right) = 0$ と定義する．記号 $\left(\dfrac{a}{p}\right)$ を**平方剰余記号**，またはルジャンドル記号と呼ぶ．平方剰余記号は，方程式 $X^2 \equiv a \pmod{p}$ が $\mathbb{Z}_p$ 上の解をもつかどうかということと同じである．また実際の計算には，平方剰余記号の p を任意の奇素数に拡張した**ヤコビ記号**が利用される．

ヤコビ記号：
Jacobi 記号

最後に，RSA 暗号などにおいて利用される中国人剰余定理について述べる．

中国人剰余定理：
Chinese
Remainder
Theorem

定理［中国人剰余定理］ n_1, n_2 を互いに素な 2 つの正整数とするとき，任意の整数 a, b に対して，次の合同式を満たす整数 x が存在する．x は $\mathbb{Z}_{n_1 n_2}$ で一意に定まる．

$$\begin{cases} x \equiv a \pmod{n_1} \\ x \equiv b \pmod{n_2} \end{cases}$$

□

■3.3 暗号プリミティブ

■1. 素因数分解問題

暗号で用いる素因数分解問題とは，整数 $n\ (>0)$ が与えられたとき，$n = ab$ なる a, $b > 1$ を求める問題である．すなわち，n を割り切る自明でない因数*を求めることになる．一般には，n の素因数分解とは $n = p_1^{e_1} \cdots p_t^{e_t}$ なる $\{(p_1, e_1), \cdots, (p_t, e_t)\}$（ただし，$p_i$（1

* 1 や n でない
因数で素数とは限
らない．

$\leq i \leq t$）は相異なる素数, e_i（$1 \leq i \leq t$）は正整数）を求めることである. しかし, $n = ab$ なる a, $b > 1$ を求めるアルゴリズムがあれば, 得られた自明でない因数をそのアルゴリズムの入力として再帰的に次々と実行すれば必ず n の素因数分解に到達する. しかも, n を割り切る相異なる素数の個数はたかだか $|n|$ であるから, この再帰的計算は大きな手間ではない. つまり, $n = ab$ なる因数 a, $b > 1$ を求めることと, n の完全な素因数分解を求めることは実効的に同等である.

　素因数分解問題を解く主要なアルゴリズムは2種類に大別される. 1つは, n に含まれる最小素因数の大きさに依存して実行時間が決まるものであり, 他方は n の大きさだけに依存して実行時間が決まるものである. 前者に属するのは, 試行割算法, ρ 法, だ円曲線法（ECM）などである. 後者に属するのは, レーマン法, 連分数法, 2次ふるい法, 複数多項式2次ふるい法（MPQS）, 一般数体ふるい法（GNFS）などである.

　前者で最高速なアルゴリズムはだ円曲線法であり, その実行時間は平均的に

$$O(\exp(c\sqrt{\log_e p \, \log_e \log_e p}) \cdot (\log_2 n)^2)$$

と見積もられている. ここに exp は e（自然対数の底）を底とする指数関数, p は n に含まれる最小素因数を表し, 定数 c は $c = 1.414$ と評価されている. また後者で最高速なアルゴリズムは一般数体ふるい法であり, その実行時間は平均的に

$$O(\exp(c(\log_e n)^{1/3}(\log_e \log_e n)^{2/3}))$$

と見積もられている. ここに $c = 1.901$ と評価されている. これらのアルゴリズムの計算時間は入力サイズ（だ円曲線法の場合は n の（未知の）最小素因数サイズ $|p|$, 一般数体ふるい法の場合は合成数サイズ $|n|$）の準指数関数時間オーダであり, 入力サイズが大きくなると, どちらも現実的時間内では終了しない.

　だ円曲線法とは, 本来は体上で定義されるだ円曲線を環 Z_n の上で定義し, そのだ円曲線の位数が n の最小素因数の倍数になるような曲線を発見することで n を分解するものである. **一般数体ふるい法**は, $a^2 \equiv b^2 \pmod{n}$ なる a, b（$a \neq \pm b$）を発見するという2次ふるい法以来の基本方針を発展させたものである. 実際, そのよう

ECM：Elliptic Curve Method

レーマン法：Lehmann 法

MPQS：Multiple Polynomial Quadratic Sieve

GNFS：General Number Field Sieve

な a, b を発見できれば, $(a-b)(a+b) \equiv 0 \pmod{n}$ により, GCD $(a \pm b, n)$ が n の自明でない因数を与える.

ここでは, 一般数体ふるい法の基礎ともなっている**2 次ふるい法**のアルゴリズムを確認する. 最初にまず, **B-スムーズ**という概念を定義する. ある正数, B を固定し, B 以下の素数の集合(因子基底と呼ばれる)を $\mathcal{B} = \{p_1, \cdots, p_t\}$ とする. ある正整数 x の素因数がすべて $\mathcal{B}$ の元であるとき, x は B-スムーズであるという. このとき $x = p_1^{e_1} \cdots p_t^{e_t}$ $(e_i \geqq 0, 1 \leqq i \leqq t)$ と表現できるが, べきの部分だけを並べた $(e_1, \cdots, e_t)$ を, x の**指数ベクトル**と呼ぶ.

分解しようとする整数が n であるとき, 2 次ふるい法では $Q(x) = (x+l)^2 - n$ という関数を用いる. ここに l は $\sqrt{n}$ の整数部分であり, $Q(x) \equiv (x+l)^2 \pmod{n}$ に注意する. このとき 2 次ふるい法のアルゴリズムは次のとおりである*.

* Step 1 の部分は単体のコンピュータに限らず, 多数のコンピュータによる分散計算により実行可能. B, M は例えば $B = \exp(\sqrt{2 \log n \log \log n})$, $M = B^2 + 1$ と設定する.

Step 1:$Q(x)$ をランダムに生成する. $Q(x)$ が B-スムーズならば $Q(x)$ の指数ベクトルを $\boldsymbol{e}$ とおいて, それをデータベースに登録する. B-スムーズでないなら Step 1 を繰り返し, 所定の M 個の指数ベクトルが集まるまで続ける.

Step 2:データベースに登録されている M 個の指数ベクトルの線形従属性を調べ, $\boldsymbol{e}_{i_1} + \cdots + \boldsymbol{e}_{i_s} \equiv \boldsymbol{0} \pmod{2}$ なる集合 $S = \{i_1, \cdots, i_s\}$ が存在したら Step 3 へ, 存在しなければ失敗として終了.

Step 3:$a = \Pi_{i \in S}(x_i + l)$ とおき, b は $\Pi_{i \in S} Q(x_i)$ の指数ベクトルの各要素を 2 で割った指数ベクトルをもつ数とおく(線形従属関係により, $\Pi_{i \in S} Q(x_i)$ の指数ベクトルは偶数であることに注意). このとき, $a^2 \equiv b^2 \pmod{n}$ であるから, GCD $(a \pm b, n)$ が n の自明でない因数を与えるので, それを出力して終了する.

現在最高速の一般数体ふるい法は 2 次ふるい法の拡張であり, 数体の整数環上での分解と $\mathbb{Z}_n$ への同型を使って効率よく a, b を発見して分解する. 2021 年現在, $n = pq$(p, q:素数)の型の合成数で分解に成功した最大サイズは $|n| = 829$ であり, アルゴリズムとしては一般数体ふるい法が用いられた.

注意すべきは, ある n の分解が現実的に困難であるためには, n に含まれる最小素因数のサイズがだ円曲線法で分解できないことと, $|n|$ が一般数体ふるい法で分解できないことの 2 条件を満たす必要

*1　なお，$n=p^l q$
（p, q：素数，$l \geqq 1$）
という型の合成数
に特化した格子利
用法（LFM）が発
見されている．ア
ルゴリズムの実行
時間は，$|p|=|q|$
で l が $\log_2 p$ 程度
のときは $|n|$ の多
項式時間という速
度にまで達する．
しかし l が小さい
定数（例えば $l=$
1，2）のときは
指数関数時間を要
する．

*2　$\langle g \rangle \subseteq G$ に元
a が属さない場合
には，x は存在し
ない．

指数計算法：
index calculus

シャンクス：
D. Shanks
ポーリッグ・ヘル
マン：
S. Pohlig-
M. Hellman
ポラード：
J. M. Pollard
エイドルマン：
L. Adleman
カッパースミス：
D. Coppersmith
エルガマル：
T. ElGamal
ポメランス：
C. Pomerance
カッパースミス・
オドリズコ・シュ
ロッペル：
D. Coppersmith
-A. M. Odlyzko
-R. Schroeppel
ゴードン：
D. M. Gordon

がある[1]．

■2. 離散対数問題

　離散対数問題とは，有限群 G を1つ固定したとき，任意の元 $g, y \in G$ の入力に対して，$y=g^x$ となる整数 x が存在すればそれを出力する問題である[2]．この x を**離散対数**と呼び，便宜上 $x=\log_g y$ と書くことにする．

　離散対数問題を解くアルゴリズムは2種類に大別される．1つは，$\langle g \rangle$ の位数 $\# \langle g \rangle$ に依存して $\log_g y$ を求めるものであり，その実行時間は $\# \langle g \rangle$ に含まれる最大素因数のサイズの指数時間になる．他方のアルゴリズムは，G として $\mathbb{F}_q{}^*$ をとった場合に，指数計算法と呼ばれる手法で $\log_g y$ を求めるものであり，その平均的実行時間は $|q|$ の準指数時間となる．前者に属するものとしては，シャンクス，ポーリッグ・ヘルマン，ポラードの各アルゴリズムがある．後者については，エイドルマン，カッパースミス，エルガマル，ポメランス，カッパースミス・オドリズコ・シュロッペル，ゴードンの各アルゴリズムが知られている．なお，前者に属するアルゴリズムは問題を定義する有限群が任意であるのに対して，後者は有限体の乗法群に限定される．

　さて，典型例として $G=\mathbb{F}_p{}^*$ を考える．この場合の離散対数問題は，素数 p と $g, y \in \mathbb{F}_p{}^*$ の入力に対して，$y \equiv g^x \pmod{p}$ なる x を出力する問題となる．これを，有限体上の離散対数問題と呼ぼう．この場合，$\# \langle g \rangle$ は最大で $p-1$ である（すなわち g が mod p の原始根の場合）．もし，$p-1$ の最大素因数が $|p|^c$（c：定数）程度ならば，ポーリッグ・ヘルマンのアルゴリズムの実行時間は $O(2^{\log_2 |p|^c})$ $=O(|p|^c)$ となり，入力サイズの多項式時間となる．したがって，$p-1$ の最大素因数が小さい（$|p|$ の多項式程度）ならば，有限体上の離散対数問題は効率的に解けてしまう．逆にいえば，難しい問題とするためには，$p-1$ には大きな素因数が少なくとも1個は含まれる必要がある．

　有限体上の離散対数問題を指数計算法で解くことを考える．指数計算法で最も高速なものは，素因数分解問題のアルゴリズムで使われた一般数体ふるい法を応用したゴードンのアルゴリズムである．

その平均的実行時間は

$$O\left(\exp\left(c(\log_e p)^{1/3}(\log_e \log_e p)^{2/3}\right)\right)$$

と見積もられており，定数 c は $c = 3^{2/3} = 2.08$ と評価されている．ゴードンのアルゴリズムはエイドルマンのアルゴリズムの拡張であるから，ここでは基本となるエイドルマンのアルゴリズムを確認する．簡単のために g は mod p の原始根とする．また，B 以下の素数の集合（因子基底）を $\mathcal{B} = \{p_1, \cdots, p_t\}$ と定める．

Step 1：乱数 r を区間 $[1, p-2]$ で一様ランダムに選び，$b \equiv g^r$ (mod p) を計算する．b が B-スムーズ*ならば $r = \sum_{i=1}^{t} e_i \log_g p_i$ とおき，この式をデータベースに登録する．B-スムーズでないなら Step 1 を繰り返し，B-スムーズとなる b を多数集める．

* 3.3節1項参照

Step 2：この時点で $\log_g p_i$（$1 \leq i \leq t$）を未知数とする環 $\mathbb{Z}_{p-1}$ 上の線形方程式が得られる．もし，係数行列の階数が t となれば（すなわち，係数行列の行列式の値が環 $\mathbb{Z}_{p-1}$ の乗法群の元であれば）この方程式は一意解をもち，このとき各 $\log_g p_i$ が求まる．

Step 3：乱数 r を選び，bg^r (mod p) が B-スムーズになったとする．各 $\log_g p_i$ は既知であるから $\log_g(bg^r)$ は計算できるので，これから $\log_g b \equiv \log_g(bg^r) - r \pmod{p-1}$ により所望の $\log_g b$ が求まり，それを出力して終了する．

マッカーリ：
K. S. McCurley
ディッフィ・ヘルマン：
W. Diffie-
M. Hellman

離散対数問題に対する大規模な数値実験の報告は少ないが，顕著なものとして，1990 年にマッカーリによって提出された 129 桁（429 ビット）の p におけるディッフィ・ヘルマン鍵共有プロトコルを破る懸賞問題が，1995 年になって解かれた例がある．このときの離散対数の計算にはゴードンのアルゴリズムが用いられた．

■3.4 暗号プリミティブと暗号スキームの強度評価

素朴にいえば，公開鍵暗号のスキーム（方式）が破られた状態とは，公開情報と通信路を流れる情報だけから秘密の平文を効率的に得るアルゴリズムが存在することを意味する．また，ディジタル署名のスキームが破られた状態とは，公開情報と通信路を流れる情報だけから，文書の署名を偽造できる効率的なアルゴリズムが存在す

ることを意味する．これらの破られにくさを，安全性を表現する語として強度と呼ぶ．強度を定量的に扱うには計算量理論の言葉が必要である．基本的には，そのスキームを破る問題とプリミティブ（素因数分解問題や離散対数問題などの難しさを前提として定義された一方向性関数や落し戸付一方向性関数など）を破ることが等価であることを証明することになる．プリミティブを構成要素として組み上げられたスキームが，プリミティブの難しさをそのまま反映しているとは限らないからである．

　ここで問題 A と問題 B が等価とは，A と B が互いに多項式時間帰着関係にあることである．A が B に帰着するとは，B を解くアルゴリズムの存在を仮定すると，それをオラクル（すぐに答えを返すサブルーチン）に使って多項式時間で A が解けることを意味する．等価の場合は逆の帰着も成立する．例えばラビン暗号に関しては，スキームを破る問題とプリミティブに使われている関数 $f(x) = x^2$ $(\mathrm{mod}\ n)$ の逆関数を計算することと等価（同時に $n = pq$ の素因数分解問題と等価）であることが示されている．

　このほか，あるスキームを破る効率的アルゴリズムが存在した場合，それを利用してほかのどのようなスキームが破れるかを考える強度評価尺度もある．すなわち，スキーム間の帰着関係を明らかにすることで，そのスキームの相対的な強度を示すことになる．そのような観点から，離散対数問題をプリミティブに使ったさまざまなスキームの帰着関係が明らかにされている．また，$\mathbb{F}_p{}^*$ 上のディフィ・ヘルマン鍵共有法を破る問題と $\mathbb{F}_p{}^*$ 上の離散対数問題の帰着関係については，それらが等価であることの一般的な証明はなされていないが，どのような場合に等価性が成立するかの条件が明らかにされつつある．

■ 3.5　公開鍵暗号・署名方式の強度評価

　公開鍵暗号の場合，安全性は目標（GOAL）と攻撃方法（ATK）の組を使って定義される．目標としては，「一方向性」，「識別不可能性」，「強秘匿性」，「頑強性」の 4 つがある．ただし，公開鍵暗号

が強秘匿性と識別不可能性を満たすことは等価であることが示されているので，目標としては強秘匿性を除く3つに関して議論すればよい．一方，攻撃方法には「選択平文攻撃」，「非適応的選択暗号文攻撃」，「適応的選択暗号文攻撃」の3つがある．これらの術語をまず定義する．

① **一方向性**：暗号文 c を与えられた攻撃者が c を復号して平文 m の全体を求められないことである．

② **識別不可能性**：2つの長さの等しい平文 m_1，m_2 とそのどちらかの暗号文 c が与えられた攻撃者が，どちらの平文の暗号文であるか識別できないことである．

③ **強秘匿性**：暗号文 c を与えられた攻撃者が平文 m の任意の部分情報を知り得ないことである．

④ **頑強性**：暗号文 c を与えられた攻撃者が c の平文 m に対してある関係を満たす平文 m' の暗号文 c' を求められないことである．

⑤ **選択平文攻撃**：公開鍵のみを与えられた状況での攻撃であり，公開鍵を利用して自分で選んだ任意の平文に対する暗号文を入手しながら行う攻撃である．選択平文攻撃は公開鍵暗号系では原理的に避けられない．

⑥ **非適応的選択暗号文攻撃**：公開鍵が与えられたうえに，解読を試みる暗号文を入手するまでは復号オラクルへのアクセスが許される攻撃である．

⑦ **適応的選択暗号文攻撃**：公開鍵が与えられたうえに，解読を試みる暗号文を入手する前後において，復号オラクルへのアクセスが許される攻撃である（ただし，解読を試みる暗号文自体の復号を復号オラクルに要求することは禁止されている）．

以上の GOAL∈{OW, IND, NM} と ATK∈{CPA, CCA1, CCA2}の組合せ（9通り）によって，GOAL–ATK という記号でスキームの安全性が表現される．そして，『ある数論的問題が難しいならば GOAL–ATK である』という定理を証明することになる．これは対偶をとると，もし GOAL–ATK を崩すようなアルゴリズムがあるならば，その数論的問題は難しくない（解ける），という帰着関係を示す命題と同値である．安全性が証明されたスキームを証明

一方向性：
one way；OW

識別不可能性：
indistinguishability；IND

強秘匿性：
semantic security

頑強性：
non-malleability；
NM

選択平文攻撃：
chosen-plaintext
attack；CPA

非適応的選択暗号
文攻撃：
non-adaptive
chosen-cipher-
text attack；
CCA1

適応的選択暗号文
攻撃：
adaptive chosen-
ciphertext
attack；CCA2

可能安全性をもつという．ただし通常は，真にランダムな乱数を使えるという仮定を伴う（**ランダムオラクルモデル**と呼ばれる）．つまり，理想的な乱数が使えるという状況下で成立する定理であって，実際のスキームで擬似乱数を使った場合との間にはギャップが存在することに注意を要する．

　スキームが IND-CCA2（適応的選択暗号文攻撃に対して識別不可能）を満たせば，ほかの 8 通りの性質はすべて満たすことが知られており（図 3.1 参照*），その意味で IND-CCA2 は最強の安全性と位置づけられる．

<aside>* A→B は，A の性質は B の性質を含意することを示す．A↛B は，A が B を意味しないことを示す．</aside>

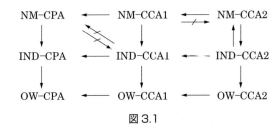

図 3.1

　ディジタル署名の場合，スキームの安全性を表現する GOAL-ATK のペアは公開鍵暗号の場合と異なる．GOAL としては「**一般偽造不可**」，「**選択的偽造不可**」，「**存在的偽造不可**」の 3 つが挙げられる．ATK としては，「**受動攻撃**」，「**一般選択文書攻撃**」，「**適応的選択文書攻撃**」がある．

① **一般偽造不可**：署名の偽造ができない文書が存在することである．

② **選択的偽造不可**：ある文書以外に対しては署名の偽造ができないことである．

③ **存在的偽造不可**：どの文書に対しても署名の偽造ができないことである．

④ **受動攻撃**：公開鍵だけを使って偽造を行う攻撃である．

⑤ **一般選択文書攻撃**：攻撃者が選んだ文書に対して真正な署名者に署名をさせた後に，そこで得た情報に基づいて別の文書の署名を偽造する攻撃である．

⑥ **適応的選択文書攻撃**：攻撃者が選んだ文書に対して真正な署

名者に署名させ，それを元に適応的に選んだ文書に対してさら
に同じことを繰り返し，その結果得た情報を元に最終的に別の
文書の署名を偽造する攻撃である．

「適応的選択文書攻撃に対して存在的偽造不可」という性質が最
も強い安全性となっている．

演 習 問 題

問1 オイラー関数の命題を示せ．

問2 フェルマの小定理を示せ．

問3 正整数 n が $n = p_1^{e_1} \cdots p_t^{e_t}$ と素因数分解されるとき，$t \leq \log_2 n$ であることを証明せよ．

問4 $n = pq$（p, q：相異なる素数）とする．オイラー関数 $\varphi(n)$ の値を知れば n を素因数分解できることを示せ．

問5 p を素数とするとき，$\mathbb{F}_p^*$ の生成元（mod p の原始根）は $\varphi(p-1)$ 個あることを証明せよ．

問6 p を素数とし，g を mod p の原始根とする．このとき，$f(x) = g^x \bmod p$ は群 $\mathbb{Z}_{p-1}$ から群 $\mathbb{F}_p^*$ への同型写像であることを証明せよ．

問7 $\mathbb{F}_p$ 上でディッフィ・ヘルマン鍵共有法* を実行する．公開情報を (p, g) とし，一方から他方への通信を A（$= g^a \bmod p$），その返信を B（$= g^b \bmod p$）とする．このとき，g^x から g^{x^2} を求める多項式時間アルゴリズムが存在すれば，共有鍵 $K = g^{ab} \bmod p$ を含む集合 $\{\pm K\}$ を平均的多項式時間で求められることを証明せよ．ただし，$\mathbb{F}_p$ 上で平方根を求める平均的多項式時間アルゴリズムは既知としてよい．

＊ 第6章 6.2節
だ円ディッフィ・
ヘルマン鍵共有法
参照

第4章

公開鍵暗号

ディッフィとヘルマンによる公開鍵暗号の発見は，数千年の歴史をもつ暗号史上で最も革命的な出来事であった．この公開鍵暗号の発見のインパクトは計り知れないほど大きく，これによりそれまでの暗号とは一線を画す「現代暗号」とでも呼べる1つの学問分野が創始されたといっても過言ではない．

公開鍵暗号：
public-key cryp-
tosytems

本章では，この公開鍵暗号の原理とその代表的実現方式および安全性について述べる．

4.1 公開鍵暗号の概要

1. 公開鍵暗号の原理

共通鍵暗号ではいかに送信者と受信者で秘密の鍵を配送するかが大きな問題であった．この鍵配送の問題を見事に解決したのが公開鍵暗号*である．

＊ 非対称暗号とも呼ばれる

公開鍵暗号では，暗号化するための鍵と復号するための鍵が異なり，暗号化のための鍵を公開し，復号のための鍵を秘密にしておく．公開鍵暗号の原理は以下である．

(a) 初期手順：鍵生成・登録

ユーザ A は，自分で秘密に管理する秘密鍵 S_A と公開する鍵 P_A の対をある決められた方法で生成する．A は，P_A を公開鍵簿に登録する．この公開鍵簿は，電話帳のようなもので，A の名前に対応して電話番号の代わりに公開鍵 P_A が掲載される．

(b) 暗号化

別の利用者 B が A に暗号化して送信する場合を考える．B は，公開鍵簿を使って，A の公開鍵 P_A を検索する．次に，通話内容 m を P_A を使って，暗号化する．その暗号文 c を $E_{P_A}(m)$ と記す．

(c) 復　号

暗号文 c を受け取った A は，A だけが知っている秘密鍵 S_A を用いて，c から $m = D_{S_A}(c)$ を復号する．ここで，$m = D_{S_A}(E_{P_A}(m))$ が成立する（つまり，合成変換 $D_{S_A} \circ E_{P_A}$ が恒等変換になっている）ことより，正しく復号が行われることに注意しよう．

この原理でポイントとなるのは，B は，事前に A とは一面識もなくても（つまり，事前に秘密鍵を交換することをしなくても），インターネットなどに公開されている情報（公開鍵簿）を見るだけで，A に安全に暗号文 c を送れることである．誰でも A の公開鍵 P_A から A 宛の暗号文 $c = E_{P_A}(m)$ をつくることができるが，その c から元の通信文 m を復号できる人は，この世の中で秘密鍵 S_A を知っている A だけである．

▍2.　公開鍵暗号の実現方法

公開鍵暗号を実現するには，共通鍵暗号の基本原理である換字と置換といった単純な仕掛けだけでは不十分である．もう少し数学的な構造の入った仕掛けが必要となる．このような仕掛けとしては，数学の整数論に基づくものと組合せ論に基づくものに大別できるが，現在実用に使われている公開鍵暗号の多くはいずれも整数論に基づいている．

整数論に基づく仕掛けとしては，素因数分解問題に基づく方式と離散対数問題に基づく方式に大別できる．素因数分解問題とは，整数 n を与えてその素因数を求める問題である．離散対数問題とは，ある有限群において g, y をその元とし群演算を乗法で表現したと

き，(g, y) から $y=g^x$ となるような最小の整数 x を求める問題である．典型的な離散対数問題は，有限体上の離散対数問題[*1] やだ円曲線上の離散対数問題[*2] などがある．

*1　第3章参照

*2　第6章参照

ラビン暗号：
Rabin 暗号

OAEP：Optimal
Asymmetric
Encryption
Padding

SAEP：Simplified
Asymmetric
Encryption
Padding

EPOC：Efficient
Probabilistic
public-key
encryption

DHIES：Diffie-
Hellman Integrate
Encryption
Scheme

PSEC：Provably
Secure Elliptic
Curve Encryption

クレーマ・シュー
プ暗号：Cramer-
Shoup 暗号

素因数分解問題に基づく公開鍵暗号としては，RSA 暗号，ラビン暗号，岡本・内山暗号などがある．また，離散対数問題（だ円曲線上の離散対数問題）に基づく公開鍵暗号としては，ディッフィ・ヘルマン鍵共有法（だ円ディッフィ・ヘルマン鍵共有法），エルガマル暗号（だ円エルガマル暗号）などがある．

これらの暗号は，いずれも公開鍵暗号の基本機能を実現するものであり，強い意味の安全性（適応的選択暗号文攻撃に対する頑強性[*1]）を保証するものではない．実用的な RSA 暗号やエルガマル暗号などに基づき，このような強い安全性をもった方式を実現する方式がいくつか提案されている．例えば，RSA 暗号やラビン暗号に基づき構成する方式として OAEP や OAEP＋，SAEP などの方式が提案されている．また，岡本・内山暗号に基づき構成する方式が EPOC 方式である．一方，エルガマル暗号・ディッフィ・ヘルマン鍵共有法に基づき構成する方式として，DHIES 暗号や PSEC 暗号，クレーマ・シュープ暗号などが提案されている．

■ 4.2 素因数分解ベースの方式

ここでは，素因数分解ベースの公開鍵暗号の基本機能を実現する方式として，RSA 暗号ならびにラビン暗号を紹介する．また，それら方式の安全性を高める方式として，OAEP 方式を紹介する．

■ 1．RSA 暗号

リベスト：
R. Rivest

シャミア：
A. Shamir

エイドルマン：
L. Adleman

1977 年に当時 MIT にいた 3 人の研究者リベスト，シャミア，エイドルマンによって最初の公開鍵暗号が発明された．これを発明者の頭文字をとって RSA 暗号と呼ぶ．素因数分解の困難さを安全性の根拠とする．現在多くの実用製品に使われている．

【鍵生成】

ユーザは，素数 p, q（$|p|$ と $|q|$ はほぼ同じ）を生成し，$n=$

pq, $\lambda(n) = \mathrm{LCM}(p-1, q-1)$ を計算する．　適当な $e \in \mathbb{Z}_{\lambda(n)}$ $(\mathrm{GCD}(e, \lambda(n)) = 1)$ を定め，$d = 1/e \bmod \lambda(n)$ を計算する．

《秘密鍵》d（または，p, q）

《公開鍵》e, n

【暗号化】$c = m^e \bmod n$

【復号】$m = c^d \bmod n$

ここで，m は，暗号化の対象となるディジタル化された文書（平文）であり，同時にその 2 進数表現としての整数値を意味する．このとき，$0 < m < n$ とする．RSA 暗号の公開鍵 n のサイズに関しては，アメリカ国立標準技術研究所 NIST が推奨ガイドライン[1]を発表している[*1]．2048 ビット RSA に関して，現在は署名のみの推奨であり，暗号化に関しては 2031 年以降の利用を禁じている．また，2031 年以降も NIST が利用を推奨している RSA 暗号は 3072 ビット以上の公開鍵を必要としている．これは，素因数分解のアルゴリズムの進歩とコンピュータの計算能力の向上に依存するため，将来はさらに長い鍵長が推奨される可能性もある．

RSA 暗号は確定的な暗号であるため，識別不可能性[*2]を満たさない．また，平文と暗号文の間の代数関係を利用して選択暗号文攻撃により解読可能である．そこで，ある強い仮定（利用する一方向性ハッシュ関数を理想的なランダム関数とみなす）を前提にして，RSA 暗号に基づき最強の安全性（適応的選択暗号文攻撃に対して識別不可能性）をもつ暗号を構成する方法がベラレとロガウェイにより示されている．この方法は OAEP と呼ばれ，4.2 節 3 項で紹介する．

▌2.　ラビン暗号

計算量理論の研究でチューリング賞を受賞したラビンにより 1979 年に提案された方式であり，暗号のある種の安全性（受動的攻撃に対する安全性）が基本的な問題（素因数問題）の難しさを仮定して証明できることが初めて示された方式である．暗号の安全性を理論的に証明する研究の端緒となった重要な方式であり，ここで用いられた証明手法は，各種応用をもつ．

NIST：
National Institute of Standards and Technology

[*1]　インターネット普及時の 1990 年代，RSA 暗号の公開鍵は 512 ビットでも，安全と考えられた．1990 年代後半から，500 ビット前後の合成数を素因数分解する研究発表が続いた．その後，電子署名法が成立した 2001 年には 1024 ビットの RSA が推奨された．しかし，2016 年の時点で，NIST は 1024 ビット RSA 暗号の利用を禁じた．

[*2]　第 3 章参照

ベラレ：
M. Bellare

ロガウェイ：
P. Rogaway

チューリング賞：
Turing 賞

ラビン：
M. O. Rabin

【鍵生成】

　　ユーザは，素数 p, q（$|p|$ と $|q|$ はほぼ同じ）を生成し，$n = pq$ を計算する．

《秘密鍵》p, q

《公開鍵》n

【暗号化】$c = m^2 \bmod n$

【復号】

　　$m_p = c^{1/2} \bmod p$, $m_q = c^{1/2} \bmod q$ を計算し，(m_p, m_q), $(m_p, -m_q)$, $(-m_p, m_q)$, $(-m_p, -m_q)$ を中国人剰余定理[*1]により合成し，$c = m^2 \bmod n$ を満足する 4 つの m の値 m_1, m_2, m_3, m_4 が求められる．この中の 1 つが m であり，何らかの付加的情報により m を選択する．

*1 第 3 章 3.2 節参照

（a）平方根の計算法

バールキャンプ：E. R. Berlekamp

　　一般的に $m_p = c^{1/2} \bmod p$ を計算する方法は，バールキャンプのアルゴリズムやラビン自身によるアルゴリズムが知られているが，ここでは，鍵が以下のような特殊な場合についての計算法を示す．

　　$p \equiv 3 \pmod 4$, $q \equiv 3 \pmod 4$

ブラム数：Blum integer

　　このとき，$n = pq$ は，ブラム数と呼ばれる．なお，ブラム数は各種の応用をもち，また後に述べるようなラビン暗号の 4 つの復号解を 1 つに選択する効率的方法もある．

　　このとき，m_p は以下の式により計算できる．

　　$m_p = c^{(p+1)/4} \bmod p$

なぜなら，$(p+1)/4$ は整数であり，

　　$m_p{}^2 \equiv c^{(p+1)/2} \equiv c^{(p-1)/2} c \equiv c \pmod p$

*2 第 3 章 3.2 節参照

ここで，c は $\bmod\ p$ で平方剰余であるため，ルジャンドル記号[*2]

$\left(\dfrac{c}{p}\right) \equiv c^{(p-1)/2} \equiv 1 \pmod p$ であることに注意．

（b）一意復号の方法

① **冗長情報の埋込み**：4 つの復号解 m_1, m_2, m_3, m_4 から 1 つの正しい m を選ぶ方法として最も簡単な方法は，m にシステム（送信者と受信者）で共通の冗長情報を埋め込むことである．例えば，m の最下位の 64 ビットをすべて 0 とすることである．このとき，明らかに平文に含まれる情報量に比べて暗号文の冗

長度は 64 ビットである.

② **ブラム数の利用**：公開鍵の n をブラム数とする. このとき,

$$\left(\frac{-1}{p}\right) = \left(\frac{-1}{q}\right) = -1$$

より, n を法として平方根が存在するような x に対して, $y^2 \equiv x \pmod{n}$ を満足する y の 4 つの値 y_1, y_2, y_3, y_4 は次の式を満足する.

$$\left(\frac{y_1}{p}\right) = \left(\frac{y_1}{q}\right) = 1, \quad \left(\frac{y_2}{p}\right) = -\left(\frac{y_2}{q}\right) = 1$$

$$\left(\frac{y_3}{p}\right) = -\left(\frac{y_3}{q}\right) = -1, \quad \left(\frac{y_4}{p}\right) = \left(\frac{y_4}{q}\right) = -1$$

別の表現では, 4 つの値を次のように特徴付けることができる.

$$\left(\frac{y_1}{n}\right) = 1, \left(\frac{y_2}{n}\right) = -1, \ y_3 \equiv -y_2 \pmod{n}, \ y_4 \equiv -y_1 \pmod{n}$$

したがって, 以下の 2 ビット (a, b) によって, 4 つの値を一意に識別できる.

$$a = \left(\frac{m}{n}\right), b = \begin{cases} 0 & \left(m < \dfrac{n}{2}\right) \\ 1 & \left(m \geq \dfrac{n}{2}\right) \end{cases}$$

つまり, 暗号文は, (c, a, b) である. このとき, 平文に含まれる情報量に比べて暗号文の冗長度は 2 ビットである.

(c) 安全性

ラビン暗号においては, 以下のことが証明されている. $n = pq$ が与えられて, c から m を無視できない確率で求めることができるアルゴリズム A が存在するならば, その A を用いて n を素因数分解する確率的多項式時間アルゴリズムを構成できる. このことは, 暗号文から平文を求めることは素因数分解と同等に難しいことを意味する. しかし, このことは能動的な攻撃に対する脆弱性をも意味しており, この後述べる OAEP 方式などにより能動的な攻撃に対しての安全性を保証する必要がある.

▊3. OAEP暗号

強い安全性（適応的選択暗号文攻撃に対して識別不可能性）をもつ暗号の具体的な構成法は，1991年にドレブ，ドゥワーク，ナオアによって示されているが，極めて非効率的であり，実用性とはほど遠いものである．

1994年に，ベラレとロガウェイは，理想的にランダムなランダム関数[*1]を利用することにより，強い安全性をもつ極めて効率のよい暗号の構成法を示した．この方式は，OAEPと呼ばれRSA暗号の利用形態として標準的な地位を確保しつつあり，PKCS#1 Ver. 2[*2]として利用されている．この方式の安全性の証明は，オリジナル論文の証明には不備があることがシュープにより指摘され，最終的に藤崎，岡本，ポアンシェバル，スターンにより与えられた．さらに，OAEPの安全性証明の帰着効率を幾分か向上させたOAEP+がシュープによって，またラビン暗号および公開べき指数eの値を3程度にしたRSA暗号に適用を限定してOAEPを単純化したSAEPがボネによって提案されている．

ランダム関数の仮定そのものは非現実的であるが，ランダム関数を実用的な一方向性関数で置き換えることにより実用的な暗号を効率よく構成できる．このとき，一方向性関数を用いた簡略版は安全性が証明されたものではなくなるが，安全性が証明された暗号の近似版と考える．

以下，このOAEP暗号を紹介する．

【鍵生成】

　　ユーザは，セキュリティパラメータkを入力し，RSA暗号のような確定的公開鍵暗号の公開鍵と秘密鍵の対(e, d)を生成する．この暗号化関数を$E_{P_A} : \{0, 1\}^k \rightarrow \{0, 1\}^l$とする．さらに，実際の平文のサイズを$t$ビットとし，$t = k - k_0 - k_1$となる$k_0, k_1$がシステムで定められているとする．

《秘密鍵》d

《公開鍵》e

なお，システムで，ランダム関数

$$H_1 : \{0, 1\}^{t+k_1} \rightarrow \{0, 1\}^{k_0}$$

$$H_2 : \{0, 1\}^{k_0} \rightarrow \{0, 1\}^{t+k_1}$$

ドレブ：
D. Dolev

ドゥワーク：
C. Dwork

ナオア：M. Naor

*1　4.3節3項を参照．以降，ランダム関数というと，理想的にランダムなランダム関数を意味する．

OAEP：
Optimal
Asymmetric
Encryption
Padding

*2　PKCSは，RSA社により規定されたRSA暗号の標準的な利用形式である．PKCS#1では，公開鍵暗号とディジタル署名の利用形式が定められている．Ver. 1で定められた利用形式は，ブライヘンバッハによる選択暗号文攻撃法を受けて，Ver. 2へと改良された．Ver. 2はベラレとロガウェイによる方法に基づき設計された．

シュープ：
V. Shoup

ポアンシェバル：
D. Pointtcheval

スターン：
J. Stern

ボネ：D. Boneh

が定められているとする.

【暗号化】

　平文 $m \in \{0, 1\}^t$ に対し, 乱数 $r \in \{0, 1\}^{k_0}$ を選び, $s = (m \| 0^{k_1}) \oplus H_2(r)$, $c = E_{P_A}(s \| (r \oplus H_1(s)))$ を計算し, c を暗号文として出力する.

【復号】

　暗号文 c に対し, $s = [D_{S_A}(c)]^{t+k_1}$, $r = [D_{S_A}(c)]_{k_0} \oplus H_1(s)$, $m = [s \oplus H_2(r)]^t$ を計算する. もし, $[s \oplus H_2(r)]_{k_1} = 0^{k_1}$ ならば, m を復号結果として出力する. さもなければ, "reject" を出力する (もしくは, 何も出力しない).

　例えば, $k = 1024$, $k_0 = 120$, $k_1 = 120$, $t = 784$ とすることができる.

■ 4.3　離散対数問題ベースの方式

▌1.　エルガマル暗号

エルガマルは, 離散対数問題ベースの公開鍵暗号を提案している. これは, ディッフィ・ヘルマン鍵共有法[*1]をヒントにしている.

＊1　第 6 章 6.2 節だ円ディッフィ・ヘルマン鍵共有法参照

＊2　第 3 章 3.2 節参照

【鍵生成】

　ユーザは, 有限体 $\mathbb{F}_p$ (p は素数) と位数[*2]が素数 l となる $\mathbb{F}_p$ の元 g を選ぶ. そして, ランダムに選んだ $s \in \mathbb{Z}_l^*$ に対して, $y = g^s \bmod p$ を計算する.

《秘密鍵》s

《公開鍵》p, g, y

【暗号化】

　平文 m に対して, 乱数 $r \in \mathbb{Z}_l^*$ を選び, $u = g^r \bmod p$, $e = y^r m \bmod p$ を計算し, (u, e) を暗号文とする.

【復号】$m = e / u^s \bmod p$

安全性

エルガマル暗号は, 離散対数問題 $\log_g h$ が容易に解ければ, 安全でなくなることに注意する. この意味で, エルガマル暗号の安全性は, 離散対数問題に基づく. また, 異なる 2 つの平文に対して, 同

じ乱数 r を用いるべきではないことにも注意する．なぜならば，2つの異なる平文 m_a, m_b に対して，同じ乱数 r を使って暗号化した暗号文をそれぞれ (u_a, e_a)，(u_b, e_b) とすると，$e_a/e_b = m_a/m_b$ が成立するからである．このとき，2つの暗号文の比から平文の比が露呈したり，また，一方の平文 m_a がわかると，暗号文情報より他方の平文 $m_b = (e_a/e_b)m_a$ がわかってしまう．

また，上記で与えたエルガマル暗号は，識別不可能性を満たさないことにも注意する．この識別アルゴリズムは，与えられた数が素数 p の法のもとでの平方剰余であるか否かの判定が簡単であること（オイラーの判定法）を用いる．素数の法 p のもとで平方剰余である平文 m_1 と平方非剰余である平文 m_2 とを考える．それぞれの暗号文 (u_1, e_1) と (u_2, e_2) とが与えられた場合，各暗号文の成分 u_i, e_i $(i=1, 2)$ の平方剰余・非剰余性を調べることで，元の平文 m_i が平方剰余であるか，非剰余であるか知ることができる．すなわち，u_i と e_i とがともに平方剰余，あるいはともに平方非剰余の場合，そのときに限って元の平文 m_i が平方剰余と判定する．逆に，平文 m_i が平方非剰余の場合には，暗号文成分 u_i と e_i のどちらか一方が平方剰余であり他方が非剰余となる．

このように，エルガマル暗号化を通じても，平文の平方剰余性が暗号文に伝播され，完全にこの性質までも隠すことができない．しかし，上記の識別手段を見るとわかるように，公開鍵 g およびすべての平文 m を平方剰余に制限することで，この識別が機能しなくなる．この制限は，素数 l に対して，公開鍵の一つである法を $p=2l+1$ とすることで実現可能になり，この制限されたエルガマル暗号が識別不可能性を満たすことも証明できる．もっと一般には，基となる離散対数問題において次の判定ディッフィ・ヘルマン問題を仮定すれば，エルガマル暗号が識別不可能となることも知られている．

定義［判定ディッフィ・ヘルマン問題］
有限体 $\mathbb{F}_p$（p は素数）と $\mathbb{F}_p{}^* \ni g$ を考える．$\mathbb{F}_p{}^*$ の3つの元 g^a, g^b, K が与えられた場合に，ディッフィ・ヘルマン鍵共有法での関係

$$K \equiv g^{ab} \pmod{p}$$

が成立するか否かを判定する問題を判定ディッフィ・ヘルマン問題と呼ぶ．　　　　　　　　　　　　　　　　　　　　　　　　　□

　これに対して，ディッフィ・ヘルマン鍵共有法の安全性は，次の計算ディッフィ・ヘルマン問題に依存する．

定義［計算ディッフィ・ヘルマン問題］

　$F_p{}^*$ の 2 つの元 g^a, g^b が与えられた場合に，対応するディッフィ・ヘルマン共有鍵 K，すなわち

$$K = g^{ab} \bmod p$$

を満足する K そのものを計算する問題を計算ディッフィ・ヘルマン問題と呼ぶ．　　　　　　　　　　　　　　　　　　　　　　□

　計算ディッフィ・ヘルマン問題を解くアルゴリズムを利用すれば，判定ディッフィ・ヘルマン問題を解くことができることに注意する．また，$F_p{}^*$ 上の離散対数問題を解くアルゴリズムを用いれば，計算ディッフィ・ヘルマン問題も解ける．しかし，これらの逆が成立するかどうかは自明ではなく，したがって計算ディッフィ・ヘルマン問題の困難性を仮定することは，離散対数問題や計算ディッフィ・ヘルマン問題の困難性を仮定するよりも強い暗号論的仮定となることに注意する．

▌2.　クレーマ・シュープ暗号

＊　第 3 章参照

　エルガマル暗号は明らかに頑強性＊を満たさない．(u, e) が m の暗号文であるならば，$(u, w \times e)$ は，wm の暗号文となるからである．ハッシュ関数を利用することで，エルガマル暗号の安全性を強化した方式がいくつか提案されている．ここでは，クレーマ・シュープによる方式を紹介する．

【鍵生成】

　ユーザは，有限体 F_p と位数が素数 l となる F_p の元 g_1, g_2 を選ぶ．そして，ランダムに選んだ 5 つの $s, x_1, x_2, y_1, y_2 \in \mathbb{Z}_l{}^*$ に対して，$c = g_1^{x_1} g_2^{x_2} \bmod p$, $d = g_1^{y_1} g_2^{y_2} \bmod p$, および $h = g_1^s \bmod p$ を計算する．

《秘密鍵》s, x_1, x_2, y_1, y_2

《公開鍵》p, g_1, g_2, c, d, h

　また，システムで共通のハッシュ関数 H が定められているとする．

【暗号化】

平文 $m \in \mathbb{Z}_p$ に対し，乱数 $r \in \mathbb{Z}_l$ を選び，$u_1 = g_1^r \bmod p$，$u_2 = g_2^r \bmod p$，$e = h^r m \bmod p$ を計算し，$t = H(u_1, u_2, e)$ を求める．そして，$v = c^r d^{rt} \bmod p$ を計算し，(u_1, u_2, e, v) を暗号文とする．

【復号】

$t = H(u_1, u_2, e)$ を求め，$v = u_1^{x_1 + ty_1} u_2^{x_2 + ty_2} \bmod p$ が成立するかどうかを確かめる．成立しない場合は，不当な暗号文として棄却する．成立した場合にのみ $m = e / u_1^s \bmod p$ として，復号する．

安全性

＊ 第5章参照

クレーマ・シュープ暗号は，判定ディッフィ・ヘルマン問題とハッシュ関数 H の衝突困難性＊を仮定すれば，選択暗号文攻撃に対して安全であることが知られている．ここでは，この構成のアイディアのみを説明する．クレーマ・シュープ暗号のアイディアは，不当な暗号文を復号時点で棄却できるようにチェックを行うことである．特にこのチェック情報からも，個人秘密や平文に関する情報が漏れないようにするところが工夫を要する．この方式における暗号文の一部 (u_1, e) はエルガマル暗号そのものであることがわかる．したがって，暗号文の一部 (u_2, v) は，エルガマル暗号における不当な暗号文を棄却するための付加情報と考えることができる．まず，正しく構成された暗号文 (u_1, u_2, e, v) においては，$\log_{g_1} u_1 \equiv \log_{g_2} u_2 \equiv r \pmod{l}$ であることに注意する．選択暗号文攻撃を行う攻撃者は，2つの異なる乱数 r_1，r_2 を用いて $u_1 = g^{r_1} \bmod p$ と $u_2 = g^{r_2} \bmod p$ と暗号文を偽装する可能性もある．しかし，このような攻撃者の不正な暗号文は，復号時の検証 $v = u_1^{x_1 + ty_1} u_2^{x_2 + ty_2} \bmod p$ により棄却される．さらにこの検証値 v には，$t = H(u_1, u_2, e)$ と，(u_1, u_2, e) を入力とするハッシュ関数 H が介在しており，(u_1, u_2, e) とは無関係に検証式をパスしようと偽装された v をも却下する．

■3. ハッシュ関数 H に関する条件

OAEP を利用した暗号が，選択暗号文攻撃に対して安全であることを理論的に証明するためには，利用するランダム関数が理想的にランダムであることが要求される（ランダムオラクルモデル）．理想的にランダムな関数とは，関数のどの入力に対しても，その出力

系列は，一様かつ独立に分布する関数である．公開鍵暗号で利用される乱数関数やハッシュ関数の出力は，真の乱数と多項式時間では区別のつかない系列という意味では，あくまで擬似乱数である．したがって，理想的にランダムな関数は実際には存在しないのでは？という問題が残る．これに対して，クレーマ・シュープ暗号では，通常のハッシュ関数の安全性に要求される衝突困難性を仮定すれば（判定ディッフィ・ヘルマンが困難という仮定の下で）選択暗号文攻撃に対して安全であることが証明できる．衝突困難性は，実際のハッシュ関数に仮定される現実的に妥当な仮定といえる．

■4.4　鍵カプセル化メカニズムとデータカプセル化メカニズム

■1. ハイブリッド暗号の新しい標準的構成法

通常，公開鍵暗号（秘匿通信もしくは鍵共有）は，共通鍵暗号で用いる秘密鍵の共有に使われ，データの暗号はこの共有された鍵を用いた共通鍵暗号で行う．このようなハイブリッド暗号が，現在最も標準的な暗号の利用方法である．

2001 年に，シュープは，国際標準化機構 ISO における公開鍵暗号の標準化作業の中で，このようなハイブリッド暗号を実現するための標準的な構成要素として，公開鍵暗号の鍵共有の機能を鍵カプセル化メカニズム（KEM），共通鍵暗号の機能をデータカプセル化メカニズム（DEM）として定式化した．そして，安全な KEM と安全な DEM を組み合わせることにより，安全なハイブリッド暗号が構成できることを示した．それ以降，欧州連合（EU）での暗号評価プロジェクト NESSIE などにおいても，KEM に基づく方式が公開鍵暗号の推奨方式に選ばれるなど，KEM は公開鍵暗号の標準的な方式として広く認知され，また DEM と組み合わせたハイブリッド暗号が暗号（秘匿通信）の標準的利用法になろうとしている．

以下本節では，KEM と DEM とはどういうものかを説明しよう．

■2. KEM

KEM は，公開鍵暗号の概念に従い，各利用者 A は公開鍵 P_A と

ISO：
International
Organization for
Standardization

鍵カプセル化メカ
ニズム：
Key
Encapsulation
Mechanism

データカプセル化
メカニズム：
Data
Encapsulation
Mechanism

公開鍵暗号：
Public-Key
Encryption

秘密鍵 S_A の対を保有する．KEM と秘匿通信機能の公開鍵暗号（PKE）との違いは，PKE の暗号化処理においては，平文 m と受信者 A の公開鍵 P_A を入力として暗号文 c を出力するのに対して，KEM の暗号化処理では，受信者の公開鍵 P_A を入力として暗号文 c と鍵 K を出力する（c は受信者 A に送られるが，K は送信者側で秘密に保有され，以降のデータ暗号化処理で利用される）．また，復号処理では，PKE の場合，c と秘密鍵 S_A より，平文 m が復号される．KEM では，c と秘密鍵 S_A より，鍵 K が復号される．

KEM をより正確に述べると，以下の 3 つのアルゴリズムから構成される．

(1) 鍵サイズなどのパラメータを入力し公開鍵/秘密鍵の対（P_A, S_A）を出力する鍵生成アルゴリズム．

(2) 公開鍵 P_A を（さらに必要に応じてオプション情報を）入力し，鍵 K と暗号文 c の対を出力する暗号化アルゴリズム．

(3) 秘密鍵 S_A と暗号文 c を入力とし，鍵 K を出力とする復号アルゴリズム．

PKE で「適応的選択暗号文攻撃に対して識別不可能性（IND-CCA2)」が定義されているように，KEM においても，「適応的選択暗号文攻撃に対して識別不可能性」が定義されている．ここでは，PKE における IND-CCA2 と区別するため，KEM に対する IND-CCA2 を IND-CCA2-KEM と記述する*．

以下に，IND-CCA2-KEM の定義を述べる．まず，敵による次のような攻撃シナリオを考える．

Stage 1：鍵生成アルゴリズムが実行され，公開鍵と秘密鍵の対が生成される．当然，敵は公開鍵のみ得ることができ，秘密鍵は取得できない．

Stage 2：敵は，一連の質問を復号オラクルに行う．それぞれの質問は，暗号文 c であり，復号オラクルは秘密鍵を用いてそれらを復号し，その復号結果は敵に回答される．もし，復号オラクルが復号できなかった場合でもそのことが敵に通知される．敵は質問 c をどのようにつくってもよく，c に関しては何の制約もない．

Stage 3：敵は，暗号オラクルを実行させる（必要に応じて，オプション情報を入力する）．暗号オラクルは次のように動作する．

* 本来，IND-CCA2 は PKE に対して定義された概念である．KEM や DEM に対して類似の定義を与え，いずれも同じ名前（「適応的選択暗号文攻撃に対して識別不可能性（安全)」）を使用することは，シュープらの記述に従っている．ここでは，それらの違いを明確化するために，それぞれ IND-CCA2-PKE，IND-CCA2-KEM，IND-CCA2-DEM，と記すことにする．

(1) 暗号アルゴリズムを実行し，鍵と暗号文の対 (K^*, c^*) を生成する．

(2) K^* と同じ長さのビット列（もしくはオクテット列）$\tilde{K}$ を一様にランダムに生成する．

(3) $b \in \{0, 1\}$ をランダムに選ぶ．

(4) $b = 0$ ならば，(K^*, c^*) を出力し，さもなければ $(\tilde{K}, c^*)$ を出力する．

Stage 4：敵は，さらに一連の暗号文 c を復号オラクルに質問し続けることができる．ただし，$c \neq c^*$（つまり，c^* だけは質問することができないが，それ以外には何を質問してもよい）．

Stage 5：敵が，最終的に $\hat{b} \in \{0, 1\}$ を出力し，停止する．

以上が，敵の攻撃のシナリオである．

このシナリオにおける敵 A のアドバンテージ $\mathrm{Advantage_{KEM}}(A)$ は，$2 \cdot |\Pr[\hat{b} = b] - 1/2|$ で定義される．妥当な時間で実行するすべての敵に対して，$\mathrm{Advantage_{KEM}}(A)$ が十分に小さいとき，KEM を「適応的選択暗号文攻撃に対して識別不可能（IND-CCA2-KEM）」（もしくは，単に「安全である」）と呼ぶ．

▌3. DEM

次に，データカプセル化メカニズムについて述べよう．前に述べたように，DEM に対しても「適応的選択暗号文攻撃に対して識別不可能性」が定義でき IND-CCA2-KEM と記述する．

DEM は共通鍵暗号方式であり，鍵長の規定と暗号化アルゴリズムおよび復号アルゴリズムからなる．暗号化アルゴリズムは鍵 K，ラベル L（送受信者で取り決められた何らかのデータ．例えば，送信者の ID），平文 m を入力とし，暗号文 c を出力するアルゴリズムで，(L, c) が送信される．復号アルゴリズムは，鍵 K とラベル L，暗号文 c を入力として，平文 m を出力するアルゴリズムである．

DEM の安全性は，IND-CCA2-PKE の定義の DEM 版である IND-CCA2-DEM により定義される．つまり，敵は，同じ長さの 2 つの平文 m_0, m_1 およびラベル L^* を選び，それを暗号オラクルに送る．暗号オラクルは，ランダムに鍵 K とランダムビット b を選び，m_b と L^* を鍵 K を用いて c^* に暗号化し，それを敵に送る．敵は，

$(L, C) \neq (L^*, c^*)$ でないような一連の (L, c) を復号オラクルに送り，鍵 K を用いて復号した結果をもらう．最終的に，敵は $\hat{b}$ を出力する．$2 \cdot |\Pr[\hat{b} = b] - 1/2|$ を敵のアドバンテージ $\mathrm{Advantage}_{\mathrm{DEM}}(A)$ と定義し，これが十分に小さいとき，DEM は IND–CCA2–DEM であるとする．

■4. ハイブリッド暗号：KEM＋DEM

IND–CCA2–KEM である KEM を IND–CCA2–DEM である DEM と組み合わせてハイブリッド暗号を構成した場合，IND–CCA2–PKE である PKE が実現される（ここで，ハイブリッド暗号は，PKE として定義できることに注意）．

■5. PSEC-KEM

前に述べたように，公開鍵暗号に基づく鍵共有機能が KEM として定式化され，そのコンセプトに基づき，いくつかの方式が設計されている．ここでは，だ円曲線上で KEM を実現した PSEC-KEM を紹介する．PSEC-KEM は，2001 年に NTT により提案された方式であり，だ円ディッフィ・ヘルマン鍵共有法[*1]を藤崎・岡本変換を用いて KEM として構成したものである[*2]．

まず，最初に藤崎・岡本変換について簡単に述べよう．この変換は，適当な公開鍵暗号（落し戸付一方向性関数）と共通鍵暗号を用いて，IND–CCA2–PKE のハイブリッド暗号に変換する一般的な方式である．ここでは，共通鍵暗号をバーナム暗号とした場合について紹介しよう．いま，$E_{P_A}(m, r)$ を適当な確率的公開鍵暗号とし（P_A は公開鍵，m は平文，r は乱数），この暗号を用いて以下のようなハイブリッド暗号を構成する．

$$c_1 = E_{P_A}(r, H_2(m \| r)), \ c_2 = m \oplus H_1(r)$$

ここで，r は乱数であり，m は平文，H_1 と H_2 は適当なハッシュ関数（理論的には，理想的ランダム関数とみなす）である．この暗号を復号するためには，秘密鍵 S_A を用いて c_1 から r を復号し，$H_1(r)$ を使って c_2 から平文 m を復号する．その後 r と m を使って，$c_1 = E_{P_A}(r, H_2(m \| r))$ が成立するかどうかを検証し，成立すれば m を出力する．

*1 第 6 章 6.2 節 1 項参照

*2 欧州連合の暗号評価プロジェクト NESSIE で公開鍵暗号の第一推薦アルゴリズムとして認定されており，日本の電子政府推奨候補暗号リストにも選ばれている．

　このように，藤崎・岡本変換は，ハイブリッド暗号を構成する方法であり，この変換をだ円ディッフィ・ヘルマン鍵共有法に適用しKEM を構成したものが PSEC-KEM である．PSEC-KEM では，平文 m を乱数とし，共有鍵 K を m のハッシュ値 $K = H_2(m)$ とすることで KEM を構成する．E_{P_A} をだ円ディッフィ・ヘルマン鍵共有法とすることで，c_1 における r を省略し，c_2 における r をほかの値から生成可能な値とすることができる．このような考えに基づき構成した方式 PSEC-KEM を示す．

(a) 準　備

*1　第 6 章 6.2 節参照

　だ円ディッフィ・ヘルマン鍵共有法[*1]に基づき，システムパラメータ $\{E(K), G, l\}$，公開鍵と秘密鍵のペア (P_A, x_A) を生成する．さらに，ハッシュ関数 $H_1: \{0, 1\}^* \to \{0, 1\}^{k_1}$ と $H_2: \{0, 1\}^* \to \{0, 1\}^{k_2}$（理論的には，理想的ランダム関数と仮定）を公開する．

(b) 暗号化

　乱数 $r \in \{0, 1\}^{k_1}$ を生成し，$t \| K = H_2(r)$，$\alpha = t \bmod l$，$Q = \alpha P_A$，$C_1 = \alpha G$，$c_2 = r \oplus H_1(C_1 \| Q)$ を計算し，(C_1, c_2) を暗号文とする．このとき，K が共有鍵となる．

(c) 復　号

　$Q' = s C_1$，$r' = c_2 \oplus H_1(C_1 \| Q')$，$t' \| K' = H_2(r')$，$\alpha' = t' \bmod l$ を計算し，$C_1 = \alpha' G$ が成立するかどうかを検証し，成立すれば K' を共有鍵として出力する．

*2　4.3 節 1 項参照

　PSEC-KEM は，だ円曲線上の計算ディッフィ・ヘルマン問題[*2]，すなわち計算だ円ディッフィ・ヘルマン問題が困難であり，ハッシュ関数 H_1 および H_2 が理想的なランダム関数（ランダムオラクル）と仮定すると，（KEM の意味で）適応的選択暗号文攻撃に対して識別不可能（IND-CCA2-KEM）である．

問1 公開鍵暗号が存在するためには，一方向性関数の存在が必要条件であることを示せ．

問2 4.2節で示したRSA暗号（教科書RSA暗号）が，頑強性*3を満たさないことを示せ．

問3 4.2節で示したRSA暗号（教科書RSA暗号）が，選択暗号文攻撃（IND–CCA1）に対しては安全でないかどうか不明であるが，適応的選択暗号文攻撃（IND–CCA2）に対しては安全でないことを示せ．

問4 4.2節で示したラビン暗号（教科書ラビン暗号）が，選択暗号文攻撃（IND–CCA1）に対しては安全でないことを示せ．また，そのことと，素因数分解の困難性を仮定して，ラビン暗号（教科書ラビン暗号）が受動的攻撃に対して一方向（OW）であることを証明できることが同じ論理で構成できることを示せ．

第5章

ディジタル署名

　ディジタル署名は，メッセージの内容や署名の生成者の正当性を保証する技術であり，ディジタル社会において，改変が容易なディジタル情報の信ぴょう性を向上させることに役立つ．現在までの代表的なディジタル署名としては，1985年のエルガマル署名に端を発する離散対数問題に基づく方式と，1978年のRSA署名に端を発する素因数分解に基づく方式が存在する．証明可能技術の研究に伴って，これらの方式はより安全な方式へと改良され，現実社会で利用されている．

　本章では，ハッシュ関数を含むディジタル署名の基本技術について説明するとともに，DSA署名，シュノア署名，ニバーグ・リュッペル署名，RSA署名，ESIGN署名，ならびに，それらの改良署名について記述する．

■5.1　ディジタル署名の概要

ディジタル署名：
digital signature

　公開鍵暗号では，秘密鍵をもつ正当な受信者だけが平文（メッセージ）を復元（生成）することができた．これを逆に利用したのが，**ディジタル署名**である．ディジタル署名を利用することによりメッセージの完全性を保証でき，また，メッセージの作成者を認証する

ことができる.

　署名者は秘密鍵 S_A と対応する公開鍵 P_A を作成し, 公開鍵を自分用の署名検証鍵とする. 署名者は, 自分の秘密鍵 S_A を署名生成鍵としてメッセージ m から署名 σ を生成する際に用いる.

　多くのディジタル署名では, 任意長のメッセージに対する完全性を保証するためにシステムに共通な関数としてハッシュ関数*を用いる.

＊　5.2 節参照

　ディジタル署名は, 以下の二方式に大別できる.

付録型署名：
signature with
appendix

・**付録型署名**
・**メッセージ回復型署名**

メッセージ回復型
署名：
signature giving
message
recovery

▌1.　付録型署名

　署名者は, 自分の秘密鍵 S_A を署名生成鍵としてメッセージ m に対して署名 σ を生成して m と σ の対を送信する.

　(a)　署名生成

$$\sigma = \mathrm{Sign}_{S_A}(m)$$

　検証者は, 送られてきたメッセージ m と署名 σ, さらに署名者の公開鍵 P_A とから署名の正当性をチェックする.

　(b)　署名検証

$$R = \mathrm{Verify}_{P_A}(m, \sigma)$$

　ここで, アルゴリズム Verify は, 署名 σ がメッセージ m の正しい署名であったならば $R = $ OK を, 署名 σ がメッセージ m の正しい署名でなかったならば $R = $ NG を出力するものである.

　このとき, 署名 σ は S_A を知る人のみが生成できる.

　このように付録型署名では, 任意長のメッセージに対し, 署名を生成することができる. しかし, そのメッセージに対する完全性を保証するためには, 対応する署名を対にして, 送信するか格納する必要がある. そのため, 実際のアプリケーションなどでは, 通信量の増加を生じたり, また, データ構造の導入が必要となる.

▌2.　メッセージ回復型署名

　署名者は, メッセージ m を回復部 m_r と非回復部 m_n とに分割する （$m = m_r \| m_n$, m が短い場合には m_n は存在しない）. 署名者は自

分の秘密鍵S_Aを署名生成鍵としてmに対して署名σを生成してm_nとσの対を送信する.

（a）署名生成

$$\sigma = \mathrm{Sign}_{S_A}(m)$$

検証者は，送られてきたm_nと署名σ，さらに署名者の公開鍵P_Aとから署名の正当性をチェックし，mを回復する.

（b）署名検証

$$R = \mathrm{Verify}_{P_A}(m_n, \sigma)$$

ここで，アルゴリズムVerifyは，署名σが正しい署名であったならば$R = \mathrm{OK} \| m$を，署名σが正しい署名でなかったならば$R = \mathrm{NG}$を出力するものである.

このとき，署名σはS_Aを知る人のみが生成でき，メッセージの一部（m_r）は署名σから復元される.

このようにメッセージ回復型署名でも，任意長のメッセージに対し，署名を生成することができる.しかも，そのメッセージ長が短いときには，メッセージ非回復部の長さが短くなり，通信量の削減などに寄与することができる.さらに，メッセージ非回復部が存在せず，メッセージ回復部のみの場合，正当性の検証には署名のみ（σ）を入力とすればよい.

以上のようにディジタル署名を用いれば，メッセージの完全性を保証できることになる.すなわち，メッセージに正しい署名が添付されているか，正しいメッセージを回復できれば，メッセージには改ざんがないことを確認できる.

また，そのような正しい署名を生成できるのは検証に必要な署名検証鍵（公開鍵）に対応する署名生成鍵（秘密鍵）を保持する人だけであるので，メッセージを作成した人を確認することができる.

5.3節以降に，ディジタル署名の実際例を整数論に基づく方式を中心に概説する.ディジタル署名の安全性は，偽造を試みる攻撃者の攻撃の種類と実現される偽造の種類の組により分類できる[*1].実際の安全性の解析には，ハッシュ関数をランダムな値を返答するランダム関数[*2]とみなす場合が多い.なお，5.3節以降に示す各種の方式においても，ランダムオラクルモデルにおいて，安全性が証明可能であるものが多い.

*1　詳細は，第3章3.5節を参照.

*2　第4章4.3節を参照.

■ 5.2　ハッシュ関数

ハッシュ関数：
hash function（暗
号学的ハッシュ関
数 cryptographic
hash function と
も呼ばれる）

　ハッシュ関数は，パスワードの暗号化や乱数生成，ディジタル署名など暗号技術を用いる数多くの場面で必要となる基本的な構成要素である．ここではハッシュ関数の定義とその歴史，ならびに現在最も広く用いられているハッシュ関数である SHA-256 の完全な仕様を紹介する．

■ 1.　ハッシュ関数の定義

　ハッシュ関数は，任意の長さの入力 M から固定長の出力 $H = Hash(M)$ を生成する関数であって，次の 3 つの条件を満足するものである．以下，出力 H をハッシュ値，H の長さをハッシュ長と呼ぶ．

原像計算困難性：
preimage resis-
tance

第 2 原像計算困難
性：
second preimage
resistance

衝突困難性：
collision
resistance

① 　与えられたハッシュ値 H から $H = Hash(M)$ を満たす入力 M を求めるのが困難である．この性質を原像計算困難性という．

② 　与えられた入力 M から $Hash(M) = Hash(M')$ を満たす M' ($\neq M$) を求めるのが困難である．この性質を第 2 原像計算困難性という．

③ 　$Hash(M) = Hash(M')$ を満たす 2 つの入力の組 M と M' ($\neq M$) を求めるのが困難である．この性質を衝突困難性という．

ここでの「困難」の意味は次のとおりである．

　まず，原像計算困難性と第 2 原像計算困難性については，ハッシュ長を n ビットとするとき，任意のハッシュ関数の原像や第 2 原像は，ハッシュ関数を 2^n 回程度計算すれば求めることができるので，これを大きく下回る計算量で原像や第 2 原像を求める方法が知られていないことを意味している．

　また，衝突困難性については，$Hash(M) = Hash(M')$ となる M と M' ($\neq M$) の組は誕生日のパラドックスによりハッシュ関数を $2^{n/2}$ 回程度計算すれば求めることができるので，これを大きく下回る計算量で衝突を求める方法が知られていないことを意味している．ハッシュ関数の安全性とは，通常，この衝突困難性のことを指している．

▌2. ハッシュ関数の歴史と現状

1990年代から2000年代初頭にかけて，MD5やSHA1と呼ばれるハッシュ関数が広く利用されてきたが，これらはすでに衝突の実例，すなわち $Hash(M) = Hash(M')$ を満たす M と $M'(\neq M)$ の組の具体的な値が知られており，現在では利用は推奨されない．

FIPS：Federal
Information
Processing
Standards

このうちSHA1は，1995年に米国連邦情報処理標準FIPS 140として公表されたものであるが，その後2001年に，新しいハッシュ関数SHA2がFIPSに加えられた．SHA2は単一のアルゴリズムではなく，表5.1に示すように現在6種類のSHA2ファミリーが存在しているが，本質的にはSHA-256とSHA-512の2種類である．SHA2に属するハッシュ関数のうち現時点で安全性の問題が指摘されているものはなく，それらはSHA1の後継として広く利用されている．

なお，MD5，SHA1，SHA2はいずれもマークル・ダンガード構成法と呼ばれる同一の設計原理に基づいてつくられているが，これとは異なった原理で設計されたハッシュ関数SHA3が，2015年にFIPS 202として成立している．しかし，このハッシュ関数の利用例は少ないのが現状である．

表5.1　SHA2に含まれる6種類のハッシュ関数

ハッシュ関数名	ハッシュ長	備考（初期ベクトル値はすべて異なる）
SHA-224	224ビット	SHA-256のハッシュ値を短縮したもの
SHA-256	256ビット	
SHA-384	384ビット	SHA-512のハッシュ値を短縮したもの
SHA-512	512ビット	
SHA-512/224	224ビット	SHA-512のハッシュ値を短縮したもの
SHA-512/256	256ビット	SHA-512のハッシュ値を短縮したもの

▌3. SHA-256アルゴリズム

＊メッセージパ
ディング：
message padding

SHA-256アルゴリズムは，入力にメッセージパディング＊と呼ばれる追加ビットを付け加えることにより，その長さを512ビットの倍数にする前処理を行った後，512ビット（これを1ブロックという）ずつに分割してブロックごとに所定の計算を実行する．そして，すべてのブロックの計算を終えた時点の出力結果をハッシュ値

とする．この具体的なアルゴリズムは次のとおりである．

（a）メッセージパディング

ハッシュ関数の入力の最後にビット 1 を付け加え，さらに，全体の長さが 448 mod 512 となるまでビット 0 を付け加える．そして，元の入力のビット数を 32 ビットのデータとして最後に付け加える．この結果，全体の長さは 512 ビットの倍数となる．例として，入力が ASCII 文字 3 バイトの“abc”であったときのパディング後のデータは，16 進表記で次のようになる．

$$
\begin{array}{llll}
61626380 & 00000000 & 00000000 & 00000000 \\
00000000 & 00000000 & 00000000 & 00000000 \\
00000000 & 00000000 & 00000000 & 00000000 \\
00000000 & 00000000 & 00000000 & 00011000
\end{array}
$$

入力にパディングを行った結果をブロック単位で分割したものを $M^{(1)}, M^{(2)}, \cdots, M^{(N)}$ とする．

（b）初期ベクトル*設定

* 初期ベクトル：initial vector

8 つの 32 ビット値 $H_0, H_1, \cdots, H_7$ をそれぞれ次の値に設定する．これらは SHA-256 専用の値であり固定されている．

$$
\begin{array}{llll}
6a09e667 & bb67ae85 & 3c6ef372 & a54ff53a \\
510e527f & 9b05688c & 1f83d9ab & 5be0cd19
\end{array}
$$

（c）ブロック計算

$i=1$ から $i=N$ まで順に，下記の①，②，③を行う．以下に現れる加算はすべて mod 2^{32} で行われるものとする．

① 512 ビットの $M^{(i)}$ を 16 個の 32 ビット値 $M_0^{(i)}, M_1^{(i)}, \cdots, M_{15}^{(i)}$ に分割し，64 個の 32 ビット値 $W_0, W_1, \cdots, W_{63}$ を次のように計算する．

$$
\begin{aligned}
W_t &= M_t^{(i)} & (0 \leq t \leq 15) \\
W_t &= \sigma_1(W_{t-2}) + W_{t-1} + \sigma_0(W_{t-15}) + W_{t-16} & (16 \leq t \leq 63)
\end{aligned}
$$

② $a=H_0, b=H_1, c=H_2, d=H_3, e=H_4, f=H_5, g=H_6, h=H_7$ とおき，$t=0$ から $t=63$ まで繰り返し次の計算を行う．

$$
\begin{aligned}
T_1 &= h + S_1(e) + Ch(e, f, g) + K_t + W_t \\
T_2 &= S_0(a) + Maj(a, b, c) \\
h &= g \\
g &= f
\end{aligned}
$$

$$f = e$$
$$e = d + T_1$$
$$d = c$$
$$c = b$$
$$b = a$$
$$a = T_1 + T_2$$

③ H_0, H_1, $\cdots$, H_7 を次のように更新する.

$$H_0 = a + H_0, \quad H_1 = b + H_1, \quad H_2 = c + H_2, \quad H_3 = d + H_3,$$
$$H_4 = e + H_4, \quad H_5 = f + H_5, \quad H_6 = g + H_6, \quad H_7 = h + H_7$$

(d) ハッシュ値

256 ビットデータ $H_0 \| H_1 \| H_2 \| H_3 \| H_4 \| H_5 \| H_6 \| H_7$ をハッシュ関数の出力,すなわちハッシュ値とする.

(e) 内部関数と定数

②に現れる関数は次のように定義される.ここで,Ch 関数は,ビットごとに x の値が 0 なら z,1 なら y を返す関数である.また,Maj 関数は,ビットごとに x, y, z の中で 0 の個数が 2 個以上なら 0,1 の個数が 2 個以上なら 1 を返す関数である.さらに,$SHR^r(x)$,$ROTR^r(x)$ はそれぞれ,入力 x を 32 ビットデータとして右に r ビットシフト,回転シフトすることを表す.

$$Ch(x, y, z) = (x \wedge y) \oplus (\neg x \wedge z)$$
$$Maj(x, y, z) = (x \wedge y) \oplus (x \wedge z) \oplus (y \wedge z)$$
$$S_0(x) = ROTR^2(x) \oplus ROTR^{13}(x) \oplus ROTR^{22}(x)$$
$$S_1(x) = ROTR^6(x) \oplus ROTR^{11}(x) \oplus ROTR^{25}(x)$$
$$\sigma_0(x) = ROTR^7(x) \oplus ROTR^{18}(x) \oplus SHR^3(x)$$
$$\sigma_1(x) = ROTR^{17}(x) \oplus ROTR^{19}(x) \oplus SHR^{10}(x)$$

また,64 個の 32 ビット定数 K_0, K_1, $\cdots$, K_{63} は以下のとおりである.

428a2f98	71374491	b5c0fbcf	e9b5dba5
3956c25b	59f111f1	923f82a4	ab1c5ed5
d807aa98	12835b01	243185be	550c7dc3
72be5d74	80deb1fe	9bdc06a7	c19bf174
e49b69c1	efbe4786	0fc19dc6	240ca1cc
2de92c6f	4a7484aa	5cb0a9dc	76f988da
983e5152	a831c66d	b00327c8	bf597fc7

c6e00bf3	d5a79147	06ca6351	14292967
27b70a85	2e1b2138	4d2c6dfc	53380d13
650a7354	766a0abb	81c2c92e	92722c85
a2bfe8a1	a81a664b	c24b8b70	c76c51a3
d192e819	d6990624	f40e3585	106aa070
19a4c116	1e376c08	2748774c	34b0bcb5
391c0cb3	4ed8aa4a	5b9cca4f	682e6ff3
748f82ee	78a5636f	84c87814	8cc70208
90befffa	a4506ceb	bef9a3f7	c67178f2

■5.3　離散対数問題ベースの署名

　本節で述べる離散対数問題ベースの署名はいずれも，次のような
パラメータ設定のもとで利用される.

　ユーザは，素数 $p, l(l\,|\,p-1)$，位数 l の元 $g \in \mathbb{Z}_p{}^*$, $x \in \mathbb{Z}_l$ を生成し
$y = g^x \bmod p$ を計算する（p, g はディッフィ・ヘルマン鍵共有法や
エルガマル暗号などと同様に，システムに共通な値としてもよい）.

　《秘密鍵》x

　《公開鍵》y, g, p, l

　このようなパラメータを利用する離散対数問題ベースの方式とし
て，DSA 署名やシュノア署名がある.

■1.　DSA 署名

DSA：
digital signature
algorithm

ディジタル署名標
準：
digital signature
standard；DSS

　DSA 署名は，アメリカ国立標準技術研究所 NIST により提案され
たディジタル署名標準である. DSA 署名は，本章の演習問題の問2
において説明するエルガマル署名を基本としており，付録型署名で
ある.

　いま，ユーザ A がメッセージ m に対する署名 σ を生成し，m と
σ をユーザ B に送信し，B がこれを検証するものとする（このと
き，署名生成/署名検証鍵はユーザ A のものを用いる）. ここで，ハ
ッシュ関数を $H: \{0,1\}^* \rightarrow \{0,1\}^{|l|-1}$ とする.

（a）署名生成

　乱数 $r \in \mathbb{Z}_l$ を生成し，

(a) 署名生成

乱数 $r \in \{0, 1\}^{k_3}$ を生成し,

$$m' = H(m_n), \quad w = H(m_r \| m' \| r),$$
$$r^* = H_1(w) \oplus (0^{k_2 - t_1 - k_3} \| m_r \| r), \quad y = 0 \| r^* \| w$$

を計算し, $\sigma = y^d \bmod n$ を出力する.

(b) 署名検証

$m' = H(m_n), \quad y = \sigma^e \bmod n, \quad b = [y]^1, \quad r^* = [y]^2_{k_2}, \quad w = [y]_{k_1}$ を計算し, $b \overset{?}{=} 1$ ならば, $R = \mathrm{NG}$ を出力し終了する. さらに, $\tilde{r} = r^* \oplus H_1(w), \quad r' = [\tilde{r}]^{k_2 - t_1 - k_3}, \quad m_r = [\tilde{r}]^{k_2 - t_1 - k_3 + 1}_{t_1}, \quad r = [\tilde{r}]_{k_3}$ を計算し, $H(m_r \| m' \| r) \overset{?}{=} w$ かつ $r' \overset{?}{=} 0^{k_2 - t_1 - k_3}$ を満足すれば, $m = m_r \| m_n$ として $R = \mathrm{OK} \| m$ を, そうでなければ $R = \mathrm{NG}$ を出力する.

RSA-PSS-R 署名は RSA-PSS 署名と同様にランダムオラクルモデルのもとで e 乗根問題と等価な安全性を有する.

4. ESIGN 署名

素因数分解問題に基づく高速なディジタル署名であり, RSA 署名に比較して数十倍高速である*.

ユーザ A は, 同じ大きさの素数 $p, q \ (p > q)$ を生成し, $n = p^2 q$, $e \ (> 3)$ を設定する.

《秘密鍵》 p, q

《公開鍵》 e, n

ユーザ A がメッセージ m に対する署名 σ を生成し, これをユーザ B に送信し, B がこれを検証する場合を考える(ここで用いられる署名生成/署名検証鍵はユーザ A のものである). いま, n の長さを $3t$ とし, ハッシュ関数を $H : \{0, 1\}^* \to \{0, 1\}^{t-1}$ とする.

(a) 署名生成

乱数 $r \in \mathbb{Z}^*_{pq}$ を生成し,

$$m' = H(m), \quad a = m' 2^{2t} - r^e \bmod n,$$
$$w = \left\lceil \frac{a}{pq} \right\rceil, \quad y = \frac{w}{er^{e-1}} \bmod p$$

を計算し, $\sigma = r + ypq$ を出力する.

(b) 署名検証

$z = \sigma^e \bmod n, \quad m' = [z]^t$ を計算し, $m' \overset{?}{=} 0 \| H(m)$ を満足すれば,

注記（左側）
* IC カードのような CPU パワーのないものの上でも十分に実用的である. ESIGN 署名は付録型署名にのみ利用できる.

$R =$ OK を，そうでなければ $R =$ NG を出力する．

ESIGN 署名の安全性は，合成数法 n のもとでの e 乗根近似問題に依存している．ここで e 乗根近似問題とは，以下で与えられる．

定義 [e 乗根近似問題]

n, e を ESIGN 署名の公開鍵とする（$3l$ を n の長さとする）．y（$\in \mathbb{Z}_n$）から $0 \leq (x^e - y) \bmod n < 2^{2l}$ を満たす x（$\in \mathbb{Z}_n$）を求める問題を e 乗根近似問題という．□

n, e, x から y は多項式時間で容易に求めることができるのに対して，n, e, y から x を多項式時間で求める方法は知られておらず，この問題は解けないと仮定して議論を進めることが多い．

ESIGN 署名も RSA-PSS 署名と同様に改良することで乱数の選び方を適切に設定し，ランダムオラクルモデルのもとで e 乗根近似問題との等価性を証明することができる．その際，w を導出する際に，

$$wpq - a > 2^{2t-1}$$

となる場合には，乱数 r を取り直すようにアルゴリズムが変更されている．

演習問題

問 1　メッセージ m を分割（$m = (m_1, m_2, \cdots)$）し，それぞれのブロック m_i に対して生成した署名群（$\sigma = (\sigma_1, \sigma_2, \cdots)$，$\sigma_i$ は m_i に対する署名）では，メッセージの正当性を保証できないことを示せ．

エルガマル署名：
ElGamal
signature

問 2　DSA 署名はエルガマル署名と比較すると，署名長を短くすることに成功している．この理由を説明せよ．

なお，エルガマル署名は，以下のように構成される．ユーザは，素数 $p, g \in \mathbb{Z}_p{}^*$，$x \in \mathbb{Z}_{p-1}$ を生成し，$y = g^x \bmod p$ を計算する．

《秘密鍵》x

《公開鍵》y, g, p

(a) 署名生成

乱数 $r \in \mathbb{Z}_{p-1}$ を生成し，

$u = g^r \bmod p, \quad v = (H(m) - ux)/r \bmod (p-1)$

を計算し $\sigma = (u, v)$ を出力する．

(b) 署名検証

$g^{H(m)} \overset{?}{=} y^u u^v \bmod p$ を満足すれば，$R=$OK を，そうでなければ $R=$NG を出力する．

問3 RSA-PSS 署名において正しいメッセージ・署名に対して検証式が成り立つことを示せ．

問4 RSA-PSS 署名と RSA-PSS-R 署名において，w の生成式をそれぞれ，$H(0^{t_2} \| m' \| r)$（t_2 は適当な定数），$H(t_1 \| m_r \| m' \| r)$ とすることの利点を述べよ．

ヒント：t_1 を長さ t_2 で表現し，かつ，$t_1=0$ のケースを考えよ．

問5 ESIGN 署名において w を導出する際に，$wpq - a > 2^{2t-1}$ なる条件で乱数 r を取り直すことの効果について述べよ．

問6 ハッシュ長が n ビットのハッシュ関数 H と，n ビットの値 R_0 に対して，$R_{i+1} = H(R_i)$（$i=0, 1, 2 \cdots$）と定義する．このとき，数列 $R_0, R_1, R_2, \cdots$ の周期はどの程度になると考えられるか．ここで周期とは，ある s があって R_{s+jc}（$j=0, 1, 2, \cdots$）が常に同じ値になるような数 c のうち最小のものとする．

第6章

だ円曲線暗号

　1985年，だ円曲線上の離散対数問題（ECDLP）の難しさに基づく公開鍵暗号，だ円曲線暗号が発表された．ECDLPは有限体上の離散対数問題（DLP）に対する強力な解法である指数計算法が直接適用できないことから，有望な公開鍵暗号として盛んに研究されるようになった．なお，これとは別に，1986年には，環上のだ円曲線を素因数分解に用いる手法が，1991年には，だ円曲線を用いたRSA暗号およびラビン暗号が発表された．2001年には，だ円曲線のヴェイユ対を利用してIDベース暗号が初めて実現された．さらに，種数2以上の代数曲線（だ円曲線は種数1）を用いた超だ円曲線暗号も検討されている．本章では，整数論の長年の研究テーマの一つである代数曲線の暗号分野への応用について記述する．

指数計算法：
index calculus

ラビン：
M. O. Rabin

■6.1　だ円曲線

　だ円曲線とは，$a, b \in \boldsymbol{K}$（体）に対して，
$$\boldsymbol{E} : y^2 = x^3 + ax + b$$
で定まる曲線である*．ここで $D = 4a^3 + 27b^2 \neq 0$ は判別式と呼ばれ，$\boldsymbol{K}$ の標数は5以上とする．標数が2または3の場合のだ円曲線の標

＊　アファイン座標系を用いただ円曲線の標準形である．

準形は異なる．だ円曲線は，E を満たす点の集合であるが，$x \to \infty$ のとき $y \to \infty$ と考えて，無限遠点 $O = (\infty, \infty)$ も E の点と考える．特に，だ円曲線の K-有理点の集合を，

$$E(K) = \{(x, y) \in K^2 \mid y^2 = x^3 + ax + b\} \cup \{O\}$$

とする．だ円曲線のパラメータ a, b を含む体 K をだ円曲線の定義体と呼ぶ．E に対して一意的に定まる

$$j = \frac{4 \cdot 1728 a^3}{D}$$

を j-不変数という．逆に任意の $K \ni j_0$ に対して，j_0 を j-不変数にもつだ円曲線が存在するなど，j-不変数は非常に重要な性質をもつ*.

> *　j-不変数が同じだ円曲線は同型になる．

▌1.　加算公式と座標系

だ円曲線には O が零元になるような加法が定義できる．だ円曲線上の 2 点 $P = (x_1, y_1)$ と $Q = (x_2, y_2)$ に対し，$R = (x_3, y_3) = P + Q$ を，P と Q を結ぶ直線とだ円曲線とのもう 1 つの交点の x 軸に対称な点と定義する．K として実数体を用いたとき，加法は図 6.1 のように表される．

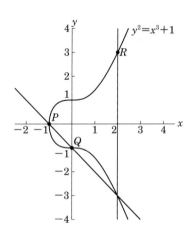

図 6.1　だ円曲線状の加算

だ円曲線の加算の利点は，幾何学的に定義された加算が有理式で書き下せる点である．

・（**アファイン座標系**）**加算公式**（$P \neq \pm Q$）

$$x_3 = \left(\frac{y_2 - y_1}{x_2 - x_1}\right)^2 - x_1 - x_2, \quad y_3 = \frac{y_2 - y_1}{x_2 - x_1}(x_1 - x_3) - y_1$$

・（**アファイン座標系**）**2倍算公式**（$R = 2P$）

$$x_3 = \left(\frac{3x_1{}^2 + a}{2y_1}\right)^2 - 2x_1, \quad y_3 = \frac{3x_1{}^2 + a}{2y_1}(x_1 - x_3) - y_1$$

加算公式から，だ円曲線の係数に依存するのは，2倍算のみで，加算は依存しないことがわかる．アファイン座標系での加算および2倍算の計算量 $t(ア, ア)$，$t(2ア)$ は，$t(ア, ア) = 1I + 2M + 1S$，$t(2ア) = 1I + 2M + 2S$ となる．ここで，I，M，S はそれぞれ定義体上の除算，乗算，2乗算の計算量を表す．

だ円曲線の表し方には，上記のアファイン座標系のほかに射影座標系がある．アファイン座標系では加算および2倍算が定義体上の除算を必要であるのに対し，射影座標系では除算が不要である．よって除算が乗算に比べ時間がかかる場合には，除算演算が不要な射影座標系を利用する．

プロジェクティブ：
Projective

射影座標系には，$(x, y) = (X/Z, Y/Z)$ の変換を行う座標系（プロジェクティブ座標系）と $(x, y) = (X/Z^2, Y/Z^3)$ の変換を行う座標系

ヤコビアン：
Jacobian

（ヤコビアン座標系）がある．2つの座標系を比べると，加算はプロジェクティブ座標系が速く，2倍算はヤコビアン座標系が速い．だ円曲線のべき演算は加算より2倍算を多く要求するので，ヤコビアン座標系がべき演算には適している*．

＊　ヤコビアン座標系は，保持するパラメータを変えると，加算，2倍算の計算量を削減することができる．

ヤコビアン座標系のだ円曲線は，本節の冒頭に記述しただ円曲線の定義式を $(x, y) = (X/Z^2, Y/Z^3)$ とおくことにより与えられる．

$$\boldsymbol{E}_J : Y^2 = X^3 + aXZ^4 + bZ^6$$

加算公式は以下のようになる．$P = (X_1, Y_1, Z_1)$，$Q = (X_2, Y_2, Z_2)$，$P + Q = R = (X_3, Y_3, Z_3)$ とおく．

・（**ヤコビアン座標系**）**加算公式**（$P \neq \pm Q$）

$X_3 = -H^3 - 2U_1H^2 + r^2$，$Y_3 = -S_1H^3 + r(U_1H^2 - X_3)$，$Z_3 = Z_1Z_2H$，ここで $U_1 = X_1Z_2{}^2$，$U_2 = X_2Z_1{}^2$，$S_1 = Y_1Z_2{}^3$，$S_2 = Y_2Z_1{}^3$，$H = U_2 - U_1$，$r = S_2 - S_1$ である．

・（**ヤコビアン座標系**）**2倍算公式**（$R = 2P$）

$$X_3 = T, \quad Y_3 = -8Y_1{}^4 + m(s - T), \quad Z_3 = 2Y_1Z_1$$

　　ここで $s = 4X_1Y_1^2$, $m = 3X_1^2 + aZ_1^4$, $T = -2s + m^2$ である.
加算および 2 倍算の計算量 $t(\mathscr{I}, \mathscr{I})$, $t(2\mathscr{I})$ は, $t(\mathscr{I}, \mathscr{I}) = 12M + 4S$,
$t(2\mathscr{I}) = 4M + 6S$ となる.

▌2.　ヴェイユ対

ヴェイユ：Weil

　　だ円曲線暗号の解読法の一つである MOV 帰着法はヴェイユ対を
用いて実現される[*1]. さらにヴェイユ対を利用した暗号プロトコル
も提案されている[*2]. ヴェイユ対はだ円曲線の非常に重要な写像で
ある. だ円曲線 E/K, 体 K の標数と互いに素である素数を l とし,
位数 l の群

＊1　6.3 節参照

＊2　初めての現実的な ID ベース暗号. 短い署名長の方式などのさまざまな応用が提案されている.

$$E[l] = \{P \in E \mid lP = O\}$$

の生成元を G, $\bar{G}$ とする[*3]. すなわち, $E[l] = \langle G, \bar{G} \rangle$ とする. この
とき, $E[l]$ から定義体 K の拡大体 L の乗法群 L^* へのヴェイユ対,

＊3　$E[l] \cong \mathbb{Z}_l \times \mathbb{Z}_l$

$$e : E[l] \times E[l] \to L^*$$

が定義される[*4]. e は以下の性質を満たす.

＊4　テイト対も関数としては同じ性質を満たす. 実用上は, テイト対のほうが高速に実現できるので, テイト対を用いる.

双線形　$e(aQ, bR) = e(Q, R)^{ab} (\forall Q, R \in E[l], \forall a, b \in \mathbb{Z}_l)$
非退化　$e(G, \bar{G}) \neq 1 \in K^*$

　　上記の性質から e の像 $e(E[l])$ は, L^* の位数 l の部分群となる
ので, e の値域を便宜的に $\mathbb{Z}_l$ と表記する. すなわち,

$$e : E[l] \times E[l] \to \mathbb{Z}_l$$

と表記されることもある.

▌3.　ECDLP と BDHP

　　次節から述べるだ円曲線を用いた暗号方式の安全性の根拠となる
だ円曲線上の離散対数問題（ECDLP）とヴェイユ対を利用した双
線形ディッフィ・ヘルマン問題（BDHP）について述べる.

双線形ディッフィ・ヘルマン問題：Bilinear Diffie-Hellman Problem；BDHP

　　以下, 有限体 $K = \mathbb{F}_q$（$q = p^n$, p：素数, n：自然数）上で定義され
ただ円曲線を考える. 本節で定義した加算公式は, 自然に K 上で定
義され, この加法により $E(K)$ は有限可換群になる. ECDLP,
BDHP ともにだ円曲線の有限可換群を用いて定義される. ECDLP
の定義を以下に示す.

　　定義 [ECDLP]
　　有限体 $\mathbb{F}_q$ 上のだ円曲線 $E/\mathbb{F}_q$, $E(\mathbb{F}_q) \ni G$, Y に対して,

$$Y = xG = G + \cdots + G \quad (G \text{ の } x \text{ 回の和})$$

なる x が存在するなら，その x を求めよ． □

離散対数問題は，任意の有限群とその群演算を用いて定義できる．有限体とその乗法に対する離散対数問題が DLP であり，だ円曲線とその加法に対する離散対数問題が ECDLP である．

*2 $F_q (q = p^n)$ の標数は p.

また，BDHP は以下で定義する[*1]

定義 ［BDHP］

有限体 F_q 上のだ円曲線 E/F_q，F_q の標数[*2] と互いに素な素数 l，位数 l の群 $E[l]$，$E[l]$ の生成元 $E[l] = \langle G, \bar{G} \rangle$，$E[l]$ から F_q の拡大体の乗法群 L^* へのヴェイユ対を e とする．このとき，$\langle G, \bar{G}, aG, bG, a\bar{G}, c\bar{G} \rangle$ に対して，$e(G, \bar{G})^{abc}$ を求めよ．

■6.2 だ円曲線暗号

ECDLP を利用した方式として鍵共有法と署名方式，BDHP を利用した方式として ID ベース暗号を説明する．

■1. 鍵共有法

だ円曲線を用いた鍵共有法にはいくつかあるが，ここでは基本となるだ円ディッフィ・ヘルマン鍵共有法[*3] について紹介する．以下，E/K をだ円曲線とし，$G \in E(K)$ を位数[*4] が大きな素数 l の元（ベースポイント）とする．また $E(K)$ および G はシステム内で公開する．$[E(K), G, l]$ はシステム内で共通に利用されるデータでシステムパラメータと呼ばれる．

*4 第 3 章 3.2 節参照

（a） ユーザ A の鍵生成

（1）乱数 $x_A \in Z_l^*$ を選ぶ．

（2）$P_A = x_A G$ を計算する．

（3）x_A を秘密鍵，P_A を公開鍵として出力する．

ユーザ B も同様に鍵 (x_B, P_B) を生成する．

（b） 鍵共有

A と B が通信なしに，それぞれの公開鍵 P_A, P_B を利用して，鍵を共有する場合を考える．

(1) A は公開ファイルから B の公開鍵 P_B を取ってきて $\boldsymbol{E}$ 上で
$$K_{A,B} = x_A P_B = x_A x_B G$$
を計算する.

(2) B は公開ファイルから A の公開鍵 P_A を取ってきて $\boldsymbol{E}$ 上で
$$K_{B,A} = x_B P_A = x_B x_A G$$
を計算する.

(3) A と B は $\boldsymbol{E}(\boldsymbol{K})$ の元 $K_{A,B} = K_{B,A}$ を鍵として共有する.

▌2. 署名方式

だ円曲線を用いた署名方式にはいくつかあるが,ここでは基本となるだ円 DSA 署名について紹介する.署名方式では,鍵共有法で定義したシステムパラメータと,与えられた平文を適当な長さに圧縮するハッシュ関数*H が必要となる.署名方式では,$\{\boldsymbol{E}(\boldsymbol{K}), G, l, H\}$ がシステムパラメータとなる.

* 第5章 5.2 節
参照

(a) ユーザ A の鍵生成

(1) 乱数 $x_A \in \mathbb{Z}_l{}^*$ を選ぶ.

(2) $P_A = x_A G$ を計算する.

(3) x_A を秘密鍵,P_A を公開鍵として出力する.

(b) 署名生成

A がメッセージ m に署名を生成する.

(1) m のハッシュ値 $m' = H(m)$ を計算する.

(2) 乱数 r に対して,
$$U = rG = (u_x, u_y), \quad u = u_x \pmod l, \quad v = r^{-1}(m' + u x_A)$$
を計算し,(u, v) を m の署名として出力する.

(c) 署名検証

平文 m の署名 (u, v) を検証する.

(1) $(u, v) \notin \mathbb{Z}_l{}^* \times \mathbb{Z}_l{}^*$ のとき,署名を拒絶する.

(2) m のハッシュ値 $m' = H(m)$ を計算する.

(3) A の公開鍵 P_A に対して,
$$d = v^{-1} \pmod l, \quad U = dm'G + duP_A = (u_x, u_y)$$
を計算する.

(4) $u = u_x \pmod l$ が成り立つとき,署名を受理する.

▊3. ID ベース暗号

だ円曲線 E/K は体 K の標数と互いに素な素数位数 l の群 $E[l]$ を含むとし，$E[l]$ の生成元を $E[l] = \langle G, \bar{G} \rangle$，$E[l]$ から定義体の拡大体の乗法群 L^* へのヴェイユ対を e とする．さらに任意のビット列を $\langle \bar{G} \rangle$ に写像するハッシュ関数 H_1 と $\mathbb{Z}_l$ の元をメッセージ空間 $\{0, 1\}^n$ に写像するハッシュ関数 H_2 を利用する．$\{E(K), G, \bar{G}, l, e, H_1, H_2\}$ がシステムパラメータとなる．

(a) センタの鍵生成

(1) 乱数 $r_0 \in \mathbb{Z}_l$ に対して，$Y = r_0 G$ を計算する．

(2) Y をセンタの公開鍵，r_0 を秘密鍵として出力する．

(b) ユーザ A の鍵生成

(1) ユーザの ID，A を用いて $isk_A = r_0 H_1(A)$ を計算する．

(2) isk_A をユーザ A の秘密鍵としてユーザに送信する．

(c) メッセージ m の暗号化

(1) 乱数 $r \in \mathbb{Z}_l$ を選ぶ．

(2) 受信者のユーザ ID である A とメッセージ m を用いて，
$$C = [rG_1, m \oplus H_2(e(Y, H_1(A))^r)]$$
を計算する．

(3) C を暗号文として送信する．

(d) メッセージ m の復号

暗号文 $C = [U, V]$ と秘密鍵 isk_A を用いて，
$$c = e(U, isk_A) = e(G_1, H_1(A))^{r \cdot r_0} = e(Y, H_1(A))^r$$
$$m = V \oplus H_2(c)$$
を計算して，メッセージ m を出力する．

▊6.3 だ円曲線暗号の安全性

だ円曲線暗号の安全性の根拠である ECDLP に対する攻撃法について述べる．これまで同様，有限体を $K = \mathbb{F}_q$，だ円曲線を E/K，ベースポイントを $G \in E(K)$，その位数を l と表す．ECDLP に対する攻撃は，DLP も含め任意の群上の離散対数問題に対して有効な攻撃法[*]と ECDLP に固有の攻撃法の2つに分類できる．汎用的攻撃法

* ポーリッグ・ヘルマン法，ボラードρ法などが相当する．

については第3章を参考にされたい.

▌1. ECDLP と DLP に対する攻撃の違い

第3章に記述したように DLP に対する攻撃である指数計算法やその改良は,任意の有限体に対して準指数時間の攻撃を与える.このため,128 ビットセキュリティを確保するには,2048 ビットの有限体が必要になる.一方 ECDLP には,指数時間攻撃を除くと,DLP のような汎用的な攻撃はまだ提案されていない.さらにだ円曲線は,1つの有限体上に複数の異なる有限群を構成できるという性質をもつ.厳密に述べると,$\boldsymbol{K}$ 上定義されただ円曲線の元の個数はハッセの定理を満たすとともに,ハッセの定理の範囲の元の個数をもつだ円曲線が存在する.

ハッセ：H. Hasse

定理 [ハッセの定理]
$$|q+1-\#\boldsymbol{E}(\boldsymbol{K})| \leq 2\sqrt{q} \qquad\qquad\Box$$

ここで,$t=q+1-\#\boldsymbol{E}(\boldsymbol{K})$ はだ円曲線のトレースと呼ばれる.つまり,$\boldsymbol{K}$ 上のだ円曲線は $|t| \leq 2\sqrt{q}$ 個の有限群を提供できる.だ円曲線に対する攻撃は,この t の値により異なる.

▌2. ECDLP に固有な攻撃法

だ円曲線 $\boldsymbol{E}/\boldsymbol{K}$ に固有な攻撃について述べる.ここでベースポイントの位数 $l=p^h \cdot a(\mathrm{GCD}(a, p)=1)$ と表す.ここで p は定義体 $\boldsymbol{K}$ の標数であり,一般性を失うことなく a は素数としてよい.$\langle G \rangle$ に関する ECDLP は[*1],中国人剰余定理[*2] などを用いることにより,位数 p の p-群 $\langle ap^{h-1}G \rangle$ に関する ECDLP と位数が p と互いに素な群 $\langle p^h G \rangle$ に関する ECDLP を解くことに帰着する.

*1 ⟨G⟩ については第3章を参照
*2 中国人剰余定理：Chinese remainder theorem,第3章 3.2 節を参照
メネゼス：A. Menezes
バーンストーン：S. Vanstone
*3 セマエフによっても独立に提案されていたことが後にわかった.
フライ：G. Frey
リュック：H. G. Rück
*4 6.1 節参照

（a）乗法群への帰着攻撃

乗法群への帰着攻撃は,1990 年にメネゼス,岡本およびバーンストーンによってだ円曲線に対して提案され[*3]（MOV 帰着法）,フライとリュックにより任意の種数の代数曲線に対して拡張された（FR 帰着法）.どちらの攻撃も,位数が p と互いに素な群 $\langle p^h G \rangle$ に関する ECDLP を求めるアルゴリズムである.

位数が a の集合 $\boldsymbol{E}[a]$ を用いると,$\langle p^h G \rangle = \boldsymbol{E}[a] \cap \boldsymbol{E}(\boldsymbol{K})$ となる.$\boldsymbol{E}[a] \cap \boldsymbol{E}(\boldsymbol{K})$ に関する ECDLP をヴェイユ対[*4] を利用して $\boldsymbol{K}$ の n 次

拡大体 L の乗法群 L^* の部分群に帰着させるのが **MOV 帰着法**であり，テイト対を利用するのが **FR 帰着法**である．ヴェイユ対，テイト対ともに非退化な双線形写像であり，確率的多項式時間で計算可能なので，$E[m]$ に関する ECDLP は，L^* に関する DLP に帰着する．DLP には準指数時間の攻撃が存在する．よって L の拡大次数 n $<\log q$ となるとき，この帰着攻撃は準指数時間攻撃となる．実際，だ円曲線が supersingular[*1] である場合と $t=2$ の場合には，準指数時間攻撃を与える．

拡大体 L の条件は，MOV 帰着法の場合，$L \supset E[a]$ を満たす最小の体であるのに対し，FR 帰着法では $L \supset \mu_a = \{1\ \text{の}\ a\ \text{乗根}\}$ を満たす最小の体になる．一般に

$$L \supset E[a] \Rightarrow L \supset \mu_a$$

であるが，その逆は成り立たない．この顕著な例が，トレース $t=2$ の場合である．MOV 帰着法は，トレース $t=2$ の場合，準指数時間攻撃にならないが，FR 帰着法は準指数時間攻撃になる．だ円曲線上においては，トレース $t=2$ の場合を除き，MOV 帰着法と FR 帰着法は等価であることが示されている．

(b) 加法群への帰着攻撃

加法群への帰着攻撃は，p 群に関する ECDLP をターゲットにした攻撃である．この攻撃アルゴリズムには，2 つのアプローチがある．1 つは，1995 年にセマエフにより提案され，リュックにより任意の種数の代数曲線上の離散対数問題へ一般化された代数幾何学的アプローチと，1997 年にスマート，荒木，佐藤により独立に提案された数論的アプローチである[*2]．ここでは，前者について簡単に述べる．

セマエフ：
I. A. Semaev

スマート：
N. P. Smart

だ円曲線 E は，次数 0 の因子[*3]群の主因子[*4]による商群，つまり因子類群 $Pic^0(E)$ と同型になる．このことから，$\langle a p^{h-1} G \rangle \ni Q$ に対応する因子，$D_Q = (Q) - (O)$ に対して，$p D_Q$ は主因子となる．すなわち，ある関数 f_Q に対して，$p D_Q = (f_Q)$ となる．p 群の場合には，f_Q と $R (\neq O) \in \langle a p^{h-1} G \rangle$ を用いて，

$$\phi : \langle a p^{h-1} G \rangle \ni Q \longmapsto (f_Q'/f_Q)(R) \in K$$

と定義すると，ϕ は $O(\log p)$ で計算可能な K の加法群への単射準同型となる．つまり，$\langle a p^{h-1} G \rangle$ に関する離散対数問題は，K の加法

群に関する離散対数問題に帰着する．有限体 K の加法群に関する離散対数問題は多項式時間で解読できるので，p 群の ECDLP は，多項式時間で攻撃できることになる．この攻撃は，p 群にのみ有効なので容易に回避できる．

■ 6.4 だ円曲線の構成法

前節の攻撃を回避するためには，だ円曲線 $E/\mathbb{F}_q\,(q=p^n)$ の位数が以下の条件を満たせばよい．

(1) だ円曲線の位数が大きな素因数をもつ．

(2) だ円曲線のベースポイントの位数が p で割り切れない．

(3) だ円曲線のベースポイントの位数 l が，$p^i \not\equiv 1 \pmod{l}\,(i=1,\ 2, \cdots, \log(p))$ を満たす．

上記 (1) の条件は一般の群上の離散対数問題の攻撃に対して，(2) は加法群への帰着攻撃に対して，(3) は乗法群への帰着攻撃に対して，耐性をもたすためである．

上記の条件を満たすだ円曲線を構成する方法は 3 つある．

① 小さい体 $\mathbb{F}_q$ 上でだ円曲線を構成し，$\mathbb{F}_{q^k}$ 上にもち上げる方法

② 虚数乗法を利用する方法[*1]

③ 位数計算を使用する方法[*2]

虚数乗法：
complex multipli-
cation；CM

[*1] ②については 6.4 節 1 項で述べる．

[*2] ③については 6.4 節 2 項で述べる．

■ 1. 虚数乗法

与えられた元の個数 N をもつ有限体 $\mathbb{F}_p$ 上のだ円曲線の構成が虚数乗法による構成である．虚 2 次体 $\mathbb{Q}(\sqrt{-D})$ には類多項式と呼ばれる整数係数の多項式 $P_D(X)$ が一意的に構成されるが，この $\mathbb{F}_p$ 上の根が元の個数が N となるだ円曲線 $E/\mathbb{F}_p$ の j-不変数を与える．少々難解であるが，アルゴリズムを以下に与えよう．

虚数乗法による構成

入力：素数 p, 元の個数 N

出力：だ円曲線 E（$\#E(\mathbb{F}_p)=N$）

(1) $t \leftarrow p+1-N$

(2) $4p-t^2$ を平方数とそれ以外に分解．

$$4p - t^2 = DV^2 \quad (\mathbb{Z} \ni D, \ V > 0).$$

(3) 類多項式 $P_D(X) \equiv 0 \pmod{p}$ の根を j_0 とする.

(4) j_0 を j-不変数にもつだ円曲線の中から $\#E(\mathbb{F}_p) = N$ となるだ円曲線を出力[*1].

上記の構成に要する計算量は D に依存するので, 実際には D を入力として小さい値に固定し, ステップ (2) を満たす素数 p を探索するアルゴリズムを利用する. この場合, p が平方剰余[*2]であるかどうかチェックするだけでいいので, 構成は容易である.

2. 位数計算法

位数計算の代表的なアルゴリズムは, スクーフのアルゴリズムで, 多項式時間 $O(\log q^8)$ で処理可能である. スクーフのアルゴリズムで利用するフロベニウス写像について定義する.

定義［フロベニウス写像］

フロベニウス自己準同型写像 ϕ とは,

$$\phi : E(\overline{\mathbb{F}}_q) \ni (X, Y) \mapsto (X^q, Y^q) \in E(\overline{\mathbb{F}}_q)$$

である. ここで, $\overline{\mathbb{F}}_q$ は $\mathbb{F}_q$ の代数的閉包[*3]を表す. □

6.3節で定義した t はフロベニウス写像のトレースであり, 固有方程式

$$\phi(\phi(P)) - t(\phi(P)) + qP = O, \ ^\forall P \in E(\overline{\mathbb{F}}_q)$$

を満たす. ここで, 演算はだ円曲線上の加算である. スクーフのアルゴリズムは, 固有方程式からトレース t を求め, ハッセの定理を適用して $\#E(\mathbb{F}_q)$ を計算するというアイディアに基づく.

アルゴリズム［スクーフ］

入力：だ円曲線 $E/\mathbb{F}_q : y^2 = x^3 + ax + b$

出力：だ円曲線の位数 $\#E(\mathbb{F}_q)$

(1) $i \leftarrow 2 \quad t_i \leftarrow 0$

(2) $E[l] \ni P$ に対して $\phi(\phi(P)) - t_i(\phi(P)) + qP = O$ ならば, t_i を $t \bmod i$ として出力. それ以外は, $t_i \leftarrow t_i + 1$ として (2) へ[*4].

(3) $\Pi i > 4\sqrt{p}$ ならば (4) へ. それ以外は, 次の素数 i を用いて (2) へ.

(4) $t \bmod \Pi i$ を中国人剰余定理[*5]より求め, $\#E(\mathbb{F}_q)$ を求める.

スクーフのアルゴリズムでは, 現実的な時間で計算できないた

め，エルキーやアトキンにより改良されている[1]．

■ 6.5　超だ円曲線暗号

*1　改良版のアルゴリズムはスクーフ（Schoof），エルキース（Elkies），アトキン（Atkin）の頭文字を取って，SEA アルゴリズムと呼ばれている．

*2　$\deg(h(x))$ は $h(x)$ の次数．

　超だ円曲線はだ円曲線の定義を拡張したもので，離散対数問題のベースとなる群の種類が増える．

■ 1.　超だ円曲線

　超だ円曲線 C は，次数[2]$\deg(h(x)) \leqq g$，$\deg(f(x)) \leqq 2g+1$ となる $h(x)$，$f(x) \in \mathbb{F}_q[x]$ に対して，
$$C : y^2 + h(x)y = f(x)$$
で定義される．ここで g は種数と呼ばれ，$g=1$ がだ円曲線となる．したがって，超だ円曲線はだ円曲線の拡張といえる．$\mathbb{F}_q$ の標数[3]が5 以上の場合は，
$$C : y^2 = x^{2g+1} + a_{2g}x^{2g} + \cdots + a_1 x + a_0 (a_{2g}, \cdots, a_0 \in \mathbb{F}_q)$$
と表される．

*3　第 3 章 3.2 節参照

因子とヤコビ多様体

　だ円曲線では有理点全体が群をなすが，超だ円曲線の有理点全体は群をなさない．しかし因子を導入することにより，群を構成できる．因子は，曲線上の点の線形和
$$\sum_{i=0} a_i (P_i) \ (a_i \in \mathbb{Z}, P_i \in C(\bar{\mathbb{F}}_q))$$
で表される．ここで，$\bar{\mathbb{F}}_q$ は，$\mathbb{F}_q$ の代数的閉包である．

　Σa_i を因子の次数という．次数が 0 である因子全体を $\mathcal{D}_0$ と書く．さらに，有理関数 g の $C(\mathbb{F}_q)$ 上での位数 a_i の零点 P_i と位数 b_i の極[4]Q_i を用いて，有理関数 g の因子を

*4　$C(\mathbb{F}_q)$ の中で値が無限大に発散する点．

$$\mathrm{div}(g) = \sum_{i=0} a_i (P_i) - \sum_{i=0} b_i (Q_i)$$
で定義する．有理関数で表される因子全体を**主因子**と呼び，$\mathcal{D}_l$ で表す．$\mathcal{D}_0$ および $\mathcal{D}_l$ は群をなし，特に $\mathcal{D}_l$ は $\mathcal{D}_0$ の部分群となる．因子 D_1，D_2 がある有理関数 g を用いて，$D_1 = D_2 + \mathrm{div}(g)$ と表せるとき，D_1 は D_2 と線形同値であるという．$\mathcal{D}_0$ の元で互いに線形同値である

ものを同一視した群，すなわち，$\mathcal{D}_0$ の $\mathcal{D}_l$ に関する剰余群を $\mathcal{J}(C) = \mathcal{D}_0/\mathcal{D}_l$ で表すと，$\mathcal{J}(C)$ は代数多様体をなす．$\mathcal{J}(C)$ を C の**ヤコビ多様体**という．

$\mathcal{J}(C)$ に属する因子 D_1 は

$$D_1 = \sum_{i=0} a_i (P_i) - \sum_{i=0} b_i (Q_i) \quad \left(\sum_{i=0} a_i = \sum_{i=0} b_i \right)$$

と表される．因子 D_1 は，互いに線形同値となるように変形することにより，$\mathcal{D}_l$ を法として，

$$D_1 \cong \sum_{i=0} a_i'(P_i) - \left(\sum_{i=0} a_i' \right)(O) \quad (\exists a_i \in \mathbb{Z})$$

のように書ける．上式の右辺の因子を半被約因子と呼ぶ．さらに半被約因子は，零点の位数の合計 $\leqq g$ となるように，すなわち

$$D_1 \cong \sum_{i=0} a_i''(P_i) - r(O) \quad \left(r = \sum_{i=0} a_i'', \ r \leqq g \right)$$

に還元できる．上式の右辺の因子を被約因子と呼ぶ．被約因子は一意的に表現可能である．

▌2．超だ円曲線上の離散対数問題（HECDLP）

離散対数問題：
Hyper Elliptic
Curve Discrete
Logarithm
Problem；
HECDLP

超だ円曲線上の離散対数問題（HECDLP）の定義について述べる前に，HECDLP を定義する群について述べよう．

$\mathbb{F}_q$ のガロア群を作用させても変化しない因子を $\mathbb{F}_q$ 有理因子と呼ぶ．例えば，因子 $D_1 = (P) + (Q) - 2(O)$，$P = (P_x, P_y)$，$Q = (Q_x, Q_y)$ に対して，それぞれの点の座標を q 乗した点 $P' = (P_x^q, P_y^q)$，$Q' = (Q_x^q, Q_y^q)$ を含む因子 $D_1' = (P') + (Q') - 2(O)$ が D_1 と等しいとき，D_1 は $\mathbb{F}_q$ 有理因子になる．$\mathcal{J}(C)$ に属する $\mathbb{F}_q$ 有理因子全体を $\mathcal{J}(\mathbb{F}_q)$ と書く．

$\mathcal{J}(\mathbb{F}_q)$ の位数 $\# \mathcal{J}(\mathbb{F}_q)$ は，だ円曲線のハッセの定理の拡張であるハッセ・ヴェイユの定理より，

$$(\sqrt{q} - 1)^{2g} \leqq \# \mathcal{J}(\mathbb{F}_q) \leqq (\sqrt{q} + 1)^{2g}$$

を満たす．次に超だ円曲線上の離散対数問題の定義を示す．

定義 ［HECDLP］

有限体 $\mathbb{F}_q$ 上の超だ円曲線 $C/\mathbb{F}_q$ の $\mathbb{F}_q$ 有理因子 $D_G, D_Y \in \mathcal{J}(\mathbb{F}_q)$ に対して，

$$D_Y = xD_G = D_G + \cdots + D_G \quad (D_G \text{ の } x \text{ 回の和})$$

なる x が存在するなら，その x を求めよ．

▌3. 超だ円曲線の群演算

カントール：
D. G. Cantor

カントールは，効率的な群演算を行う方法を発見した．ここでは，その演算方法について述べる．

（a）マンフォード表現

マンフォード：
D. Mumford

マンフォードは，任意の半被約因子が多項式で一意に表現できることを示した．半被約因子 D_1 を

$$D_1 = \sum_{i=0} m_i(P_i) - \left(\sum_{i=0} m_i \right)(O)$$

とするとき，D_1 は，$\mathbb{F}_q[x]$ の多項式の対 $(a(x), b(x))$ $(\deg(b(x)) < \deg(a(x)))$，すなわち

$$b(x)^2 + h(x)b(x) - f(x) \equiv 0 \pmod{a(x)},$$
$$a(x_i) = 0, b(x_i) - y_i = 0$$

と表される．ここで，$P_i = (x_i, y_i)$ である．$\#\mathscr{J}(\mathbb{F}_q)$ の零元は，$O = (1, 0)$，$D_1 = (a(x), b(x))$ の逆元は $-D_1 = (a(x), -b(x))$ と表現される．

（b）カントールのアルゴリズム

マンフォード表現を用いた $\#\mathscr{J}(\mathbb{F}_q)$ の演算について述べる．$\mathscr{J}(C)$ の元 $P_1 = (a_1(x), b_1(x))$，$P_2 = (a_2(x), b_2(x))$ の和を $P_3 = P_1 + P_2 = (a_3(x), b_3(x))$ とする．演算は合成と還元の2つのアルゴリズムからなる．合成は，半被約因子の加算を行う．しかし半被約因子での計算は，多項式の次数が大きくなり計算処理時間が増大する．そこで，還元により合成後の因子に対応する被約因子を求める．つまり還元では，多項式の次数を下げることによる演算の高速化を図っている．

しかし，処理時間は小さくなく，改善の必要がある．

［合成］

*1　GCD(a_1, a_2) は多項式の最大公約数．GCD を求めるために拡張ユークリッド法を使用すれば同時に e_1 と e_2 も求められる．

*2　このようにすると，$d = s_1a_1 + s_2a_2 + s_3(b_1 + b_2)$ となる．

(1) $d_1 = \mathrm{GCD}(a_1, a_2)$ および $e_1a_1 + e_2a_2 = d_1$ を満たす e_1, e_2 を計算[*1]．

(2) $d = \mathrm{GCD}(d_1, b_1 + b_2)$ および，$c_1d_1 + c_2(b_1 + b_2) = d$ となる c_1, c_2 を計算．

(3) $s_1 = c_1e_1$，$s_2 = c_2e_2$，$s_3 = c_2$ とする[*2]．

(4)　$a = a_1 a_2 / d^2$,　$b = (s_1 a_1 b_2 + s_2 a_2 b_1 + s_3 (b_1 b_2 + f)) / d \pmod{a}$ を計算.

［還元］

(5)　$a' = (f - b^2) / a$, $b' = -b \pmod{a'}$ を計算.

(6)　$\deg(a') > g$ である場合, a に a' を, b に b' を代入し, (5) へ. それ以外は (7).

(7)　$a_3 = a$, $b_3 = b'$ として出力.

▌4.　超だ円曲線暗号に対する攻撃法

　超だ円曲線暗号に対する攻撃は, 離散対数問題に対する汎用攻撃とだ円曲線暗号に対する攻撃の応用（MOV 帰着法, FR 帰着法, SSSA 攻撃）, 超だ円曲線に特有の攻撃（ADH 攻撃）に分類できる.

　ここでは, 超だ円曲線に特有の攻撃法である ADH 攻撃について記述する. ADH 攻撃は, g が q のビット数より大きい場合のみ有効に働く. そのため $g = 1$ のだ円曲線暗号には効率的に適用できない. ADH 法の計算量は, 超だ円曲線の定義体を $\mathbb{F}_q$ としたとき, $L_q^g \left(\dfrac{1}{2}, c \right)$ で与えられる. ここで, $L_n(a, b) = \exp((b + c)(\log n)^a (\log \log p)^{1-a})$ であり（c は定数）, $a = 1$ の場合は $\log n$ に対して指数関数的に時間が増加するので, 指数時間であり, $a < 1$ の場合は準指数時間である. HECDLP に対する攻撃は g によっては, ADH 法により準指数時間になるため, 素因数分解問題や DLP に対する優位性がなくなる.

ゴードリー：
P. Gaudry

　1999 年に提案されたゴードリーの方法は, ADH 法の改良版であり, g の制限がないうえに計算量が小さい. ゴードリーの方法の計算量は, 上記と同じ条件（超だ円曲線の基礎体の位数が q）の場合, $c_1 q^2 + c_2 q g!$（c_1, c_2 は定数）である. $g!$ が q より小さい場合, 実質 q^2 のオーダで超だ円曲線暗号を攻撃できる. したがって, 種数が 4 より大きい場合は, 一般的な攻撃であるポラード ρ 法（計算量は $c q^{g/2} (\log q)^3$）よりも, ゴードリーの方法の計算量が小さくなる.

▌5.　超だ円曲線の構成法

　安全な超だ円曲線の構成法は, だ円曲線の場合と同様, 虚数乗法

を利用した方法と位数計算を使用する方法がある.

　超だ円曲線では，自己準同型環が実拡大体の虚 2 次拡大の整数環となる場合を虚数乗法をもつという. 体 K は有理数体の $2g$ 次以下の拡大となる. そのような体をそれぞれ類体という. だ円曲線に比べて，超だ円曲線では類体の構成がそれほど容易でない. このため，虚数乗法を利用して超だ円曲線を構成するのは容易ではない[*1].

　超だ円曲線には，だ円曲線上のスクーフのアルゴリズムを拡張したピラのアルゴリズムが存在する. 超だ円曲線に対してもだ円曲線と同様に，等分点を利用してフロベニウス写像の特性多項式の係数を求めることで位数の部分情報を計算する（位数計算法）. 超だ円曲線の位数計算実装の高速化が進んでおり，その実現性も高まりつつある[*2].

＊1　一部の超だ円曲線であるが，高速に構成可能な方法も提案されている.

ピラ：J. Pila

＊2　2000 年にハーレー，ゴードリーによって，80 ビット素体上の種数 2 超だ円曲線の位数計算を 50 日で行ったとの報告がある.

演 習 問 題

問 1　(a) だ円曲線 $E/\mathrm{F}_{11} : y^2 = x^3 - 3x^2 + 3x$ およびベースポイント $G = (3, 3) \in E(\mathrm{F}_{11})$ に対して，その位数 l を求めよ.

　　　　(b) ユーザ A の秘密鍵 $x_A = 4$ に対応する公開鍵を求めよ.

　　　　(c) ユーザ B の秘密鍵 $x_B = 5$ に対応する公開鍵を求めよ.

　　　　(d) ユーザ A, B のだ円ディッフィ・ヘルマン鍵共有法で作成した鍵を求めよ.

問 2　(a) 超だ円曲線 $C/\mathrm{F}_7 : y^2 = x^5 + 1$ 上の点 $P_1 = (0, 1)$, $Q_1 = (1, 3)$ に対して，半被約因子 $D = P_1 + Q_1 - 2o$ の多項式表現を求めよ.

　　　　(b) $2D$ をカントールの方法に従って計算せよ.

　　　　(c) $2D = P_2 + Q_2 - 2o$ と書いたときの P_2, Q_2 の座標を求めよ.

　　　　(d) $24D$ を計算せよ.

　　　　(e) (d) の結果から，D の位数を求めよ.

第7章

暗号プロトコル

　本章では，秘密分散法，マルチパーティプロトコル，グループ署名，多重署名について解説する．秘密分散法とは，N人中ある定められたグループ（例えばt人以上）のメンバが集まると秘密を復元できる方法である．マルチパーティプロトコルとは，参加者が各自の秘密を漏らさないまま，それらのある関数値を計算するプロトコルである．例えば，関数が足し算の場合は，選挙になる．グループ署名は，あるグループに属する任意の署名者が匿名で署名でき，かつ問題が生じたときはその署名者を特定できる方法である．一方，多重署名は，稟議書への署名など，複数人で署名する方法である．

■7.1　秘密分散法

　秘密分散法は，秘密をもつ1人のディーラと，多数の参加者間におけるプロトコルであり，次の2つのフェーズからなる．

① 分散フェーズ：ディーラは秘密から多数のシェアを作成し，それぞれのシェアを参加者に秘密裏に送る．

② 復元フェーズ：あらかじめ定められた参加者集合は，自分たちのもつシェアを集め，元の秘密を復元する．

　ここで，参加者の数を N，i 番目の参加者を A_i と書くことにする．また，ディーラのもつ秘密を s，A_i の保持するシェアを v_i とし，s は既知の有限集合の要素であるとする．

　あらかじめ，秘密を復元できると定められた参加者集合を**アクセス集合**という．秘密分散法では，秘密情報 s を安全に共有するため，アクセス集合ではない参加者集合は，彼らのもつシェアを集めたとしても s を復元できない．アクセス集合でないもののうち，s についての情報をまったく得ることのできない集合を**非アクセス集合**と呼ぶ．本書の中では，すべての参加者集合はアクセス集合または非アクセス集合である場合のみを考える*．

　最も単純な例を挙げて説明する．ディーラは，ある素数 p に対して $s \in \mathbb{F}_p$ である秘密 s をもっているとし，$N=3$ とする．したがって，ディーラは3つのシェア v_1, v_2, v_3 を計算し，それぞれ A_1, A_2, A_3 にわたす必要がある．例えば，ディーラが分散フェーズで $s = v_1 + v_2 + v_3 \bmod p$ が成り立つように，v_1, v_2, v_3 をランダムに選んだとする（そして，$s = v_1 + v_2 + v_3 \bmod p$ が成り立つという事実も公開しておく）．このとき，復元フェーズでは A_1, A_2, A_3 がそれぞれシェアを公開し，$v_1 + v_2 + v_3 \bmod p$ を計算することによって，s を得ることができる．したがって，$\{A_1, A_2, A_3\}$ がアクセス集合であることがわかる．一方，A_1 が単独で，あるいは A_1 と A_2 が共謀しても，正しい s を決定することはできない（どの s も「もっともらしい」のである）．これは，$\{A_1, A_2, A_3\}$ 以外の参加者集合，つまり $\varnothing$, $\{A_1\}$, $\{A_2\}$, $\{A_3\}$, $\{A_1, A_2\}$, $\{A_1, A_3\}$, $\{A_2, A_3\}$ の7つの集合は非アクセス集合であることを意味している．このように，すべてのシェアが集まって初めて秘密が復元されるとき，その秘密分散法は**満場一致法**と呼ばれる．

　秘密分散法をほかの暗号プロトコルに応用する場合，復元フェーズにおいてすべてのシェアを集める必要があると，不都合なことが多い．そこで，**しきい値法**と呼ばれる秘密分散法が最もよく使用される．しきい値法は，参加者の人数 N のほかにもう1つのパラメータ t をもち，(t, N) しきい値法では N 人中 t 人以上の参加者集合によって秘密が復元できる．したがって，t 人以上からなる参加者集合はアクセス集合であり，t 人未満からなる参加者集合は非アクセ

ス集合である．この$(t,\ N)$しきい値法を用いて秘密を分散した場合，分散後に$N-t$人の参加者が故障・停止したとしても，秘密を復元することができる[*1]．

(t, N)しきい値法の実現例として，シャミアによって提案された多項式を用いた方式を図7.1に挙げる．pを$(N+1)$より大きい素数とし，ディーラは$s\in\mathbb{F}_p$である秘密sをもっているとする[*2]．

*1 $t\leqq N$であり，$t=N$のとき先に示した満場一致法となる．

*2 簡単のためここではpを素数として説明しているが，秘密sが有限体$\mathbb{F}_q(q=p^n)$の要素であるとき，すべての演算を$\mathbb{F}_q$上で行うことによって，同様に(t, N)しきい値法を構成することができる．

【分散フェーズ】ディーラは，乱数$a_1, \cdots, a_{t-1}$を$\mathbb{F}_p$からランダムに選び，たかだか$t-1$次の秘密の多項式$f(x)$

$$f(x)=s+a_1x+a_2x^2+\cdots+a_{t-1}x^{t-1} \bmod p$$

をつくる．シェアを$v_i=f(i)$とし，A_iに送る．

【復元フェーズ】t人の参加者集合$\{A_{i_1}, \cdots, A_{i_t}\}$が秘密を復元するとき，$f(i_j)=v_{i_j}$ $(j=1, 2, \cdots, t)$を満足するたかだか$t-1$次の多項式fを求め，fの定数項を秘密sとする．

図7.1 シャミアのしきい値法

分散フェーズにおいて，ディーラは定数項がsであるようなたかだか$t-1$次多項式fをランダムに選び，多項式上の点をシェアとして参加者にわたす．

復元フェーズにおいて，t以上のシェアからfを求める必要があるが，これは，次のラグランジェの補間公式を用いて容易に得ることができる．

$$f(x)=\sum_{j=1}^{t}\lambda_j(x)f(i_j)$$

$$\lambda_j(x)=\prod_{l\neq j}\frac{x-i_l}{i_j-i_l}$$

また，sは$f(0)$として得ることができる．

一方，$t-1$個以下のシェアから秘密に関する情報を何も得られないことを示そう．簡単のため，$A_1, \cdots, A_{t-1}$が秘密を復元したいとする．たかだか$t-1$次の多項式は，t個の点$(i, f(i))$により一意に決まる．つまり，A_1からA_{t-1}の知っている情報$v_1, \cdots, v_{t-1}$と任意の秘密の予想値$s'\in\mathbb{F}_p$に対し，$f(i)=v_i(i=1, 2, \cdots, t-1)$かつ$f(0)=s'$を満足する多項式$f$はちょうど1個ある．これを$f_{s'}$と呼ぼう．

　一方，秘密が s' であったとき，ディーラは p^{t-1} 個の多項式の中から 1 つの秘密の多項式を任意に選ぶ．それがたまたま f_s である確率は $1/p^{t-1}$ である．どの s' に対しても，f_s が秘密の多項式として選ばれ，シェアが $(v_1, \cdots, v_{t-1})$ となる確率が同じ $1/p^{t-1}$ なので，どの値 s' も同様に確からしい．したがって，$t-1$ 個のシェアからは秘密に関する情報は何も得ることができず，$t-1$ 人からなる参加者集合は非アクセス集合となる．$t-1$ 人未満に対しても，同様に考えることができる．

　さて，上で示した例では，アクセス集合か否かは集合の大きさ（人数）のみに依存していた．しかし，一般には個々の参加者集合に対し秘密を復元する権限を与えるか否か（すなわち，アクセス集合とするか非アクセス集合とするか）を定めることができたほうがよい．では，所望のアクセス集合の族（これをアクセス構造と呼び，記号 Γ で表そう）を決めたときに，Γ を実現する秘密分散法を得ることはできるのだろうか．

　実際，任意の**アクセス構造**に対して，これを実現する秘密分散法が構成可能であることが知られている．ただし，アクセス構造 Γ が単調性と呼ばれる次の性質を満たしている必要がある．

$$(A' \supset A) \land (A \in \Gamma) \Rightarrow A' \in \Gamma$$

例えば，$A = \{A_1, A_2\}$ がアクセス集合であるならば，A を部分集合としてもつ $A' = \{A_1, A_2, A_3\}$ などはアクセス集合でなければならない．しかし，A が秘密を復元できるのであれば，A に含まれないシェアを無視することによって A' が秘密を復元できることは当然と考えられるので，この条件は自然な条件といえる．

　一般的なアクセス構造に対する秘密分散法は，複数の満場一致法としきい値法を組み合わせることによって構築できる．ここでは，簡単な例を 1 つ挙げる．$N = 4$ とし，

$$\Gamma_0 = \{\{A_1, A_2\}, \{A_2, A_3\}, \{A_3, A_4\}, \{A_1, A_2, A_3\}, \{A_1, A_2, A_4\},$$
$$\{A_1, A_3, A_4\}, \{A_2, A_3, A_4\}, \{A_1, A_2, A_3, A_4\}\}$$

とする（2 人の参加者からなる集合のうち，Γ_0 に含まれるものと，そうでないものがあることに注意）．図 7.2 は Γ_0 を実現する秘密分散法である．A_3 はシェアとして，2 つの値をもつ．

　Γ_0 に含まれるすべての集合が秘密を復元できることを確かめる

ためには，$\{A_1, A_2\}$，$\{A_2, A_3\}$，$\{A_3, A_4\}$ が秘密を決定できることを調べれば十分である．なぜなら，それ以外の集合は，上記のいずれかを部分集合として含んでいるからである．

A_3 の 2 つのシェアを $v_3 = (v_3', v_3'')$ とすると，

$$s = v_1 \oplus v_2 = v_2 \oplus v_3' = v_3'' \oplus v_4$$

となり，確かに秘密を復元できる．(v_1, v_2) や (v_2, v_3') などは，$N = 2$ の満場一致法[*]のシェアになっていることに注意．

一方，a, b が乱数であるため，Γ_0 に含まれない集合，例えば $\{A_1, A_3\}$ などは，秘密に関するいかなる情報も得ることができない．

[*] 先に示した満場一致法では法演算を用いたが，ここではビットごとに 2 を法とした演算を用いていると考えればよい．

【分散フェーズ】$s \in \{0, 1\}^l$ とする．ディーラは，乱数 a, b を $\{0, 1\}^l$ からランダムに選び，

$$v_1 = a, \ v_2 = a \oplus s, \ v_3 = (a, b), \ v_4 = b \oplus s$$

とし，v_i を A_i に送る．

【復元フェーズ】例えば A_1, A_2 が秘密を復元するときには，$s = v_2 \oplus v_1$ として得ることができる．

図 7.2 「Γ_0」を実現する秘密分散法

■ 7.2 マルチパーティプロトコル・RSA 分散復号

■ 1. マルチパーティプロトコル

マルチパーティプロトコルとは，複数の参加者 $A_1, A_2, \cdots$ がそれぞれ秘密情報 s_i をもつ状況下で，秘密情報を秘匿したまま，秘密から計算される関数 $f(s_1, s_2, \cdots)$ を計算するプロトコルである．

単純な例として，秘密情報の和：

$$f(s_1, s_2, \cdots) = s_1 + s_2 + \cdots$$

を求めるマルチパーティプロトコルを考えてみる．もし，すべての参加者から信頼されたセンタが存在するならば，次のように簡単に行うことができる．各参加者 A_i がセンタに秘密情報 s_i を秘密裏に送り，センタが和 $s_1 + s_2 + \cdots$ を計算し，それを全参加者に伝えることによって，互いに秘密情報を知られることなく結果を知ることがで

きる．マルチパーティプロトコルは，信頼されるセンタを仮定せず
に，これと同様のことをしようというプロトコルである．一見，不
可能なように見えるが，秘密分散法を用いて図 7.3 のように実現す
ることができる．ここで，任意の 2 人の参加者間には秘密通信路が
存在するとし，また，公開掲示板によって情報の公開（またはブロ
ードキャスト）が可能であるとする．

Step 0：参加者の数を N とし，i 番目の参加者 A_i のもつ秘密情報を s_i と
　　　　する．また，秘密情報の和より十分大きい素数 p を事前に共有
　　　　しておく．

Step 1：各参加者 A_i は，$f_i(0)=s_i$ を満たすたかだか $t-1$ 次の F_p 上の多
　　　　項式 f_i をランダムに選び，$v_{i,j}=f_i(j)$ を計算し，A_j へ $v_{i,j}$ を秘密
　　　　裏に送る．

Step 2：Step 1 により，各 A_j は $v_{1,j},\cdots,v_{N,j}$ を受け取る．A_j は，$v_j=v_{1,j}$
　　　　$+\cdots+v_{N,j}\bmod p$ を計算する．

Step 3：各 A_j は v_j を公開する．公開されたすべての v_j から，$f(j)=v_j$ を
　　　　満たすたかだか $t-1$ 次の多項式を求める．$f(0)=s$ が，s_i の和
　　　　になっている．

図 7.3　和を求めるマルチパーティプロトコル

　Step 1 において A_i は，前節で説明したシャミアのしきい値法を
用いて，自分の秘密 s_i からシェア $v_{i,1},\cdots,v_{i,N}$ を計算している．
Step 2 では，各参加者の秘密から計算された N 個のシェアの和を計
算し，v_j としている．ここで，このしきい値法が線形性（複数の秘
密に対するシェアの線形結合は，複数の秘密の線形結合に対するシ
ェアとなっていること）をもつことに注意したい．実際，Step 3 に
おいて復元される $f(x)$ は，各参加者が選んだ多項式 $f_i(x)$ の和であ
る．
$$f(x)=f_1(x)+f_2(x)+\cdots+f_N(x)$$
したがって，復元された秘密情報 s は，
$$s=f(0)=f_1(0)+f_2(0)+\cdots+f_N(0)=s_1+s_2+\cdots+s_N$$
となっている．

　シャミアのしきい値法の線形性により，秘密の和だけでなく，任意の秘密の線形結合を計算するマルチパーティプロトコルもまったく同様につくることができる．

　一般にマルチパーティプロトコルでは，

　Step 1：計算に必要な入力値（秘密）をもっている参加者が(t, N)しきい値法の分散フェーズを行って秘密を分散させる．

　Step 2：各参加者がそれぞれ，あるいは協力して，入力値のシェアから出力値のシェアを計算し，出力値を全参加者間に分散共有させる．

　Step 3：各参加者が出力値のシェアを明かし，(t, N)しきい値法の復元フェーズを行って，秘密を復元する．

という手順が取られる．つまり，Step 1 では各参加者がディーラとして行動し，また，Step 3 では参加者として行動する．すべての参加者が正しく計算を行うと仮定すれば，このプロトコルは常に正しく求めたい関数を計算し，結果以外の情報は漏らさない．しかし，プロトコルどおりに計算を行わない参加者が 1 人でも存在すると，必ずしも正しい結果が得られるとは限らない．このような場合，以下の 2 点を検証できるような何らかのしくみが必要である．

　（1）各参加者がディーラとして正しく秘密を計算していること．

　（2）各参加者が参加者として受け取った値から正しく計算をし，
　　　その結果を公開していること．

　このような検証機能をもった秘密分散法を**検証可秘密分散法**と呼ぶ．検証可秘密分散法の構成方法はいくつかあるが，考え方として最もシンプルであるのはゼロ知識証明[*1]を用いて，各参加者が自分の行動（計算）が正しいことを証明する方法である[*2]．ただ，ゼロ知識証明は通信回数・通信量がともに多いため，プロトコル全体が煩雑になるという欠点がある．これに対し，一方向性関数を利用することによって相互通信を行わずに検証をする方法がある．また，通信回数が多くなるが，計算量的な仮定をおかずに検証を可能にした秘密分散法も提案されている．

*1　第 8 章 8.1
節参照

*2　このとき，
各参加者は秘密 s_i
やシェアの値 $v_{i,j}$
を暗号化して公開
しておく必要があ
る．そして，公開
された暗号文に対
応する平文が，一
定の関係を満たし
ていることを証明
していく．

任意の関数を求める
マルチパーティプロトコル

掛け算を行うマルチパーティプロトコルは少々面倒である. ある2つの秘密 a, b が多項式 f, g でそれぞれ分散されているとき（つまり, 各 A_i が $a_i = f(i)$, $b_i = g(i)$ をもっているとき）, 秘密の積 $c = ab$ に対するシェア c_i を計算できるか？ 基本方針としては, $h(x) = f(x)g(x)$ とすればよい. そうすれば, $h(0) = f(0)g(0) = ab$ となり, シェアは $h(i) = f(i)g(i) = a_i b_i$ によって求めることができる. ただ, h は $2t-2$ 次式で, ランダムな多項式になっていない. そのため, 多項式のランダム化と次数減らしをする必要がある. 本書の範囲を超えるので詳しくは述べないが, 秘密の線形結合を求めるマルチパーティプロトコルを利用すると, $t-1$ 次で定数項に ab をもつ多項式 $\hat{h}$ を使い, 各 A_i が ab のシェア $c_i = \hat{h}(i)$ をもつようにすることができる.

これで, 複数の秘密の線形結合と積が, マルチパーティプロトコルを使って計算できることがわかった. このことを利用すると,

$$(s_1 + s_2)s_3$$

のような積と和が入り混じっている式も,

s_1 のシェアと s_2 のシェア→ $s_1 + s_2$ のシェア

$(s_1 + s_2)$ のシェアと s_3 のシェア→ $(s_1 + s_2)s_3$ のシェア

というように, （和と積で書き表すことのできる）任意の関数について, マルチパーティプロトコルをつくることができる.

▌2. RSA 分散復号

通常の公開鍵暗号系では, 各ユーザが秘密鍵と公開鍵をもち, 自分自身宛の暗号文を復号する. 一方, 分散復号環境では, 複数ユーザからなるグループが秘密鍵と暗号化のための公開鍵をもち, 複数のグループメンバが協力してグループ宛の暗号文を復号する. もし各メンバが秘密鍵を知っているとすると, それぞれのメンバが勝手に復号できてしまう. そこで, 分散復号環境では, 秘密鍵は複数メンバ間に分散されて保持されている.

ここでは, RSA 暗号を例にとって説明する. 最も簡単な場合として, 満場一致 RSA 復号を考える. グループの公開鍵が (e, n), 秘密

*1 λ(n) は第 4
章 4.2 節参照

*2 実際は，こ
のような部分秘密
鍵を誰が作成する
かという問題が発
生するが，ここで
は詳しくは述べな
い．

鍵が d であるとき，N 人のグループメンバは[*1]，

$$d = \left(\sum_{i=1}^{N} d_i \right) \bmod \lambda(n)$$

を満たす部分秘密鍵 d_i をそれぞれ保持している[*2]．グループ外の誰かがこのグループ宛に暗号文を送りたいとき，グループの公開鍵 (e, n) を用いて暗号化を行う．グループメンバが協力して暗号文 c を復号するためには，下記のようにすればよい．

(1) d_i をもつメンバ A_i は

$$m_i = c^{d_i} \bmod n$$

を計算し公開する（$1 \leq i \leq N$）．

(2) すべての m_i から，

$$m = \left(\prod_{i=1}^{N} m_i \right) \bmod n$$

を計算する．

得られた m は明らかに c に対する平文になっている．また，すべてのメンバが協力しないと，復号することはできない．

次に，N 人のメンバのうち t 人以上の協力により復号を行う (t, N) しきい値 RSA 復号を考えてみよう．秘密鍵 d に対して $f(0) = d$ となる多項式 f があり，部分鍵 d_i が $d_i = f(i)$ によって計算されているとしよう．ラグランジェの公式から，

$$d = \sum_{j=1}^{t} \lambda_j d_{i_j}, \quad \lambda_j = \prod_{l \neq j} \frac{-i_l}{i_j - i_l}$$

と書けるので，マルチパーティプロトコルのときと同様に，容易に拡張可能であるように見える．しかし，実際はそうではない．シャミアのしきい値法では秘密 s は $\mathbb{F}_p$ から選ばれており，演算はすべて $\mathbb{F}_p$ 上[*1]で行われることに注意しなければならない．一方，秘密鍵 d は $\mathbb{Z}_{\lambda(n)}$ の要素である．$\lambda(n)$ は合成数であり，$\mathbb{Z}_{\lambda(n)}$ は体ではない．したがって，シャミアのしきい値法を適用することはできない．

シャミアのしきい値法を適用してしきい値 RSA 復号方式を構成するためには，ほかにも難関があるが，部分鍵の作成方法を注意深く選択することで，しきい値 RSA 復号方式が構成可能であることが知られている．

■7.3　グループ署名・多重署名

■1. グループ署名

　グループ署名とは，グループのメンバだけが匿名で署名をすることができ，署名の正当性はグループ公開鍵を利用して検証可能で，かつ不正が発覚したときには，追跡機関により署名者を特定できる**追跡機能**をもつ署名方式である．グループ署名の概略を説明する前に，グループ署名で必要となる**知識の署名**[*1] について説明しよう．知識の署名とは，統計的ゼロ知識証明[*2] から導かれる署名であり，ある述語を満たす $\alpha_1, \cdots, \alpha_n$ を知っていることを，$\alpha_1, \cdots, \alpha_n$ に関する情報を漏らすことなく検証者に納得させる方法である．知識の署名は任意のメッセージ m に依存して作成することができ，これを

$$\mathrm{SPK}\{(\alpha_1, \cdots, \alpha_n) \,|\, 述語\}(m)$$

で表す．最もわかりやすい例として，離散対数を知っていることに対する知識の署名について述べよう．

　ε を偽造を許す確率を定める定数，ハッシュ関数を $H:\{0,1\}^* \to \{0,1\}^k$ とする．g を生成元とする乗法群を $G=\langle g \rangle$ とし，g の位数を l とする．ただし，証明者（署名者）は g の位数は知らないとする．公開されている g と $y \in G$ に対して $y = g^x$ となる $x \in \{0,1\}^{|l|}$ を知っていることを（あるメッセージ m に依存して）証明する知識の署名

$$\mathrm{SPK}\{(\alpha) \,|\, y = g^\alpha\}(m)$$

は，$e = H(g \| y \| g^v y^e \| m)$ を満たす $(e, v) \in \{0,1\}^k \times [-2^{|l|+k}, 2^{\varepsilon(|l|+k)}]$ で与えられる．署名者は，$r \in \{0,1\}^{\varepsilon(|l|+k)}$ に対して，$u = g^r$ を計算し，$e = H(g \| y \| u \| m)$ とし，$v = r - ex$ を整数上で求めるとよい[*3]．知識の署名には，ほかにも

① $\mathrm{SPK}\{(\alpha) \,|\, y_1 = g^\alpha \wedge y_2 = g^\alpha\}(m)$：2 つの離散対数が一致していることの証明．

② $\mathrm{SPK}\{(\alpha, \beta) \,|\, y_1 = g^\alpha \vee y_2 = h^\beta\}(m)$：2 つの離散対数のどちらかを知っていることの証明．ここで，$h \in G$ であるが，$\log_g h$ は秘密とする．

③ $\mathrm{SPK}\{(\alpha) \,|\, y = g^\alpha \wedge \alpha \in \Lambda\}(m)$：与えられた範囲 Λ に含まれる離散対数を知っていることの証明．

*1　知識の署名は，Signature based on a Proof of Knowledge の略で SPK と表される．

*2　第 8 章 8.1 節参照

*3　第 5 章で述べたシュノア署名の応用であるが，g の位数が未知であることに注意する．

などがある．これらの知識の署名は，グループ署名だけでなく，第8章で述べるさまざまな応用プロトコルの**公開検証性**にも利用される．

グループ署名は，グループ管理者 GM，追跡機関 EM，グループメンバ A の3つのエンティティからなり，大きく以下の4つのフェーズからなる．

(a) 初期設定

グループ管理者，追跡機関は，それぞれの公開鍵，秘密鍵のペア (P_G, S_G)，(P_E, S_E) を作成する[*1]．ここで (P_G, P_E) がグループ公開鍵に相当する．

*1 GM の鍵は，メンバ証明書作成のための署名生成用の鍵であり，EM の鍵は，メンバの公開鍵の暗号化に利用する確率的公開鍵暗号の鍵であり，メンバ追跡に利用する．

グループメンバとして登録したいユーザ A は，$P_A = f(S_A)$ の関係[*2]を満たす個人用の公開鍵と秘密鍵のペア (P_A, S_A) を作成する．次に，P_A と，P_A に対するディジタル署名 $\mathrm{Sign}_{S_A}(P_A)$，P_A と S_A が正しく作成されていることの知識の署名を GM に送る．GM は，送信されたデータの正当性を，署名検証，知識の署名検証を行うことで確認した後，メンバ証明書 $\sigma_A = \mathrm{Sign}_{S_G}(P_A)$ を作成し，σ_A を返信する．また，証明書とメンバ ID のペア $(\mathrm{ID}_A, P_A, \sigma_A)$ を秘密裏に保管するとともに，$(P_A, \mathrm{Sign}_{S_A}(P_A))$ をメンバリストに追加する．

*2 例えば，$P_A = f(S_A) = g^{S_A}$ である．

(b) グループ署名生成

メッセージ m に対して，秘密鍵 S_A とそれに対応するメンバ証明書 σ_A を正しくもっていることを証明する知識の署名（メンバ証明）：

$$\mathrm{SPK}_{\sigma, x} = \mathrm{SPK}\{(\alpha, \beta) \mid \mathrm{Verify}_{P_G}(f(\alpha), \beta) = 1\}(m),$$

公開鍵 P_A を EM の公開鍵で暗号化したもの $c = E_{P_E}(P_A)$（追跡可能性）[*3]と，c の平文（つまり公開鍵 P_A）に対応する秘密鍵をもっていることを証明する知識の署名 SPK_c を作成し，メッセージ m とともに $(\mathrm{SPK}_{\sigma, x}, c, \mathrm{SPK}_c)$ を署名として送信する．

*3 公開鍵の代わりに，証明書を暗号化している場合もある．

(c) グループ署名検証

知識の署名 $\mathrm{SPK}_{\sigma, x}$，SPK_c の検証を行う．

(d) 追跡

メンバの生成した署名に不正などの問題が起こったとき，EM は，c からメンバの公開鍵である P_A を復号し，P_A を GM に送信する．GM は，P_A からグループメンバを特定する．

　上記のようにメンバである証明として GM により発行された証明書を配付している場合，一度メンバ登録を行ってしまえば，そのユーザはそれ以後いつでもグループ署名を生成することが可能になってしまう．では，脱会したメンバが作成した署名を無効とするためには，どうすればいいのだろうか？　このような脱会機能を付加するために，脱会者リストを作成し，署名生成時に脱会者リストに含まれていないことを示す知識の署名を付加する，あるいは検証時に脱会者リストに含まれていないかを検証するフェーズを付加するといった手法が提案されている．

　現在知られているグループ署名には署名生成・検証に非常に時間がかかるという問題点があり，今後これらの改良が望まれる．

▌2.　多重署名

　多重署名とは，1 つのメッセージに複数人のディジタル署名を実現する方式である．最も原始的には，合意したユーザがディジタル署名*を逐次施すことで実現できるが，これに比べて，署名サイズ，あるいは署名生成・検証にかかる計算量の効率化を実現するのが多重署名の研究である．多重署名は，RSA 署名方式をベースとした方式，離散対数問題の付録型署名，あるいはメッセージ回復型署名をベースにした方式に大別できる．ここでは，最も簡単に実現できる離散対数問題の付録型署名をベースにした多重署名方式について説明する．

＊　第 5 章参照

付録型署名：
signature with
appendix，第 5 章
5.1 節 1 項参照

メッセージ回復型
署名：
message recov-
ery signature，第
5 章 5.1 節 2 項参
照

（a）初期設定

　p を素数とし，g を $\mathbb{F}_p$ 上の素数位数 l をもつ元とする．ただし，乗法群 $\langle g \rangle$ における離散対数問題が十分難しいように大きな p, l を選ぶ．各署名者 A_i の公開鍵，秘密鍵のペアを $(y_i = g^{x_i}, x_i)$ とする．また，ハッシュ関数を $H : \{0,1\}^* \to \{0,1\}^k$ とする．

（b）署名生成

　署名者 $A_1, \cdots, A_n$ がメッセージ m に合意して署名を施すとする．A_1 は乱数 $r_1 \in \mathbb{Z}_l$ を選び $u_1 = g^{r_1} \bmod p$ を計算し，

$$v_1 = x_1 + r_1 H(u_1 \| m) \bmod l$$

を計算する．メッセージ m とともに (v_1, u_1) を A_2 に送信する．

　A_{i-1} から $(m, v_{i-1}, u_1, \cdots, u_{i-1})$ を受け取った A_i は，乱数 $r_i \in \mathbb{Z}_l$ を

選び $u_i = g^{r_i} \bmod p$ を計算し，
$$v_i = v_{i-1} + x_i + r_i H(u_1 \| \cdots \| u_i \| m) \bmod l$$
を計算する．最後の署名者（すなわち $i = n$ の場合）は $(v_i, u_1, \cdots, u_i)$ を m に対する多重署名とする．そうでなければ A_{i+1} に $(m, v_i, u_1, \cdots, u_i)$ を送信する．

(c) 署名検証

多重署名 $(v_N, u_1, \cdots, u_N)$ の検証は，公開鍵 $y_1, \cdots, y_N$ を用いて，
$$g^{v_N} \equiv \left(\prod_{i=1}^{N} y_i \right) \left(\prod_{i=1}^{N} u_i^{H(u_1 \| \cdots \| u_i \| m)} \right) \bmod p$$
が成り立つことを確認することで行う．

署名生成において，2 つのハッシュ関数 H_1, H_2 を利用して，
$$v_i = v_{i-1} + x_i H_1(u_1 \| \cdots \| u_i \| m)$$
$$+ r_i H_2(u_1 \| \cdots \| u_i \| m) \bmod l$$
とすることもできる．この場合，検証の計算量が，
$$g^{v_N} = \left(\prod_{i=1}^{N} y_i^{H_1(u_1 \| \cdots \| u_i \| m)} \right) \left(\prod_{i=1}^{N} u_i^{H_2(u_1 \| \cdots \| u_i \| m)} \right) \bmod p$$

と上記の方法より大きくなるが，選択平文攻撃に対して存在的偽造[1] が不可能になる利点がある．一方，H_2 を利用せずに H_1 のみを利用した場合，偽造が可能になることがわかっている．

＊　第 3 章参照

上で示した方法は署名生成のデータが署名者間を一巡する方式（**一巡型**）であり，そのほかに，署名生成のためにデータが署名者間を二巡する方式（**二巡型**）がある．二巡型は，署名生成時の通信回数が多いが，一巡型に比べ，署名長や署名検証の計算量を小さく抑えることができる．また，署名者の順序が検証可能であったり，あらかじめ定められた順序で施された多重署名のみが検証を通るなどの機能をもった多重署名も提案されている．

演 習 問 題

問 1　(a) シャミアの $(3, 4)$ しきい値法を考える．$p=11$ とする．秘密 $s=5$ を

$$f(x)=5+x+2x^2$$

を用いて分散させたときのシェアの値 $v_1, \cdots, v_4$ を求めよ．

(b) v_1, v_2, v_3 から，ラグランジェの公式を用いて秘密が復元できることを確認せよ．

問 2　$(2, 3)$ しきい値法に対するアクセス構造 $\Gamma_{(2,3)}$ を書き下せ．

問 3　シャミアのしきい値法を適用してしきい値 RSA 復号方式を構成しようとしたときのもう 1 つの難関として，各グループメンバが $\lambda(n)$ を知っていてはいけないという事実がある．$\lambda(n)$ を知っているグループメンバがいたとすると，どのような不都合が起こるか．

問 4　$(\mathrm{SPK}\{(\alpha) \,|\, y_1=g^\alpha \wedge y_2=g^\alpha\}(m))$ 7.3 節 1 項の群 G を用いて，与えられた $y_1, y_2, g_1, g_2 \in G$ に対して，$y_i=g_i^x$ $(i=1, 2)$ となる $x \in \{0, 1\}^{|l|}$ を知る署名者が，どのように

$$e=H(g_1 \| g_2 \| y_1 \| y_2 \| (g_1^v y_1^e) \| (g_2^v y_2^e) \| m)$$

となる

$$(e, v) \in \{0, 1\}^k \times [-2^{|l|+k}, 2^{\varepsilon(|l|+k)}]$$

を求めるか考えよ．

問 5　7.3 節 2 項の多重署名において，署名生成を

$$v_i=v_{i-1}+x_i H_1(u_1 \| \cdots \| u_i \| m)+r_i$$

としたとき，N 番目の署名者 A_N が単独で $A_1, \cdots, A_N$ の多重署名を偽造できることを示せ．

第8章
ゼロ知識証明と 社会システムへの応用

　　インターネットの普及とともに，社会的基盤の電子化が進んでいる．ユーザに効率の良いサービスが提供できる一方で，サーバ側にユーザ情報が集中することによる問題点も浮上してきている．そこで本章では，ユーザが秘匿したい情報をサーバから守りながら，情報化による効率向上も可能にする暗号・プライバシー保護技術を紹介する．鍵となる要素は，知識を漏らさずにある命題の正しさだけを証明するゼロ知識証明である．これを用いて実現できる安全な社会システムとして，暗号資産の支払いや文書管理などを実現するブロックチェーンによるスマートコントラクト，投票の秘密を守る電子投票，入札値を秘匿したまま正当な落札値を決定する電子オークションを取り上げる．

■8.1　ゼロ知識証明

＊ プロトコル：protocol，通信手順

　　ゼロ知識証明とは，知識を漏らさずに（漏れる知識の量をゼロにして）証明するプロトコル＊を意味する．まず，「証明プロトコル」とは何か，次に，知識の漏れの有無をどうやって測るかについてその定義を紹介する．

▌1. 定　義

（a）証明モデル

このモデルでは，証明者と検証者と呼ばれるチューリング機械があり，証明者と検証者に共通の入力 X，証明者しか参照できない入力，検証者しか参照できない入力が存在する．また，証明者と検証者間には互いに読み書きのできる通信路がある．

このモデルにおいて，証明者の動作，検証者の動作を規定したプロトコルを考える．証明者および検証者はそれぞれ規定されたプロトコルの順番に従って，共通入力，個人の入力，通信路を通じて相手から送られてきた入力に基づいて確率的に出力を計算し，通信路に出力する．このようなプロトコルが命題 X の証明プロトコルであるとは，

- ・命題 X が真の場合，証明者も検証者も正しくプロトコルに従って計算すれば，圧倒的な確率で，検証者は最終的に停止し，「受理」と出力する（**完全性**）

完全性：
completeness

- ・命題 X が偽の場合，証明者がどのようにふるまおうとも，正しくプロトコルに従った検証者が最終的に停止し「受理」と出力する確率は無視できるほど小さい（**健全性**）

健全性：
soundness

という性質を満たすことである．すなわち，検証者がこのプロトコルに従えば，正しい命題のときには受理と出力でき，命題が正しくないときには検証者が受理と出力することはないのである．

数学の教科書に書いてある「証明」というのは，証明者が考えた証明手続きが「本」という通信路に書かれているとみなすことができる．そしてその証明手続きを追うことによって，「正しい」か「正しくない」の判断は誰でも下すことができる．その判断手続きは決定的であり，検証者から証明者に通信がないが，数学的な証明も上記証明モデルに基づくプロトコルの一種である．逆にいえば上記の「証明モデル」は証明者と検証者間の通信と，確率的な要素を取り入れてこの「数学的な証明」を拡張しているのである．

＊　知識が漏れない：
zero-knowledge，
ゼロ知識性という

（b）「知識が漏れない」＊の定義

証明者から得られうるデータを検証者自身が生成できれば，そのプロトコルには証明者の特別な知識が含まれていないとみなせる．

そこで，証明プロトコルがゼロ知識であるとは

・命題Xが真の場合，証明者が正しくプロトコルに従って計算すれば，検証者がどのようにふるまっても，検証者の見える範囲を模倣することができるシミュレータが存在する

範囲：view
模倣：simulate

ということができる．ここで検証者の見える範囲とは，検証者の全入力，検証者の内部の確率的要素（ランダムテープ），通信路に書かれる証明者と検証者の出力のことである．

確率的要素：
random tape

（c）「模倣」の意味

*1　確率変数：
random variable,
生起シンボルと生
起確率

検証者の見える範囲というのは，検証者や証明者の確率的要素を反映しているので，確率変数[*1]になる．「模倣できた」というのは，実際に検証者と証明者が通信するときの確率変数とまったく同じあるいは似ている確率変数を出力できたことをいう．確率変数の類似度，具体的には「まったく同じ」，「統計的に近い」あるいは「多項式時間チューリング機械が見分けがつかないくらい近い」によって，完全ゼロ知識証明，統計的ゼロ知識証明，計算論的ゼロ知識証明という分類がある．

多項式時間チュー
リング機械：
polynomial-time
Turing machine

完全ゼロ知識証
明：
perfect zero-
knowledge proof

統計的ゼロ知識証
明：
statistic
zero-knowledge
proof

計算論的ゼロ知識
証明：
computational
zero-knowledge
proof

▌2.　ゼロ知識証明プロトコルの例

*2　第4章4.2
節1項参照

*3　平方剰余：
quadratic resi-
due，第3章3.2節
3項参照

ここでは，RSA暗号[*2]の法nと$y\in\mathbb{Z}_n$が与えられて，「yは平方剰余である」という命題を証明するゼロ知識証明プロトコルを考える．yが平方剰余[*3]であるとは，$y=x^2 \bmod n$となる数$x\in\mathbb{Z}_n$が存在することである．nの素因数分解を知らない人がyが平方剰余かどうか判定するのは難しい問題とされている．証明者が上記xを示せば証明になるが，検証者が新たにxという知識を獲得するのでゼロ知識証明ではない．

検証者に知識を与えないゼロ知識証明の例を下記に示す．証明者および検証者がそれぞれ乱数を発生させ，対話しながら証明するプロトコルである．

（1）証明者は乱数rを発生させ，$u=r^2 \bmod n$を検証者に送る．

（2）検証者は乱数$e\in\{0, 1\}$を選び，証明者に送る．

（3）証明者は$v=r\cdot x^e \bmod n$を計算し，検証者に送る．

（4）検証者は$v^2=u\cdot y^e \bmod n$が成り立つかどうか確認する．

上記（1）〜（4）の手順を$|n|$回繰り返し，常に（4）の等式が成り立てば，検証者は「受理」を出力する．

まず，これが証明プロトコルになっていることを見てみよう．y が平方剰余であれば，上記のような x は存在し，証明者も検証者も正しくプロトコルに従えば必ず検証者は受理を出力する（**完全性**）．y が平方剰余でない場合，証明者が最初に送る u が平方剰余の場合とそうでない場合に分けて考える．前者の場合，検証者が $e=1$ を選べば，$u \cdot y^e \bmod n$ は平方剰余になり得ないので，最後の等式を満たすような v を計算できない．後者の場合，検証者が $e=0$ を選べば，同様に $u=v^2 \bmod n$ を満たすような v を提出することができない．証明者にとって検証者が e をどのように選ぶかわからないので，どちらの場合も確率 1/2 で等式を成立させることができない．したがって，y が平方剰余でない場合に検証者が「受理」を出力する確率は $(1/2)^{|n|}$ であり，これは無視できるほど小さい[*1]値である（**健全性**）．

*1　無視できるほど小さい：
negligibly small,
指数関数的に小さくできること．

最後に，ゼロ知識性について議論する．シミュレータを下記のように構成する．

(1) 乱数 $e' \in \{0, 1\}$ を発生させる．

(2) 乱数 r を発生させ，$u=r^2/y^{e'} \bmod n$ を計算し，検証者にわたし，e を受け取る．

(3) $e \neq e'$ の場合，「なかったことにして」(1) に戻る．$e=e'$ の場合，$v=r$ を出力する．

このようにして作成された $|n|$ 個の (u, e, v) の組の確率分布は，実際に証明者と証明プロトコルを行ったときとまったく等しい．したがって，これは完全ゼロ知識証明プロトコルなのである．

このようなゼロ知識証明プロトコルは，NP 命題[*2]であれば常に構成できることが知られている．

*2　NP 命題：多項式時間で非決定性チューリング機械により受理される命題．

■8.2　ブロックチェーンとスマートコントラクト

ビットコイン：
Bitcoin

2007 年にサトシナカモトにより提案されたビットコイン[1]は，瞬く間に実装され，5 年後には実際の支払い手段として多くの人に使われることになった．ビットコイン（システム）では，ブロックチェーンと呼ばれる分散台帳を「公開掲示板」として扱い，すべての

有効な取引がこの公開掲示板に掲載される．取引は基本的には，誰（支払者）から誰（受取者）にいくらのビットコインが支払われるかを記述したデータである．支払者の口座に指定された額のビットコインがあり，支払者の正当なディジタル署名がそのデータに付与されていれば，有効な取引として公開掲示板に掲載される．掲載されれば，支払者の口座の残高から指定額分だけ減額され，受取者の口座では，手数料を引かれた額が増額される．

UTXO：
unspent transac-
tion output

　実際のビットコイン（システム）では，残高の確認を容易にするために，UTXO と呼ばれる方式を用い，「この取引でもらったビットコインで支払う」という形で取引が表現されている．そのため，例えば「A という条件が満たされたときに X ビットコインを支払う」といった，複雑な条件付きの支払いや，条件によって支払い額が変動するような支払いを記述することが難しい．そこで，ビットコインの考え方を拡張し，「A が起こったときに B をする」という

イーサリアム：
Ethereum

「契約」をプログラムのように記述できるイーサリアムというプラットフォームが提案された[2]．この結果，ビットコインはビットコインの支払いシステムであったのに対し，イーサリアムは単なる Ether という暗号資産の支払いシステムだけではなく，公開掲示板上に登録したプログラム（スマートコントラクト）を自動実行できるようになった．このように，スマートコントラクト機能をもつブロックチェーンは，金融分野以外にも，資産管理や文書管理など，幅広い分野で応用されるようになった．

　ビットコインでもイーサリアムでも使われている「公開掲示板」のしくみは，次のようなものである．

　従来は，誰か信頼できる運営者がいて，何を公開掲示板に記述するかを判定してくれる，いわば集中管理型のシステムが多数であった．では，インターネットの世界では，そのような信頼できる運営者は想定できるだろうか．掲示板を集中管理する運営者のサーバーにインストールされているプログラムが不当に書き換わっていても，利用者からはそれを確認することができない．そのサーバーの運営者は，利用者の国の法律にのっとっていないかもしれない．

　そこで，ブロックチェーンでは単一の集中管理者ではなく，ブロックチェーンネットワークにつながっているすべてのノードが公開

掲示板の管理者相当になる．そして，公開掲示板に記載されるべき
すべてのメッセージを，このノード間で共有するのである．これに
より，各メッセージがすべてのノードに同じ順番で到着すれば，す
べてのノードが管理する掲示板の内容は同一になる．誰か1つのノ
ードが自分の掲示板の内容を書き換えたとしても，他のノードの掲
示板の内容を書き換えられないので，このような不正に耐性がある．

　しかし，一番の問題は，ネットワークには遅延や不通が発生し得
るため，数千もあるノードに「各メッセージがすべてのノードに同
じ順番」で到着することを仮定できない．そこで，どのような順番
付けをするか，という問いに対して，Proof of Work と呼ばれる画
期的なコンセンサスルールが編み出された．これは「ノードの中で
暗号パズルを解いた人が早い者勝ちで順番を決められる」というも
のである．ビットコインではこの暗号パズルを解くのに 10 分くら
いかかるようにパズルの難易度が設定されている．10 分あれば，誰
がパズルを解き，その人がどのように順番を決めたか，という情報
が「ブロック」としてブロックチェーンネットワークに拡散でき
る．「ブロック」を受け取った人は，それを自身が管理する掲示板
に記載する内容とみなし，既存の掲示板に追記する．このようにブ
ロック単位でつながりをもって掲示板に記載されることが，ブロッ
クチェーンという名前の由来である．

　具体的に，各ノードが解くべき暗号パズルとは次のとおりである．
　現在の最新のブロックのデータを B_n とし，これから掲示板に掲
載すべきデータを $D_1, \cdots, D_k$ とすると，B_n と $D_1, \cdots, D_k$ とナンス値
m を連結したハッシュ値が，小さくなるようなナンス値を見つける
ことである．ハッシュ値は一般に数百ビットの数になるので，この
値が小さいものを見つけるには，ナンスをさまざま試してみるしか
ない（小ささは前述の難易度に比例する）．

　最後に，サトシナカモトの巧妙な仕掛けについて触れておこう．
　確かに，上述のように暗号パズルに時間をかけることによって，
ノードが管理すべき掲示板の内容に関してノード間で同期しやすく
なる．しかし，なぜノードは時間と計算資源を使って，暗号パズル
を解こうとするのだろうか．実は，サトシナカモトはここに褒美を
用意したのである．暗号パズルを解いて，ブロックチェーンの安定

に寄与したノードは，ビットコインで褒美をもらえるのである．この褒美目当てで暗号パズルを解くという行為が，ブロックチェーンの安定，ひいてはブロックチェーンの信頼性に寄与しているのである．

　ビットコインやイーサリアムは，誰でもブロックチェーンネットワークのノードになることができる．このようなブロックチェーンはパーミッションレスブロックチェーンと呼ばれる．一方，ブロックチェーンネットワークのノードを事前に許可されたノードに限定し，計算量の負担の大きい暗号パズルのしくみを導入せずに簡便にブロックを構成する方式も検討された．これはパーミッションドブロックチェーンと呼ばれる．パーミッションドブロックチェーンでは，全ノードが結託すると公開掲示板の中身を改ざんされてしまうおそれがあるので，ノードへの信頼が必要になってくる．

■8.3　電子投票

電子投票：
electronic voting

　アメリカやベルギーでは，コンピュータを用いて投票する方式が実用化されており，日本でも電子投票を可能にする法律が制定された．しかしこれらの方式はいわゆる「投票所型」と呼ばれるものであり，有権者が投票所に赴いて，人手による本人確認を受けて有権者であることを認証してもらった後に，コンピュータで投票することになっている．

　では，指定された投票所に行かなくても，ネットワークにつながれたコンピュータならどこからでも投票できる「ネットワーク型」投票にはどういう課題があるのであろうか．

　一番の課題は，投票の秘密を守りつつ，有権者認証と投票行為をどう実行するかという問題である．有権者認証を行い，投票者が誰かを確認した直後にその人の票を受理すれば，その人が誰に投票したのかセンタに容易に判明してしまう．しかし，この票が確かにまだ投票していない有権者が投票したものであることを保証するためには有権者認証がどこかの時点で必要になってくる．

　本節では不正投票や不正集計を防止しつつ安全な無記名投票をネ

ットワーク上で実現する暗号プロトコルのうち，代表的な3方式を紹介する.

▌1．ブラインド署名を利用した方式

　ブラインド署名とは，署名者に署名対象のメッセージを見せずにそのメッセージに対する署名を作成してもらう手法である．常識的には，メッセージを見て納得して署名するのが普通であるが，電子投票におけるプライバシー保護のためにこのような手法が有効に活用できる.

＊　第5章参照

　ここではRSA署名＊に基づくブラインド署名を紹介する．署名者の公開鍵を(e, n)，秘密鍵をdとするとメッセージmに対するRSA署名σは$\sigma = m^d \bmod n$となる．秘密鍵dを知っている署名者にメッセージmを見せれば署名文$\sigma = m^d \bmod n$が計算できるのは当然である．ブラインド署名では，秘密鍵dを知っている署名者にmを見せずに$\sigma = m^d \bmod n$を計算してもらわなくてはならない.

　そこで，署名を発行してもらいたいユーザは乱数rを発生させ，署名者に$x = m \cdot r^e \bmod n$をわたす．署名者がこのユーザにブラインド署名による署名を発行したい場合は，xに対する署名$y = x^d \bmod n$を発行する．ユーザはyとrから下記のようにして求める署名σを入手することができる.

$$y/r \equiv (m \cdot r^e)^d / r \equiv (m^d \cdot r^{ed})/r \equiv m^d \equiv \sigma \,(\bmod\ n)$$

これはRSA鍵の性質により，任意の数aに対して$a^{ed} \equiv a \,(\bmod\ n)$であることを利用している.

　上記のプロトコルの結果，署名者はrを知らないので，xからmを知ることはできない．したがって当初の目的のとおり署名者にmを見せることなくmの署名を入手することができる.

　このブラインド署名方式を利用すると，無記名電子投票が実現できる.

　認証センタは，有権者の投票文に対して，ブラインド署名方式によって署名を発行する．したがって，認証センタは有権者が誰かわかっても，その人の投票内容は目隠し（ブラインド）されていてわからないようになっている．有権者は入手した認証センタの署名つき投票文を集計センタに無記名で送付する．集計センタはこの投票

文に正当な認証センタの署名が付与されていれば，認証センタの認
証を経た有権者のものだとみなし，投票文を受理する．

　これでうまくいきそうであるが，実は問題がある．投票者が，認
証センタの署名つきの投票文を何度も何度も送りつければ多重に受
理されてしまうかもしれないという点である．そこで，投票文中
に，有権者がランダムな文字列を埋め込むことにする．この結果，
同じランダムな文字列が複数の投票文に検出されたら，それらは1
票分と判定することができる．この文字列が偶然ほかの投票者と一
致してしまう確率を低くするために，文字列の桁は十分大きく取る
必要がある．

　このように有権者が文字列を埋め込むことによって，有権者が自
分の票が受理されたことを確認できるというメリットもある．無記
名で送付された投票文のうち，集計センタが受理したものの一覧を
公表すれば，有権者はその中で自分の埋め込んだ文字列を検索する
ことによって自分の票が集計結果に反映されていることを確認する
ことができる．

　上記では認証センタと集計センタをその役割ごとに名称を変えて
説明したが，認証センタと集計センタが結託してもアルゴリズム
上，有権者のプライバシーが脅かされることがないので，単一のセ
ンタで実現できる．

　本方式は全体的な処理量が軽く，有効な方式であるが，安全な**匿
名通信路***をどう構成できるかが実装上の問題点となる．

* 匿名通信路：
anonymous chan-
nel, 第12章12.4
節参照

▌2. 準同型写像を利用した方式

　第7章7.2節にもあるように，賛成・反対の2値の投票の合計値
を求めることによって選挙結果を求めるマルチパーティプロトコル
というのが一般的に構成できる．ここでは集計センタが暗号関数の
準同型性を利用して，より効率よく投票値の合計値を求める方式を
紹介する．

準同型性：
homomorphism

　有権者はそれぞれ賛成の場合$x=1$を，反対の場合$x=0$を暗号化
して集計センタに署名つきで提出する．集計センタは誰が投票して
いるかはわかるが，投票内容は暗号化されているのでわからないよ
うになっている．ここで利用する暗号関数は準同型性があるものと

する．すなわち，$E(x) + E(y) = E(x+y)$ という性質が満たされるとする．そこで，集計センタは有権者全員の暗号投票文を足し合わせた結果を求める．これを復号すれば，賛成者の数，ひいては投票結果が判明するのである．

この暗号文を復号できる権限は厳密に管理しなくてはならない．そこで，分散復号[*1] を利用する．すなわち，復号権限を複数のセンタに分散させ，一定数のセンタが合意したうえでないと暗号文が復号できないようにするのである．この結果，合計された暗号文のみが復号され，各投票者の秘密を守りながら集計結果を得ることができる．

*1　第7章7.2
節2項参照

本方式では，投票者は暗号文を署名つきで送付するだけで投票が完了する．ブラインド署名を用いた方式と異なり，全投票者の暗号投票文が正しく集計されていることを誰もが確認できるというメリットもある．しかし，賛成/反対の2値投票では効率がよいが，選択肢の多い多値投票では処理が複雑になるという問題がある．

3. Mix-net を利用した方式

現在の不在者投票では，投票用紙を二重の封筒に入れ，内封筒は無記名で外封筒にのみ記名するという方式が取られている．開票当日，外封筒の有権者名を確認した後，外封筒を外し，無記名の内封筒のみにする．そして内封筒同士を混ぜ合わせた後，開封するという処理を行っている．

*2　第12章12.4
節3項参照

これをほぼ忠実に実現したのが Mix-net[*2] を利用した方式である．各投票者は暗号投票文をあらかじめ定められたミキサと呼ばれる中継所を複数箇所経由して集計センタに送付する．集計センタに到着したときには，投票文は復号されているがミキサによる多段の混ぜ合わせ（シャッフル）処理がなされており，どの投票者の投票文であるかがわからなくなっている．

ここで問題になってくるのは，ミキサが正しく処理をしていることをどう保証するか，ということである．やはりこれもゼロ知識証明プロトコルの出番である．どのように混ぜ合わせたか，どの復号鍵を使ったかを秘密にしてシャッフルと復号処理を正しく行ったことを保証するのである．

本方式はユーザにとって簡便であり，一定内の長さであれば任意の投票文を暗号化することができる方式となっている．ミキサがゼロ知識証明を行えば，全部の暗号投票文が正しく集計されたことを誰もが確認できる．

■8.4 電子オークション

■1. 電子オークションの概要

電子競売，電子オークション，電子入札：
electronic auction, electronic bidding

電子競売，電子オークションや電子入札は，ネットワークを介して相互に接続された入札者によって商品の価格を決定するプロトコルである．商品を購入したい人の競争であるオークションは，より高い値を落札値とするのに対して，公共事業などの受注業者を決定する入札ではより安い見積もりが落札値になる．求めたい値が最高額か最低額かが異なっているだけで本質的に変わらないので，以後，オークションについて議論する．

従来のオークションがオークション会場などの特定の場所に同じ時間帯に物理的に集まる必要があったのに対し，電子オークションでは時間的，空間的な制約がなく，より多くの利用者が手軽に参加できるようになった．

その手軽さの一方で，虚偽の商品の出品や，落札が決まって落札金額を振り込んだのに品物を送らない不正な出品者，逆に，品物を送ったのに料金を払わない不正な入札者などの問題が後を絶たない．対面で競い合う従来のオークションよりも，仮名を用いた仮想空間で対話する電子オークションのほうが不正を引き起こしやすいからである．

そこで本節では，電子オークションのモデルと想定されるセキュリティ上の脅威を整理し，それらを防止する暗号プロトコルのいくつかを述べる．

■2. 電子オークションの種類

出品者：seller
主催者：
auctioneer

電子オークションには，品物を出品する出品者S，オークションを開催する主催者A，入札を行うn人の入札者$B_1, B_2, \cdots, B_n$の構成

要素がある．入札者 B_i は，h 個の入札値 $w_1, w_2, \cdots, w_h$ から選んだ
入札値 b_i をもっている．

オークションのスタイルには，次の3種類がよく知られている．

① **イングリッシュオークション**：競り上げ方式のオークショ
ン．低い値からより高い値を入札していき，誰もほかに入札す
る入札者がいなくなったときにその価格で落札する．インター
ネットで最も広く普及しているスタイルである．入札値はすべ
て公開で，落札までに十分な時間を用意する．

② **ダッチオークション**：高い値から値を順に下げていき，最初
に入札を決めた人が落札者となる．落札者が1人決まるまでは
ほかの入札者は何もしないので，万が一入札できなくても自分
の真の評価額が知られてしまう危険性は小さい．

③ **シールドビッドオークション**（**封印入札**）：入札は封印した
入札値を1回だけ行い，すべての入札者の処理が終わったら封
を切り落札者を決定する．公共事業の入札などによく用いられ
ているスタイルである．

3. 要求条件

安全な（シールドビッド）オークションプロトコルが満たすべき
重要な条件を次に挙げる．

① **入札値の秘匿性**：落札値以外のすべての入札値の秘密が守ら
れること．以降の入札のヒントになるような入札値の分布や平
均値などの統計情報も漏れないことが望ましい．

② **入札の否認不可性**：入札者は落札したら購入をキャンセルで
きない．

③ **頑健性**：一部の悪意のある入札者による不正な入札値によっ
てオークションの開催が妨害されないこと*．

④ **公開検証性**：主催者での落札値決定の計算と落札者の識別が
正しく行われていることを第三者に対して証明できること．

主催者は一部の入札者と結託すると得をするので，主催者を信頼
してはならない．競合相手の入札値を漏らすことがないように，入
札値の秘匿性は主催者に対しても守る必要がある．同様に，落札の
正当性を証明するために公開検証性が必要なのもわかりやすい．し

かし，入札の否認不可性，すなわち，入札者はキャンセルが許され
ないのはなぜだろうか？　この理由を考察するために，次のプロト
コルを考えよう．

(1) 入札者 B_i は，自分の秘密の入札値 b_i と乱数 r_i を用いて，$x_i = H(b_i \| r_i)$ を入札値として A に送る．ここで，H はハッシュ関数[*1]であり，$x_i = H(b_i' \| r_i')$ を満たす b_i'，r_i' を見つけるのは困難である．すなわち，一度入札した値を後から変更できない．

*1　第5章参照

(2) すべての n 人の入札が終わったら，A は最高額 w_h から w_{h-1} への順に値を下げていき，入札した人がいないか B_i らに問い合わせる．

(3) $b_i = w_j$ を初めて満たす入札者が勝者であり，入札の証拠に r_i を公開する．

このプロトコルは，ダッチオークションと同じ競り下げ方式なので，落札者以外の入札値が露見することはない[*2]．同様にして，公開検証可能性も頑健性も満たしていることがわかるが，(3)で条件を満たしても r_i を出して名乗り出なければよいので，否認不可性を満たしていない．しかし，h 人の入札者が結託すれば（あるいは架空名義で入札），w_1 から w_h までのすべての値に入札しておくことが可能なので，正当な入札者が勝利を主張するまではすべてキャンセルしてしまえばどうだろうか．結託者らは常に同点決勝にもっていくことが可能であり，同点決勝ではすでに相手の入札値の見当がついている．このように，キャンセルを許すことはオークションにとって致命的なのである．

*2　ただし，ダッチオークションと異なり，入札値が封印されているのでその到着順は重要ではない．

なお，ここでは挙げなかったが，ほかの要請条件として，入札処理の非対話性，入札者の匿名性，通信や計算の効率性なども挙げられる．

4.　安全なオークションプロトコル

結局のところ，オークションの問題は，入札値漏えいなどの不正をするかもしれない主催者に秘密 $b_1, \cdots, b_n$ を入力し，不正をすればすぐ検出できるようにして落札値（$\max(b_1, \cdots, b_n)$）を正しく計算する問題であるといえる．この信頼できない主催者をどうするかによって，大きく次の3種類のアプローチが試みられている．

*1　秘密分散法：
secret sharing,
第 7 章 7.1 節参照

フランクリン：
M. K. Franklin

*2　検証可署名分散法：
verifiable signature sharing, 第 7 章 7.2 節の検証可秘密分散法の変種.

ハークビー：
M. Harkavy

*3　第 7 章 7.2 節参照

*4　ハッシュ連鎖：
hash chaining, $H(H(H(x)))$ というように，ハッシュを多重に適用する技術.

カシャン：
C. Cachin

p 乗根：
p–th root

① **分散主催者**：単一の主催者が信頼できないので，いくつかの独立な主催者に入札のとき秘密分散法*1 を適用させる試み．フランクリンらの検証可署名分散法*2 を用いたプロトコル，ハークビーらの足し算のマルチパーティプロトコル*3 を用いたものなどがある．

② **ダッチアプローチ**：競り下げを利用して入札値の秘匿性と全体検証性を保証する試み．ただしそのままでは，先の例のように否認不可性が成立しないので，ここに否認不可署名を用いたりハッシュ関数によるハッシュ連鎖*4 を導入したりしている．

③ **秘密関数評価**：単一の主催者で，計算量の仮定をうまく利用して入札値がわからないまま落札値の計算をさせる試み．カシャンは p 乗根判別関数などを利用して，単一の情報をもたない主催者にて入札値の比較を行うプロトコルを示した．

（例1）①の代表例であるフランクリンらのプロトコルは次のようになっている．

(1) 入札者 B_i は秘密分散法を用いて入札値 b_i を $f_i(1)$, $f_i(2)$, …, $f_i(u)$ の u 個に分割し，それぞれ主催者 A_1, A_2, …, A_u へ送信する．

(2) 同時に，銀行から発行してもらった額 b_i のディジタル署名 $\sigma(b_i)$ も u 個のシェア $g_i(1)$, $g_i(2)$, …, $g_i(u)$ に分割する．

(3) サーバ A_j は各入札者からの n 個のシェア $f_1(j)$, $f_2(j)$, …, $f_n(j)$ を開票時間まで秘密に保管する．

(4) 開票時間には主催者はそれぞれのシェアをもち合い，秘密の入札値をすべて復元して，最大値 b_i を求める．対応するシェア $g_i(1)$, $g_i(2)$, …, $g_i(u)$ からディジタル署名 $\sigma(b_i)$ を復元する．

このプロトコルは，否認不可性を満たしている．(2) で担保としてその額のディジタル署名を分散して送っているので，落札が確認されれば強制的に入札金額が回収されるからである*5．

*5　論文 1) では，ここに検証可能性を入れて，入札者がディジタル署名を正しく分散しているかを (2) の時点で証明している.

このプロトコルでは，しきい値以上の主催者が結託しないという仮定のもとで，入札値の秘匿性が保証されているが，開票時間以降は全主催者にすべての入札値が漏えいする．その意味で，ここで保証される秘匿性は弱い．次のプロトコルで，この欠点を解消する方法を示そう．

（例2）ハークビーらのプロトコルでは，次の方法で最大値を分散したまま計算している（元の論文[2]を多少簡略化している）．

(1) B_i は h 個の値のそれぞれについて，もしも $b_i < w$ ならば $c_i(1) + c_i(2) + \cdots + c_i(u) = i$，そうでないなら 0 となるような u 個の乱数をつくり，A_1 に $c_i(1)$，A_2 に $c_i(2)$ というように送信する．

(2) A_j は，入札者から届いた乱数を用いて，$d(j) = c_1(j) + \cdots + c_n(j)$ を計算して公開する．

(3) すべての主催者からの $d = d(1) + d(2) + \cdots + d(u)$ を計算する．もしも，その入札値 w に入札したい入札者が 1 人もいないとき $d = 0$，2 人以上いるとき意味のない乱数，ちょうど 1 名いるときに $d = i$ がその入札者の識別子を表している．

(4) 以上のプロトコルを，$w_1, \cdots, w_h$ の h 個の値のそれぞれについて行い，落札者を決定する．

この例では，多少秘匿性に不完全な点があるが，最終的に落札値が決まったときでもそれ以外の入札値の秘匿性を保証している[*1]．

例2では，入札者は入札可能な価格幅（h）に比例した通信を行う必要があった．ダッチアプローチに分類される佐古のプロトコルでは，次のようにしてこれを h に依存しない通信量を実現した．

（例3）佐古のプロトコルでは，秘密鍵をもっている主催者がしきい値以上集まると暗号文を復号できるしきい値復号[*2] を用いて，次のような効率的なプロトコルを構成した．

(1) 主催者 $A_1, A_2, \cdots, A_u$ は協力して h 個の異なる公開鍵 $P_1, \cdots, P_u$ と秘密鍵 $S_1, \cdots, S_u$ を生成し，それぞれの秘密鍵を共有する．

(2) 入札者 B_i は，自分の入札値 b_i に該当する公開鍵 P_i を選び，暗号文 $X_i = E_{P_i}(m \| r_i)$ を求めて主催者へ同報通信する．ここで，m は与えられたメッセージ，r_i は乱数とする．

(3) すべての入札が終了した後，主催者 $A_1, \cdots, A_u$ は協力して n 個の暗号文 $X_1, X_2, \cdots, X_n$ について h 番目（最も高い入札額）の鍵から分散復号を行い，

$$D_{S_h}(X_i) = m \| r_i$$

と意味のあるメッセージが出るものを探す．もしも，1 つも存在しないようであれば，$h-1$ 番目の鍵で同様に試みる．もしも，j 番目の鍵で意味のあるメッセージが復号されたら，落札

値は w_j で，そのメッセージのもち主が落札者である．それ以降の無意味な復号は禁止する．

* 第 4 章参照 確率的公開鍵暗号*を利用すると，どの鍵で暗号化されたか区別できないので，このプロトコルは入札の秘匿性，頑健性，公開検証性，否認不可性のすべてを満たしている．

演 習 問 題

問 1 8.1 節 2 項のゼロ知識証明プロトコルにおいて，証明者が事前に検証者が e として何を選ぶかわかっている場合，平方剰余でない y を用いてどのように検証者をだませるか考えよ．

問 2 8.3 節 2 項の電子投票方式において，投票者が暗号化した 2 を提出すれば，2 票分の投票となる．これを防ぐ方法を考えよ．

問 3 オークションと投票の要求条件について，共通のものと相違しているものを挙げよ．

第9章

ネットワークセキュリティ

　本章ではネットワークに関するセキュリティ技術について学ぶ.
ネットワークによる分散環境ではさまざまな問題が生じる. 本
章では, それらの中でもネットワークを介して互いに身元を保証
するクライアント認証に絞って, その原理や安全性について理解
を深めていく. まず, 9.1節でパスワードやチャレンジ・レスポ
ンス方式などのいくつかのクライアント認証について学び, 特に
重要な公開鍵認証基盤（PKI）について9.2節で詳細に取り上げ
る. 広義のネットワークセキュリティには, パケットの暗号化な
どのセキュア通信プロトコル, ファイアウォールなどの不正アク
セス防止技術, 匿名通信などの情報ハイディング, バイオメトリ
クスなども含まれるが, これらについては, それぞれ, 第10章,
第11章, 第12章, 第13章を参照されたい.

■9.1　クライアント認証

認証：
authentication

　認証とは, 相手に本物であることを証明することである. 何が
「本物」であるかによって種類が異なり, 正規のユーザであること
の証明をユーザ認証, 正しいメッセージであることの証明をメッセ
ージ認証, 正しいクライアント（端末）であることの証明をクライ

アント認証と呼ぶ．例えば，従業員証を示して正しい従業員であることを守衛に納得させるのはユーザ認証，お札のすかしはそれが本物の貨幣であることのメッセージ認証である．従業員証に印刷された顔写真と実際の顔を見比べたり，高度な印刷技術でしか構成することのできない「すかし」を確認したりすることが，**検証**である．

検証：
verification

　しかしながら，1 と 0 のビット列しか送ることのできない 1 本の線でつながれたサーバとクライアントの間では，どうやって認証をすればいいのだろうか？　ネットワーク環境では，顔やすかしといった物理的な認証手段に頼ることはできない．ディジタル情報は品質の劣化なく複製することが容易なので，顔写真や音声などのマルチメディアデータを認証手段にすることも無意味である．そこで，暗号技術を用いて，次のようなクライアント認証が構成されている．1. パスワード認証方式，2. チャレンジ・レスポンス方式，3. 使い捨てパスワード方式，4. チケット方式，5. 公開鍵証明書，6. ゼロ知識証明[*1] などである．

*1　第 8 章参照

▌1. パスワード認証方式[*2]

*2　クライアントを介したユーザとサーバの認証（ユーザ認証）にも利用される．

　以後の節でも用いる記号を定義する．A を正規の証明者，B を正規の検証者とする．A はクライアント，B はサーバと置き換えて考えてよい．A から B へメッセージ M を送ることを，

$$A \rightarrow B : M$$

と表す．このとき，パスワード認証方式は，

$$A \rightarrow B : A, K_A$$

パスワード：
password

と表現できる．ここで，K_A は B に登録している A のパスワードである．B には，A のほかの正規のクライアントとそのパスワードを管理するためのデータベースがあり，そこで登録されているパスワードと照合することで A が正規か判断する．

　まったく単純なこのモデルには，その単純さゆえに幅広い応用例がある．ログイン時の認証だけではなく，スマートフォンでのパスコードの入力，銀行の ATM における暗証番号，ウェブにおけるユーザ認証など，基本的にはみなパスワード認証である．しかし，ローカルな認証ならばよいが，オープンなネットワークを介してのパスワード認証には次に挙げる明らかな問題がある．

暗証番号：
Personal
Identification
Number；PIN

| オンライン攻撃：
on-line attack | ①　**オンライン攻撃**：A と B の間のネットワークを盗聴できる第三者による攻撃．裸でパスワードが流れているならば，即，漏えいしてなりすましを許してしまう． |

① **オンライン攻撃**：A と B の間のネットワークを盗聴できる第三者による攻撃．裸でパスワードが流れているならば，即，漏えいしてなりすましを許してしまう．

② **オフライン攻撃**：B に保存されているパスワードのデータベースを解析し，パスワードを推測する行為．

③ **スケーラビリティ**：B に登録されている A の数の拡張に対する制約が小さいことや，複数の B をまたがる認証ができる性質をスケーラビリティという．

オンライン攻撃は，通信路に盗聴対策がされていないことだけを指すのではない．例えば，A と B の間で共有しているパスワード K_A を鍵とした共通鍵暗号通信を用いて次のプロトコルを考えよう．

$$A \to B : A, X = E_{K_A}(K_A)$$
$$B : K_A \overset{?}{=} D_{K_A}(X)$$

さて，このプロトコルは安全だろうか？　否．セッションを盗聴できる C を仮定すると，盗聴した X を記録しておき，後で B へ再送することで，A へのなりすましに成功してしまう．C は K_A を知らないので暗号文の中味はわからないが，B をだますには十分である．この不正行為を，**リプレイ攻撃**，あるいは，**再送攻撃**という．せっかく暗号技術を適用しても，正しい使い方をしないとまるで無意味となってしまう悪例である．リプレイ攻撃に対しても頑強なプロトコルを，以降で説明していく．

▌2.　チャレンジ・レスポンス方式

A と B が秘密 K を共有しているとする．

1. $A \to B : A$
2. $A \leftarrow B :$ 乱数 r
3. $A \to B : c = E_K(r)$
4. 　　$B : r \overset{?}{=} D_K(c)$ を検証

2 の乱数を**チャレンジ**，3 の暗号文 c を**レスポンス**と呼ぶ．ここで，B がチャレンジを動的に生成するのがポイントで，これによりリプレイ攻撃を防止している．つまり，盗聴者が c を盗んでも，次回にはまた異なる乱数 r で問われるので無効である．ただし，偶然に同じ r をつくってしまわないように，十分な大きさの r を使うか，

左欄外注：
- オンライン攻撃：on-line attack
- オフライン攻撃：off-line attack
- スケーラビリティ：scalability
- $A \overset{?}{=} B$ は，A と B が同じか検定をすることを意味する．
- リプレイ攻撃：replay attack
- チャレンジ：challenge
- レスポンス：response

二度と生成しないような機構が必要である.

*1　第5章ハッシュ関数参照

チャレンジ・レスポンス方式は, 共通鍵暗号だけではなく, SHA-256*1 などのハッシュ関数を用いて構成することもできる. これを H とすると, 元のプロトコルを次のように変更すればよい.

$r \| K$ は, r と K を文字列とみなした結合を表す.

$$3.\quad A \to B : c = H(r \| K)$$
$$4.\qquad B : c \overset{?}{=} H(r \| K)$$

ハッシュ関数の性質により, r を知らないで4を満足する c を構成するのは計算量的に困難であることが保証されている. この原理に基づいたものに, HMAC*2 があり, IP パケットレベルでのセキュリティ強化技術 IPSEC*3 などに用いられている.

*2　HMAC：Keyed-Hash Message Authentication Code 第10章10.2節1項参照

*3　IPSEC：IP Security, 第10章参照

▌3.　使い捨てパスワード方式

オンラインに対しては, リプレイ攻撃に対しても十分な耐性をもつチャレンジ・レスポンス方式は, 実はデータベースへの攻撃に弱い. クライアントとサーバが秘密に共有している鍵によって安全性が保証されているので, サーバには必ずクライアントと同じ秘密情報が管理されていなくてはならない. それゆえ, この秘密情報のデータベースが危険なのである. 外部からの攻撃だけではなく, 不正な管理者による内部犯行の可能性もある. クラウドなどの外部業者にサーバの管理を委託したいときもあるだろうから, そのような運用形態にはまったく不向きなプロトコルといえる. しかも, 全クライアントの秘密鍵が集中管理されているので, サーバが不正者に侵入されてしまったらすべてご破算である.

このように認証する二者間で対称的に秘密を共有するというプロトコルである以上は, データベース攻撃の問題が常について回る.

秘密共有：shared secret

この秘密を共有する形の認証方式を, **秘密共有**と総称する. パスワード認証もチャレンジ・レスポンス方式も, 後述するチケットによる認証方式も秘密共有である. では, 秘密共有でない認証方式にはどんなものがあるだろうか. もちろん, 公開鍵暗号に基づく方式は多くが秘密共有ではない. 公開鍵暗号に基づかなくても, ハッシュ関数 H を用いれば, 次のようにして秘密共有でない認証を実現できる.

① 登録フェーズ：

1. A：秘密情報 K を選ぶ．$x = H(K)$，$y = H(x)$

2. $A \to B : A, y$

A は秘密情報 K にハッシュ関数を2回適用し，その答え y だけを検証者 B へと登録する．もちろん，このときにはオフラインで第三種的な認証手段[*1]を用いて，A が正しい証明者であることを B に納得させたうえで登録する．ハッシュ関数の一方向性の性質により，B は逆関数を求めることができず，したがって，y から A の秘密情報 K はまったく漏れない．

② 認証：

1. $A \to B : x$

2. $B : H(x) \overset{?}{=} y$

認証のときには，A は x をばらす（K は秘密のままとする）．B はそれを1回だけ H に掛けて，その結果が登録されたものと同じかどうかを確かめる．

このプロトコルでは，B には A の秘密が残らないので，たとえ B が攻撃されても管理者が不正をしても，A の秘密情報は安全である．しかし，このままでは，1回認証したらまた再登録をしないといけない．そこで，ハッシュ関数を n 回繰り返し適用すれば，$n-1$ 回までは連続して認証ができる．これが，ランポート[*2]によって提案された**使い捨てパスワード**のプロトコルである．

① 使い捨てパスワード登録：

1. $A : x_1 = H(K)$，$x_2 = H(x_1)$，$\cdots$，$x_n = H(x_{n-1})$

2. $A \to B : A, x_n$

② 認証：

1. $A \to B : A$

2. $A \leftarrow B : n$

3. $A \to B : x_{n-1}$

4. $B : x_n \overset{?}{=} H(x_{n-1})$

現在の登録されている x_n のハッシュ回数 n はサーバ B が管理しており，A からの要求に対して現在の値を返す．A は，登録されている値より1つ前の x_{n-1} を示すことで，秘密 K を漏らすことなく，正しいクライアントであることを B に証明できる．B は A の登録内

*1 例えば，直接対面で渡す，DVD などのメディアを介するなど.

*2 ランポート：L. Lamport, LaTeX の作者としても有名.

使い捨てパスワード：
one-time password
このアイディアは S/key に実装された.

135

パスワードの塩

　Linux などのログインにおけるパスワード認証には，ランポートの使い捨てパスワードが用いられている．ただし，登録内容の更新はなく，毎回同じ認証情報がわたされる．すなわち，$n=1$ の場合とみなしてもよい．これは，管理者がパスワードファイルを見ても，そこからは直接実際のパスワードがわからないようにするためである．ただしそのままでは，複数のクライアントが偶然に同じパスワードを用いてしまったときに，登録内容を比較するだけでそのことがわかってしまう．そこで，実際には毎回登録時に乱数 r が生成され，パスワードに連結してハッシュした $y=H(r\|K)$ がパスワードファイルに書き込まれるようになっている．つまり，同じパスワードでもデータベースに書き込まれる値は変わってくる．この乱数は歴史的に「塩（salt）」と呼ばれている．パスワードに塩を振り掛けて，敵になめられないようにしようというのであろうか．

　容を x_{n-1} に更新し，次回には $n-2$ 番目のハッシュ値を要求する．最後の x_1 まで利用したら，再び一から登録を行う（演習問題参照）．

4. チケット方式

　秘密共有も使い捨てパスワード方式も，A と B の二者間での場合ならよいが，大規模なユーザが複数のサービスを利用する環境には適していない．例えば，サーバが B_1, B_2, $\cdots$, B_n の n 台あるとすると，秘密共有の場合には n 通りのパスワードを用意しなくてはならない．使い捨てパスワードの場合でも，再登録の処理が n 倍かかる．すなわち，これらのプロトコルは拡張性がない．日常生活においても，財布の中にキャッシュカードやクレジットカード，各種会員証などのカードを何枚も入れている人は少なくないことを思えば，拡張性の問題が現実的であることがわかるだろう．

信頼できる第三者：
Trusted Third
Party；TTP

　多くのアカウントを統合する常とう手段は，信頼できる第三者をおいてパスワードを集中管理することである．A と B のほかに，パスワード管理のための認証サーバ S をおいたプロトコルを考えよう．まず，それぞれが次のようにパスワード（秘密情報）を管理する．

$A : K_A$

$B : K_B$

$S : K_A, K_B$

ここで，K_A は A のパスワードであり，サーバ B が複数あったと
しても，常に1つだけを S に登録すればよい．A が S に対して認証
する基本プロトコルを示す．

1. $A \rightarrow S : A$ です．通信先は B です
2. $\quad S :$ セッション鍵 K をランダムにつくる
3. $S \rightarrow A : E_{K_A}(K)$
4. $S \rightarrow B : E_{K_B}(K)$
5. $A \rightarrow B : E_K(A)$

S が信頼点となり，セッション鍵を A と B の両方と共有させる．
B は，S を信用するかぎりは，S がつくった K を知っているクライ
アント A も信用できる．認証の副産物として，その後の暗号通信に
利用できるセッション鍵 K が AB 間で共有される．

このプロトコルは，TTP による第三者認証の最も単純なもので
あろう．シンプルでわかりやすい反面次の問題点がある．

① 耐故障性：すべての認証に S が介入しなくてはならず，S が
故障すると全システムが利用不能になる．

② 負荷集中：S への負荷が集中するので，運用規模に制約が生
じる．

ニーダム：
R. Needham

シュロダー：
M. Schroeder

チケット：ticket

＊ ニーダムとシ
ュロダーのプロト
コルは，MIT で開
発された認証シス
テム Kerberos に
実装され，Windows
のアクティブディ
レクトリに応用さ
れている．

ナンス：
nonce

そこで，ニーダムとシュロダーは，共通鍵による認証子**チケット**
を導入して上の課題を解決する次のプロトコルを設計した＊．

1. $A \rightarrow S : n_1, B$
2. $A \leftarrow S : E_{K_A}(n_1, B, K, T_B)$
3. $A \rightarrow B : T_B, E_K(n_2)$
4. $A \leftarrow B : E_K(n_2 - 1, n_3)$
5. $A \rightarrow B : E_K(n_3 - 1)$

ただしここで，n_1, n_2, n_3 は毎回生成される乱数であり，$n+1$ や $n-1$
という簡単な演算を施すことで，互いに暗号文を復号できることを
確認する目的に利用されている．このような乱数を**ナンス**という．
リプレイ攻撃を完全に防止するには，一度使われたナンスは二度と
利用されてはならない．また，B へのチケット T_B は次のように定

義されている.

$$T_B = E_{K_B}(A, K)$$

チケットをもらった A は，その中身を見ることはできない．しかし，これを B に提出すると，B はチケットを復号できるので，サービスを要求しているのが正しい A であることを知る．なぜならば，このチケットをつくることができるのは自分（B）のほかには，信頼していた S しかいないので，基本プロトコルと同様に S を信頼点として，A を認証できるからである.

▍5. 公開鍵証明書

現在最も主流となっている認証は，公開鍵証明書による PKI である．セキュアプロトコル SSL/TLS，S/MIME などのいずれも，この方式によってクライアント認証を実現している.

公開鍵証明書は，本質的には，ユーザの名前（ID）の識別子 A とその公開鍵 P_A を認証局 CA による署名

$$\sigma_A = \mathrm{Sign}_{S_C}(A \| P_A)$$

である．ここで S_C は CA の秘密鍵である．公開鍵証明書のフォーマットや付帯情報の詳細は 9.2 節で述べる.

チケットがサービス内容を明記した切符に例えられるのに対して，公開鍵証明書は不特定のサービスに適用できるパスポートと考えるとわかりやすい．チケットは指定されたサービス提供者に検証され，公開鍵証明書は任意のユーザが検証できるからである.

公開鍵証明書：
public-key certificate

公開鍵証明書を用いた認証は，これまでに扱ってきた（1）オンライン攻撃，（2）オフライン攻撃，（3）スケーラビリティのすべての要請を満たしている．盗聴やリプレイに対して安全なのは明らかであり，サーバ側に登録されるのは利用者の ID と公開情報のみなので，オフラインでサーバを攻撃されることは脅威にならない．認証局*の信頼のもと，検証できるサーバの数には制限がなく，次節で解説する PKI により十分拡張する．これまでに述べた認証技術とこれらの攻撃に対する安全性の関係を表 9.1 に整理する.

＊　9.2 節 2 項参照

表 9.1　各クライアント認証と安全性

	耐オンライン攻撃	耐オフライン攻撃	スケーラビリティ
1. パスワード認証方式	弱い	弱い	弱い
2. チャレンジ・レスポンス方式	強い	弱い	弱い
3. 使い捨てパスワード方式	強い	強い	弱い
4. チケット方式	強い	弱い	強い
5. 公開鍵証明書	強い	強い	強い

■9.2　公開鍵認証基盤（PKI）

PKI：Public-Key Infrustructure

＊　エンティティ（entity）はユーザまたはコンピュータ，IC カードなどの端末で秘密鍵を保有する対象である．subject ともいう．

　PKI の目的は，エンティティ＊がそれぞれ自分の秘密鍵と公開鍵をもっているという社会基盤をつくることである．PKI は，電子認証やディジタル署名や暗号化通信などに不可欠なものであり，今日の情報化社会を支える重要な社会基盤である．

■1. PKI の基本的な主体

　PKI に基づく認証は，エンティティと認証者という基本的な主体の関係で構成されている．

（a）エンティティ

　エンティティとは，PKI において公開鍵暗号の秘密鍵と公開鍵の対を所有している主体である．公開鍵を使った認証プロトコルやディジタル署名システムなどにおいて，エンティティは自分の秘密鍵によって自分であることを証明する．例えば，ウェブサーバのドメイン名，電子メールにおけるメールアドレス，スマホアプリにおけるアプリ開発者名などがエンティティである．

認証者：certificate issuer

（b）認証者

　認証者とは，公開鍵とエンティティの結びつきの正統性を保証する主体である．認証者は一定のポリシーに基づいてエンティティとその公開鍵の対応を確認し，その公開鍵に対して，自分の秘密鍵を使用してディジタル署名を行う．この認証者のディジタル署名によって，その公開鍵がそのエンティティのものであることが保証されることになる．

▌2.　公開鍵証明書

公開鍵証明書とは，エンティティとその公開鍵との結びつきの保証を目的とする電子的な証明書である．公開鍵証明書[*1]には，エンティティの公開鍵とエンティティの名前，認証者の名前，有効期限などのその証明書の使用に関する情報が記載される．公開鍵証明書には，認証者によるディジタル署名がつけられる．このディジタル署名によって公開鍵証明書のエンティティと記載内容の完全性が保証される．

＊1　公開鍵証明書：ディジタル証明書（digital certificate）と呼ぶときもある．

（a）公開鍵証明書のディジタル署名の検証

公開鍵証明書のディジタル署名の検証には署名者である認証者の公開鍵が必要となる．この公開鍵を得るには，再び認証者の公開鍵証明書が必要となる．そして，その認証者の公開鍵証明書のディジタル署名を検証するには，さらにその認証者の公開鍵証明書が必要になる．この連鎖的な公開鍵証明書の検証過程を図9.1に示す．

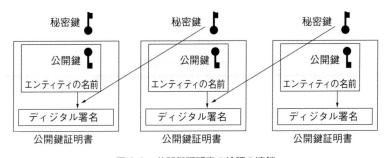

図9.1　公開鍵証明書の検証の連鎖

（b）公開鍵証明書の構造

公開鍵証明書の構造の例として，X.509公開鍵証明書（RFC 5280）の構造を表9.2に示す．ここでDNはOSIの識別名のことである．

識別名：Distinguished Name

（c）認証局[*2]

認証者は，検証者から見て信用できる主体であれば普通の個人であってもかまわないが，信頼される機関であることが現実的である．今日，多くの商用の認証局が運用しているPKIでは，このような機関を**認証局（CA）**と呼んでいる．

認証局には，大きく分けて登録機関（RA）と証明書発行機関

＊2　認証局：certification authority；CA，9.1節5項参照

表 9.2　X.509 公開鍵証明書の構造

バージョン番号 (Version)	X.509 公開鍵証明書形式のバージョン番号
シリアル番号 (Serial Number)	公開鍵証明書ごとにつけられた一意に識別される番号
署名アルゴリズム (Certificate Signature Algorithm)	公開鍵証明書への署名アルゴリズムの識別子
発行者 (Issuer)	公開鍵証明書の発行者の名前（DN）
有効期限 (Validity)	公開鍵証明書の有効期間
エンティティ (Subject)	公開鍵証明書の所有者の名前（DN）
エンティティの公開鍵 (Subject Public Key Info)	エンティティの公開鍵とそのアルゴリズムの識別子
発行者識別子 (Issuer Unique Identifier)	発行者の一意となる識別子（オプション）
エンティティ識別子 (Subject Unique Identifier)	エンティティの一意となる識別子（オプション）
拡張領域 (Extensions)	公開鍵証明書の用途の範囲や使用方法などに関する付加情報のための領域

（IA）という 2 つの機能がある．

（d）登録機関

登録機関：
registration
authority；RA

登録機関（RA）とは，公開鍵証明書発行時に申請者の確認をする窓口となる機関である．PKI による確認の信頼度は，この RA が行う申請者の確認の信頼性に依存することになる．RA は，申請者の確認を行うと，IA に対して公開鍵証明書発行要求を行う．

（e）公開鍵証明書発行機関

公開鍵証明書発行機関：
issuing
authority；IA

公開鍵証明書発行機関（IA）とは，RA からの公開鍵証明書発行要求に応じてディジタル署名を施して公開鍵証明書を作成する機関である．IA の重要な役割は，公開鍵証明書を発行するための秘密鍵を漏えいや目的外の使用から守ることである．このために，IA に要求されるセキュリティレベルは非常に高くなるのが普通である．IA の用途によっては，建物の構造，ハードウェア管理，ソフトウェア管理，ネットワークシステム管理，人的管理，災害対策など

を含む包括的なセキュリティ管理を義務づけられる場合がある．

▌3. PKIの信用モデル

　公開鍵証明書を信用するためには，認証局が信用できるものでなければならない．PKIが広域的なセキュリティインフラとして機能するようになるためには，広域的に存在する認証局を信用するための手段が必要である．認証局の間の相互的な信用関係の構造を**PKIの信用モデル**という．

（a）公開鍵証明書の検証経路

　公開鍵証明書の検証とは，それを発行した認証局の公開鍵証明書をさかのぼりながら検証者が信用する認証局まで連鎖的に検証を行うことである．この検証に必要となる公開鍵証明書の系列を**公開鍵証明書の検証経路**と呼ぶ．

（b）ルート認証局とトラストアンカ

ルート認証局：
root CA

トラストアンカ：
trust anchor

　ルート認証局は，信用の起点となる認証局であり，PKIの頂点となる自己署名の認証局のことである．信用の起点のことを，**トラストアンカ**と呼ぶこともある．

▌4. PKIの相互認証モデルの構造

　次にPKIの典型的な相互認証モデルの構造を挙げる．

（a）階層構造型

　階層構造型の相互認証モデルは，最も単純で古典的なPKIの信用構造である（図9.2）．

　この信用モデルでは，上位の認証局が下位の認証局の認証者となって公開鍵証明書を発行するというものである．階層構造型の信用モデルでは，最上位の認証局の公開鍵証明書を，検証者のトラストアンカにするという信用モデルに立っている．階層構造型の相互認証モデルで複数のPKI領域を接続する場合，統合されたすべてのPKI領域の検証者が最上位の認証局の公開鍵証明書をトラストアンカにできなければならない．

（b）その他

　OSやウェブブラウザにあらかじめインストールされている認証局の公開鍵証明書をトラストアンカにするモデルなどがある．

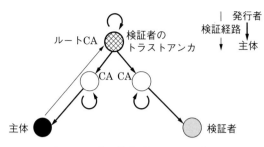

図 9.2　階層構造型相互認証モデル

9.3　公開鍵証明書の失効

　公開鍵証明書の有効期限が切れる前に，何らかの理由でその公開鍵証明書を使えなくしなければならなくなることがある．例えば，秘密鍵の漏えいや証明書申請者の不正発覚などがそのようなケースとして挙げられる．このような事態が発生すると，その公開鍵証明書を使った不正を防止するために，その公開鍵証明書が失効しているという情報を公開して一刻も早く検証者に危険性を知らせる必要がある．

　公開鍵証明書失効の公開の手段には，CRLに代表される一定の時間ごと周期的に失効した公開鍵証明書のリストを発行する方法と，OCSPに代表されるオンラインで公開鍵証明書の状態を問い合わせる方法がある．

CRL：
Certificate
Revocation List

OCSP：
Online Certificate
Status Protocol

（a）CRL

　CRLとは，失効した公開鍵証明書のリストである．それに権威機関がディジタル署名して配布する．CRLの内容は，失効した公開鍵証明書のシリアル番号のリストとそれぞれの失効理由などの付加的情報である．CRLの署名者は，通常はその公開鍵証明書を発行した認証局である．

CRL 配布点：
CRL distributed
point

（b）CRL 配布点

　CRL 配布点とは，公開鍵証明書に埋め込まれた CRL の配布場所の指定のことである．X.509 バージョン 3 の公開鍵証明書の標準には，拡張領域としてCRL配布点が記述できるようになっている．区

分 CRL とは，CRL を複数の部分に分割して管理する方法である．
区分 CRL は，公開鍵証明書にその公開鍵証明書の失効情報の存在
場所を定義しておき，その公開鍵証明書を検証するときにその場所
を検査するという方法で実現される．

(c) OCSP

OCSP は，OCSP サーバと呼ばれる信頼できるサーバで公開鍵証
明書の失効情報を管理するオンライン問合せ型の失効情報管理方式
である．OCSP は，OCSP サーバへの OCSP 要求とそれに対する
OCSP 応答によるプロトコルである．OCSP 要求には，状態を調べ
たい公開鍵証明書の識別子，認証局の DN のハッシュ，認証局の公
開鍵のハッシュ，公開鍵証明書シリアル番号の組の情報などが入れ
られる．OCSP 応答には，応答識別子，応答者の識別子，公開鍵証
明書の状態，失効情報の更新時間，失効情報の次回更新時間，ディ
ジタル署名などの情報が入れられる．

OCSP：
Online Certificate
Status Protocol

OCSP サーバ：
OCSP responder

OCSP 要求：
OCSP request

OCSP 応答：
OCSP response

9.4　PKIの応用

PKI の利用は，当初の目的であったエンティティ認証から，電子
的な文書へのディジタル署名などのメッセージ認証などに広がって
いる．表 9.3 に応用分野と主な利用例を整理する．

表 9.3　PKI の応用分野

用途	例
エンティティ認証	SSL/TLS（ウェブサイト） クライアント証明書 S/MIME（電子メール） マイナンバーカード（公的利用者認証など）
メッセージ認証	タイムスタンプ 公的文書のディジタル署名（PDF） マイナンバーカード（e-Tax 電子申告）
コード認証	スマホアプリ（コードサイニング証明書） PC ソフトウェア検証

(a) エンティティ認証

公開鍵対を所有するエンティティ（主体）には，サーバなどのモノと人の2種類がある．モノの代表例が，SSL/TLSで用いているウェブサイト（サーバ）の真正性を証明する公開鍵証明書であり，単にPKIというとこの利用を指す場合が多い．一方，本人を認証するPKIの用途としては，電子メールにおけるS/MIMEやマイナンバーカードにおける公的個人認証などが挙げられる．後者は，政府に裏付けられた公的なPKIという意味で，Governmental PKI（GPKI）と呼ばれる．なお，SSL/TLSにおいては，サーバ側の認証が必須であるが，オプションでクライアント側もクライアント証明書を用いて本人認証に利用することもできる．

(b) メッセージ認証

任意のメッセージに対してその真正性を証明することを，メッセージ認証という．メッセージの例としては，時刻（タイムスタンプ），官報などの公的な文書（PDF），電子納税申告書（e-Tax）などがある．これらは，いずれも対象となるメッセージの完全性の保証，メッセージの署名者の真正性の保証目的で用いられる．ディジタル署名の形式は，RFCに従ったフォーマット，Adobe社のPDF，XML署名など多様なものが用いられるが，公開鍵証明書にはX.509形式が共通して用いられる．

(c) コード認証

メッセージを人が読むテキストでなく，機械可読なプログラムとした応用をコードサイニングという．プログラムに情報漏えいなどの脆弱性がなく，定められた規程に従って検査済みであることをアプリ提供者が証明する目的に用いる．スマートフォンのアプリでは，プログラム開発者，または，委託されたアプリ配布者の公開鍵証明書を用いて，アプリに対してディジタル署名を行い，不正者による偽のアプリが混在することを防止している．PC向けのパッケージソフトウェアやサブスクリプションでも同様なディジタル署名が用いられている．

コードサイニング:
code signing

このように，PKIはサイバー空間と現実空間にてエンティティやメッセージのセキュリティを支える確かな社会基盤となっている．

■9.5　多要素認証

多要素認証：
Multi-Factor
Authentication

　9.1 節で学んだ各種認証をより強固にする手段として，多要素認証の導入が進んでいる．2019 年の調査[5]では，58 ％の役員が多要素認証が最も効果的なセキュリティマネジメントツールであると認識しており，8 割の企業で多要素認証が導入されているという．多要素認証とは，記憶やデバイスに基づいた複数の認証手段を組み合わせる本人認証手段である．図 9.3 に示すように，ここでいう要素とは，記憶に基づくパスワード，アプリの通知やスマートフォンのSMS などのデバイスを用いた認証手段，指紋や顔などの生体情報などの，異なる認証手段を指している．これらの認証手段の中から異なる 2 つを使う認証を，特に，二要素認証という．

二要素認証：
2FA,
2-Factor
Authentication

　図 9.4 に，SMS を用いた二要素認証の流れを示す．
① 　ユーザのクライアントからサーバに認証要求（あるいはパスワード）を送る．
② 　サーバは，使い捨ての新規の認証コード（12345）を生成し，登録されていたユーザの電話番号に宛てて SMS で通知する．
③ 　ユーザは，受信した認証コードをクライアントからサーバに送り，サーバはそれが自分で生成したコードと同じであれば正規のユーザであると認める．

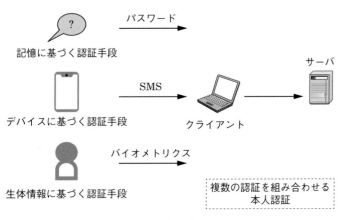

図 9.3　多要素認証

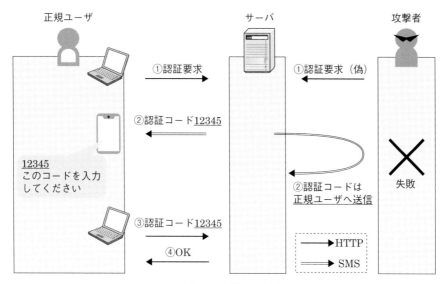

図9.4 二要素認証の流れ

　もしも，ユーザのパスワードが漏えいしても，攻撃者はそれだけでは正規ユーザになりすますことができない．図9.4右のように，②において認証コードは正規のユーザの元に送られてしまい，認証手続きを終えることができないからである．逆に，スマートフォン（デバイス）だけが盗まれても，①のパスワードがわからなければ，なりすましを成功させることはできない．通信路の盗聴の脅威に対しても，HTTPとSMSの両方を盗聴する必要があるので，安全性が向上している．このように，複数の要素を組み合わせることで，単一の認証手段の漏えいの脅威に対して頑強になっている．

　単一の通信手段でも，複数段階に分けることで安全性を高める効果がある．例えば，図9.4において，②のステップをSMSの代わりに，HTTPとして，登録済みのメールアドレスに使い捨ての認証コードを送る例を考えてみよう．このような認証を，二段階認証という．

演 習 問 題

問 1 ランポートの使い捨てパスワード方式では，n 回認証したら再び初期パスワード K を選び直して再登録しなくてはならない．同じ K を使い続けられるようにプロトコルを改良せよ．

問 2 ナンスを決して一度使った値が出ないように生成する方法を考えよ．ナンスを使わないで同じことを実現するにはどうしたらよいか．

問 3 オンライン型失効問合せ方式の CRL に対する利点と欠点を考えよ．

問 4 二段階認証において，安全性が向上する理由を述べよ．また，多要素認証と比較せよ．

第10章

インターネット
セキュリティ

　本章では，インターネットで利用されているセキュア通信プロ
トコルのうち，広く世の中で利用されている3つのプロトコルに
ついて述べる．図10.1にそれらプロトコルの位置づけを示す．
IPレベルのセキュリティを実現するIPSEC，セッションレベル
でのセキュリティを実現するTLS，そしてアプリケーションレ
ベルでは，電子メールのセキュリティを実現するS/MIMEにつ
いて述べる．

10.1　IPSEC

IPSEC：
IP Security

IPv4：
IP version 4

IPv6：
IP version 6

　IPSEC は，IP層での暗号化と認証を行うための規格である．IP
そのものの規格は，IPv4 と IPv6 が存在するが，IPSEC はそれら両
方に適用される．

　IPSECでは認証ヘッダを利用して，改ざん防止およびパケットの
送信元確認が行われる．またパケットを暗号化することにより，通
信路上での盗聴を防ぐ．

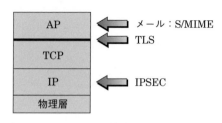

図 10.1　セキュア通信プロトコルの位置づけ

▌1.　セキュリティアーキテクチャ

　IPSEC は，鍵管理方式とプロトコル自体の分離，IPv4 と IPv6 で利用可能であること，セキュリティ機能なしの IP と共存可能であることを特徴としている．

　IPSEC では，通信する互いのノード間のセキュリティに関わる論理的関係を**セキュリティ関連**（**SA**）と呼ぶ．このセキュリティ関連を識別するものが**セキュリティパラメータ指標**（**SPI**）であり，プロトコルで利用する暗号アルゴリズムなどが定義されている．

　お互い利用する暗号アルゴリズムや，鍵の情報については，手動で設定する場合もあれば，オンラインで動的に設定する場合もある．オンラインの鍵交換のしくみも各種提案されている．代表的なものとして IKE がある．

▌2.　認証ヘッダ（AH）

　認証ヘッダは，IPv4 ではオプションフィールドに位置づけられ，IPv6 では拡張ヘッダに位置づけられる．

　認証ヘッダの形式を図 10.2 に示す．

① 　ネクストヘッダ（ペイロードタイプ）：ペイロードデータのタイプを表す．

② 　ペイロード長：認証データの長さを，32 ビットを 1 単位として数えた数値として表す．

③ 　予約領域：将来の拡張のためのフィールドを表す．すべて 0 を設定する．

④ 　セキュリティパラメータ指標：32 ビット長の任意のデータ値である．相手先アドレスと組み合わせて，セキュリティ関連を

セキュリティ関連：
Security
Association ; SA

**セキュリティパラ
メータ指標：**
Security
Parameter
Index ; SPI

IKE：
Internet Key
Exchange

AH：
Authentication
Header

**ペイロードタイ
プ：** Next Header

ペイロード長：
Payload Length

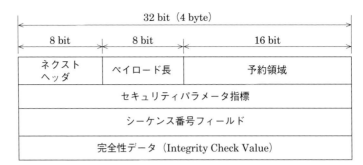

図10.2　認証ヘッダの形式

識別するために利用する.

シーケンス番号フ
ィールド：
Sequence
Number Field

*1　リプレイ攻
撃：
Replay Attack,
9.1 節 1 項参照.

*2　サイクリッ
ク：Cyclic, 循環
的, 同じ数列が繰
り返し用いられる
こと.

完全性データ：
Integrity Check
Value

*3　パディング：
Padding, 第 5 章
5.2 節 3 項参照

⑤　シーケンス番号フィールド：送信側は, 順次増加する番号を指定する. リプレイ攻撃[*1]防止のために利用される. 受信側がこのフィールドを利用するかは任意であるが, リプレイ攻撃を防止するためには, この値はサイクリック[*2]ではだめで, 新しいセキュリティ関連のたびにリセットする必要がある.

⑥　完全性データ：パケットの完全性検証のための値で, 32 ビット単位のデータである. 32 ビット単位になるようにパディング[*3]が施される. 認証データは, セキュリティ関連で選択されたアルゴリズム（HMAC）を利用して IP パケットから生成される. IP パケットの中で, 転送途中で変更のあるフィールドは, IPv6 では, 拡張ヘッダを認証データに取り込むかどうかをオプションタイプフィールドで指定できるようになっている.

3. ESP

ESP：
Encapsulating
Security Payload

トンネルモード：
Tunnel Mode

トランスポートモ
ード：
Transport Mode

ESP は, IP パケットの暗号化を行う. ESP には, **トンネルモード**と**トランスポートモード**と呼ばれる 2 つの使い方がある. トンネルモードは, IP パケット全体を暗号化し, それを IP パケットとして運ぶ. トランスポートモードは, IP パケットで送ろうとするデータ部分を暗号化する. 図10.3 にトンネルモードとトランスポートモードの違いを示す. また, ESP の形式を, 図10.4 に示す.

①　セキュリティパラメータ指標：セキュリティ関連を識別し, 暗号化に必要なアルゴリズムなどを得る.

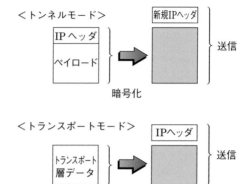

図 10.3　トンネルモードとトランスポートモード

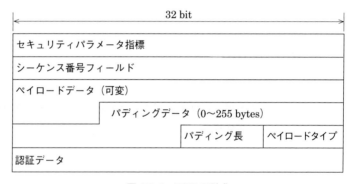

図 10.4　ESP の形式

② シーケンス番号フィールド：送信側は，順次増加する番号を指定する．リプレイ攻撃防止のために利用される．

③ ペイロードデータ：暗号化データ．暗号のモードによっては，ペイロードデータの先頭からを初期値データなどに利用する場合がある．暗号運用モードに応じた初期化ベクトル (IV)[*1] が設定される．

④ パディングデータ：暗号化に必要なパディングを実施する．あるいは，トラヒック[*2]解析の防止のために，ダミーデータをパディングする場合もある．

⑤ パディング長：パディングデータの長さ．

*1　IV: Initialization Vector（初期化ベクトル）または Initial Vector（初期ベクトル），第5章5.2節参照

*2　第11章11.2節参照

⑥　ペイロードタイプ：ペイロードデータのタイプを表す．

⑦　認証データ：完全性検証のためのデータで，オプションである．セキュリティ関連で指定されていた場合のみ有効である．

10.2　TLS

TLS：
Transport Layer
Security

SSL：
Secure Socket
Layer

＊1　IETF：
Internet
Engineering Task
Force，インター
ネットプロトコル
の標準化組織．

TLS は，SSL として長く知られてきた．SSL は，Netscape 社がブラウザ通信のセキュリティを確保するために開発したプロトコルである．その後 IETF[*1] で TLS として標準化が進められてきた．ソケットレベルでのセキュリティを実現しているために，ブラウザだけでなく，いろいろなアプリケーションでの利用が可能である．

TLS では，通信する 2 つのプロセス間のセッションとコネクションと呼ばれる 2 つの状態を管理している．セッションでは，通信に用いる暗号アルゴリズムの種類などの一般的情報を保持し，コネクションでは，実際の暗号化/復号で利用される鍵の情報などを保持している．

TLS は，レコードプロトコルとハンドシェイクプロトコルの 2 層に分かれる．

1.　レコードプロトコル

＊2　第 2 章 2.2
節参照

レコードプロトコルでは，データ暗号化のために共通鍵暗号を利用する（例：AES[*2] など）．暗号化のための鍵は，コネクションごとに一意的に生成される．鍵は，後で述べるハンドシェイクプロトコルにより秘密に共有される．

メッセージ認証
子：
Message
Authentication
Code；MAC

メッセージ認証子は，メッセージから作成されるデータで，メッセージとともに送ることで，メッセージの完全性を認証する技術である．同じ鍵を共有する二者間で鍵をパラメータとしたハッシュ関数を利用した HMAC がある．

コネクション単位で，以下のセキュリティパラメータを管理している．

①　コネクションエンド：当該コネクションにおいて当該実体がサーバかクライアントかの識別．

② 大量データの暗号化アルゴリズム：大量データの暗号化に利用するアルゴリズム．

③ MAC アルゴリズム：利用する MAC アルゴリズム（SHA2 ファミリー）

④ 圧縮アルゴリズム

⑤ マスター鍵：二者間で共有する 48 バイトの秘密情報．

⑥ クライアントランダム：クライアントが生成する 32 バイトの乱数．

⑦ サーバランダム：サーバが生成する 32 バイトの乱数．

データ形式の例

① タイプ：レコードプロトコルを利用する上位層のプロトコルを識別する．

② バージョン：プロトコルのバージョンを表す．

③ フラグメントデータ長

④ フラグメントデータ

▌2.　ハンドシェイクプロトコル

ハンドシェイクプロトコルでは，以下の 3 つの機能を実現し，安全なコネクションを提供する．

(1) 通信相手の認証を公開鍵暗号を用いて行う．

(2) 鍵共有を安全に行う．認証されたコネクション上では，間に攻撃者がいてもその鍵を得ることはできない．

(3) ネゴシエーション*1 が信頼できる．通信相手の双方に知られることなく攻撃者がネゴシエーションを改変することができない．

ハンドシェイクプロトコルは，以下のセッション*2 を管理している．

・セッション識別子

・公開鍵証明書

・暗号仕様

・マスター鍵

・セッション再開フラグ

ハンドシェイクプロトコルは，以下のサブプロトコルを含む．

*1　交渉のこと．ここでは，二者間で利用する通信仕様を調整，決定すること．

*2　クライアント・サーバ間における共通の暗号仕様をもつコネクションの集合．

① 暗号仕様変更プロトコル：利用する暗号アルゴリズムを変更する場合に利用される．

② 警報（アラート）プロトコル：コネクションの終結や致命的なエラーを通知するために利用される．

ハンドシェイクプロトコルは次の手順である．

(1) アルゴリズム，乱数の交換，セッションの再利用に関してハローメッセージを交換する．

(2) 暗号化のための暗号スイート（パラメータ）を交換する．

(3) 認証のための公開鍵証明書，暗号化情報を交換する．

(4) 交換した乱数などを用いマスター鍵を生成する．

(5) レコード層にマスター鍵を提供する．

(6) クライアントとサーバで同じマスター鍵を計算することで，クライアントとサーバ間で秘密通信できるようになる．

セッションのない状態を図 10.5（a），既存のセッションを利用する場合を図 10.5（b）に示す．

① クライアント・ハロー：クライアントが最初にサーバに接続するとき，サーバからハロー要求を受け取ったとき，セキュリティパラメータを変更するとき，クライアントから送信される．

② サーバ・ハロー：サーバがクライアント・ハローに対応するアルゴリズムをもつ場合に，応答として送信される．対応するアルゴリズムがない場合には，失敗の警報が送信される．

③ サーバ公開鍵証明書：サーバの公開鍵証明書を送信する．

④ サーバ鍵交換：サーバ公開鍵証明書だけでは，その後の鍵交換に情報が不足する場合に，このメッセージが送信される．

⑤ 公開鍵証明書要求：クライアントからの公開鍵証明書を要求する．

⑥ サーバ・ハロー終了：一連のサーバ・ハローのシーケンスの終わりを示す．このメッセージ送信後，サーバはクライアントからのメッセージを待つ．

⑦ クライアント公開鍵証明書：サーバからの公開鍵証明書要求により，クライアントから送信される．オプションである．

⑧ クライアント鍵交換：マスター鍵の元となる情報を送信する．

⑨ 証明書検証：クライアント公開鍵証明書を検証するために利

クライアント・ハロー：
Client Hello

ハロー要求：
Hello Request

サーバ・ハロー：
Server Hello

サーバ公開鍵証明書：
Server Certificate

サーバ鍵交換：
Server Key Exchange

公開鍵証明書要求：
Certificate Request

サーバ・ハロー終了：
Server Hello Done

クライアント公開鍵証明書：
Client Certificate

クライアント鍵交換：
Client Key Exchange

公開鍵証明書検証：
Certificate Verify

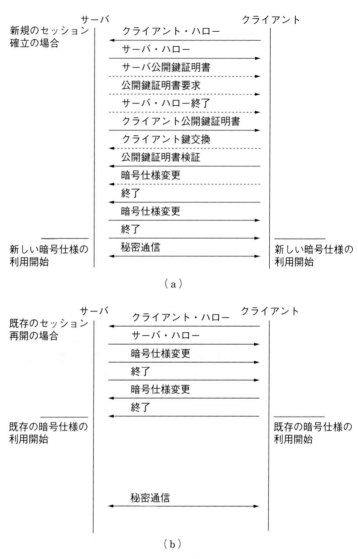

図 10.5　ハンドシェイクプロトコルの処理概要

終了：Finished

暗号仕様変更：
Change Cipher
Spec

用する．これは，ディジタル署名用アルゴリズムをもつ場合に
ディジタル署名とともに送信される．

⑩　終了：暗号仕様変更メッセージの後，鍵交換と認証プロセス
が終了したことを示すために送信される．双方からのこのメッ

セージにより，共有するマスター鍵および利用する署名方式，
共通鍵暗号方式が確認される．この情報を利用して秘密通信が
開始される．

▌3. TLS の安全性

TLSに対する多くの脆弱性が指摘され，バージョンの更新が行わ
れてきた．例えば，初期のSSL2.0は，対応している暗号スイートの
中で最弱のものを選択させるダウングレード攻撃を受けた．SSL3.0
は，ブロック暗号のCBCモードのパディングに脆弱性を用いた
POODLE攻撃に弱い．

POODLE：
Padding Oracle
on Downgraded
Legacy
Encryption

これらの新たな脆弱性が発見されるたびに，TLSはバージョンを
更新しており，2018年にTLS1.3がRFC 8446として公開されてい
る．TLS1.3では，脆弱性の原因となる古い暗号（RC4など）や暗号
モード（CBCなど），データ圧縮機能などが廃止された．RSA暗号
を用いて鍵交換を行うと，ひとたび暗号鍵が解読されるとそれを用

前方秘匿性：
Forward Secrecy

いて生成したマスター鍵もすべて解読されてしまう．これを，前方
秘匿性が満たされないという．そこで，RSA暗号だけからなる暗号
スイートが廃止され，代わりにだ円曲線暗号に基づくECDHEや
DHE（Ephemeral＝一時的な鍵を用いるDH鍵共有）が採用されて
いる．

▌10.3 S/MIME

インターネットの発展とコンピュータの普及によって電子メール
は今や日常生活，ビジネスで誰もが普通に利用する通信手段となっ
た．しかし，インターネット経由の電子メールのやり取りには盗
聴・改ざん・なりすましといったセキュリティの問題がつきまとう．
そこで，セキュリティの問題を暗号技術により解決する暗号電子メ

S/MIME：
Secure/
Multipurpose
Internet Mail
Extensions

ールの必要性が高まっている．S/MIMEは暗号電子メールの国際標
準である．

▋1.　暗号電子メールの目的

　暗号電子メールは，盗聴，改ざん，なりすまし，否認といったセキュリティの問題をエンドツーエンドで（中継ルータに頼らないで）解決することを目的としている.

（a）盗聴防止

　電子メールの盗聴とは，電子メールの内容を意図しない第三者が読むことである．ネットワーク機器に盗聴装置を取りつけられたり，電子メールを中継するコンピュータが不正に侵入されたりすることで発生する．電子メールを暗号化することで，盗聴されても内容が判別できないようにすることができる.

（b）改ざん防止

　電子メールの改ざんとは，電子メールの内容が，送信後に不正に変更されることである．主に電子メールの中継コンピュータへの不正侵入者が，中継する電子メールの内容を変更することで発生する．電子メールに署名をつけることで改ざんを防止することができる.

（c）なりすまし防止

　なりすましとは，悪意のある第三者が，別の送信者のふりをしてメールを送信することである．主に，メールの"from"フィールド[*1]や，本文中の送り主情報を偽ることでなりすましができる．しかし，電子メールに署名をつけることでなりすましが防止できる.

（d）否認防止

　否認とは，電子メールを送信した事実，受信した事実を送信者，受信者が否定することである．電子メールに署名をつけることで送信の否認を防止することができる[*2].

▋2.　暗号電子メールの基本機能

　暗号電子メールの基本機能は，親展機能と署名機能である．親展機能は，盗聴を防止する効果がある．一方，署名機能は，改ざん，なりすまし，否認を防止する効果がある.

（a）親展機能

　親展機能とは，電子メールを意図した受信者しか読めないように暗号化する機能である．親展機能は共通鍵暗号と公開鍵暗号を組み

*1　送信元を指定するための制御行．メールのヘッダの一部として送受信されている.

*2　受信否認を防止するには，配達証明を実現する郵便局のような信頼できる第三者機関の介在が一般に必要となる.

親展データ：
Enveloped Data

合わせることで実現される．電子メール本文の暗号化には共通鍵暗号を用いる．その際に利用した鍵の暗号化に公開鍵暗号を用いる．

以下に暗号化，復号の手順を示す．

① 送信者側処理

(1) 共通鍵暗号の鍵（セッション鍵）を生成する．

(2) 電子メール本文をセッション鍵で暗号化する．

(3) 受信者の公開鍵証明書を取得し，検証する．その後，その公開鍵証明書から公開鍵を取得する．

(4) セッション鍵を受信者の公開鍵で暗号化する．

(5) 上記情報を組み合わせて親展データとして相手に送る．

② 受信者側処理

(1) 受信した親展データから暗号化されたセッション鍵を取り出す．

(2) 秘密鍵でセッション鍵を復号する．

(3) 復号されたセッション鍵で，暗号化された本文を復号する．

(b) 署名機能

署名機能とは，電子メールの送信者が，正しい送信者であること，電子メールの内容が改ざんされていないことを保証する機能である．署名機能は，ディジタル署名により実現される．

以下に署名の生成，検証手順を示す．

① 送信者側処理

*　メッセージのハッシュ値をメッセージダイジェスト（message digest）と呼ぶことがある．

(1) 電子メール本文のハッシュ値*を計算する．

(2) メッセージのハッシュ値と秘密鍵を用いて，ディジタル署名を生成する．

(3) ディジタル署名，電子メール本文，送信者の公開鍵証明書を組み合わせて署名データとして送る．

② 受信者側処理

署名データ：
Signed Data

(1) 署名データからディジタル署名と電子メール本文と送信者の公開鍵証明書を取り出す．

(2) 公開鍵証明書を検証後，公開鍵証明書から公開鍵を取り出す．

(3) 電子メール本文からメッセージのハッシュ値を計算する．

(4) ディジタル署名を送信者の公開鍵で検証する．

(5) (3)，(4) の結果が一致することを確認する．

▌3. S/MIME の規約概要

　S/MIME では，親展データ，署名データのフォーマットおよび公
開鍵証明書のフォーマット，および使用する暗号アルゴリズムが規
定されている．

（a）親展データ，署名データ

　表 10.1，表 10.2 に親展データ，署名データに含まれる項目の概要
を示す．

表 10.1　親展データ（Enveloped Data）

項　目	説　明
バージョン（version）	署名データフォーマットのバージョン
親展元（送信者）情報 （originatorInfo）	親展元（送信者）の ID（オプション）
親展先（受信者）情報 （recipientInfos）	親展先（受信者）の ID と暗号化されたセッション鍵
暗号化内容情報 （encryptedContentInfo）	セッション鍵で暗号化された内容情報
未暗号化属性 （unprotectedAttrs）	暗号化されていない属性（オプション）

表 10.2　署名データ（Signed Data）

項　目	説　明
バージョン（version）	署名データフォーマットのバージョン
ダイジェストアルゴリズム （digestAlgorithms）	署名者がディジタル署名生成時に用いたハッシュ関数
内容情報（encapContentInfo）	署名対象の内容
公開鍵証明書（certificates）	署名の検証に用いる公開鍵証明書（オプション）
失効リスト（CRLS）	オプション
署名者情報（signerInfos）	署名者 ID とディジタル署名

（b）公開鍵証明書

　RFC 5280 がベースとしている X.509 バージョン 4 のフォーマッ
トに含まれる項目の概要は，第 9 章 9.2 節 2 項の表 9.2 を参照．

（c）その他の規定事項

　S/MIME V4 の規約では，メール本文のエンコーディング方法*，

＊　base 64 など．

署名データ，親展データを示すMIMEタイプ，公開鍵証明書発行要求のフォーマットなどの相互交換に必要な情報が規定されている．

4. S/MIMEの実装における課題

現在，多くのメジャーなソフトウェアがS/MIMEに準拠した暗号電子メール機能を備えている．しかし，実際に暗号電子メール機能を利用しているユーザの比率は低い．その主な理由として，ユーザが暗号電子メール機能を使うために必要となる操作が煩雑であることが挙げられる．ユーザの操作性を向上させる方向で，公開鍵認証基盤PKI*を整備していくことが今後の課題である．

＊ 第9章9.2節
参照

以下に，暗号電子メール機能を利用するために現在のS/MIMEの実装で必要となっている操作を記述する．

（a）公開鍵・秘密鍵の生成と公開鍵証明書入手のための操作

署名・親展機能を利用するには，まず，自分の秘密鍵，公開鍵を生成し，その後，公開鍵に対応する公開鍵証明書を入手する操作が必要となる．上記操作では，「鍵」「公開鍵証明書」などの暗号用語の理解を前提としたメニュー，ボタン操作が必要となる．

演 習 問 題

問1 IPSECの規格を読み，利用している暗号アルゴリズムを調べなさい．

問2 TLSの規格を読み，利用している暗号アルゴリズムを調べなさい．

問3 S/MIMEの規格を読み，利用している暗号アルゴリズムを調べなさい．

問4 メール本文の暗号化に公開鍵暗号を利用しない理由は何か．

問5 メール受信者がS/MIME準拠の暗号メールを復号できるかを，宛先メールアドレスから自動的に判定するしくみの一例を挙げよ．

問6 ZIPファイルを暗号化して，そのパスワードを別メールで送信するしくみは安全かどうか考えよ．

第11章

不正アクセス

　本章では，不正アクセスを防止するいくつかの技術を学ぶ．ネットワークの普及とコンピュータの高度化に伴い，不正アクセスは多様化して被害も増えている．そこで，本章ではそれらの不正アクセスの中でもマルウェア，ファイアウォール，不正侵入検出技術を取り上げ，それぞれの脅威がなぜ生じるのか，その原理と種類および防止のための技術や事後対策について詳細に説明する．

11.1　マルウェア

1．マルウェアとは

マルウェア：
Malware

　マルウェアとは，悪意のある（malicious）ソフトウェアの総称であり，他のプログラムに寄生したり，自分自身を勝手にほかのプログラムファイルにコピーすることにより増殖し，自身にあらかじめ用意されていた内容により予期されない動作を起こすことを目的とした特異なプログラムである．**コンピュータウイルス**とも呼ばれる．

コンピュータウイ
ルス：
Computer Virus

　通商産業省（現在の経済産業省）が告示した「コンピュータウイルス対策基準」においては，コンピュータウイルスの定義は『第三者のプログラムやデータベースに対して意図的に何らかの被害を及ぼすようにつくられたプログラムであり，次の機能を1つ以上有す

るもの』となっており，ウイルスを広義に捉えている．

（a）自己伝染機能

自らの機能によってほかのプログラムに自らをコピーしまたはシステム機能を利用して自らをほかのシステムにコピーすることにより，ほかのシステムに伝染する機能．

（b）潜伏機能

発病するための特定時刻，時間経過，処理回数などの条件を記憶させて，条件が満たされるまで症状を出さない機能．

（c）発病機能

プログラムやデータなどのファイルの破壊を行ったり，コンピュータに異常な動作をさせるなどの機能．

ワーム：Worm

この広義の定義によれば，トロイの木馬やワームもウイルスとなる．トロイの木馬とは，良性のプログラムの中に組み込まれており，あるタイミングで本性を現すものである．ワームはネットワークを通じて自分自身をコピーするプログラムで，それ自身が独立したプログラムになっているものである．一方，上記の 3 条件をすべて満たすものが狭義のウイルスであり，通常はこの意味に解釈することが多い．

マルウェアにはいくつかの種類があるが，ここでは感染形式による分類を示す．

*1　システム起動時に読み込まれる情報が格納されるシステム領域．

*2　ハードディスクの先頭領域にあるセクタ．ディスク情報や OS 読み込みプログラムなどが記録される．

*3　IPL：Initial Program Loader，起動時に実行される小さなプログラム．

① ブートセクタ*1 感染型：ハードディスクのマスターブートレコード*2 やブートセクタに感染するタイプのマルウェアである．コンピュータには，立ち上げ時に実行される OS 読込みプログラム（IPL*3）が書かれているが，それに感染すると，影響が大きい．

② 実行形式プログラムファイル感染型：オブジェクトコードのアプリケーションプログラムファイルに感染するウイルスとメモリ常駐型がある．前者では通常，プログラムの最初（100 番地（16 進））をジャンプ命令に変えて，ジャンプ先に不正なコードを書き込んでおく．実行後に戻って，本来のプログラムの作業を行う．その様子を図 11.1 に示す．

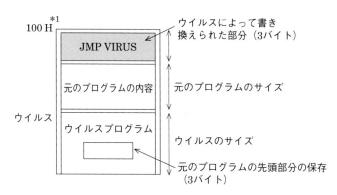

図11.1 クリスマスウイルス*2

　一方，メモリ常駐型は常駐メモリに感染し，OSやBIOS*3の割込みベクタを書き換えてしまう．割込みがあるとマルウェアが実行されるため，メモリに常駐されると厄介である．

③　マクロ*4ファイル感染型：文書ファイルなどのマクロ部分に感染するマルウェアである．作成や改変が容易であり，例えばVisual Basicの知識がある程度あれば，扱えてしまう．感染ファイルをアプリケーションプログラムで開くと，そのアプリケーションプログラムの標準テンプレートに感染し，以後そのアプリケーションプログラムで開いたファイルに感染する．そして，自動実行マクロを追加する．

▌2. マルウェア対策

マルウェア対策は複合対策であり，1つの対策ではすまない．

（a）事前対策

感染しないようにするための対策で，運用や管理などを徹底する必要がある．そのために次の対策がある．

①　最新のアンチウイルスソフト（ウイルス対策ソフトウェア）を活用する：新種や変種が次々に現れているので，マルウェアデータベースを最新に更新しないと最新のマルウェアの被害を防げない．

②　万一のマルウェア被害に備えるためデータのバックアップを行う：コンピュータの故障対策のためにも，必須である．

③　感染の兆候を見逃さず，定期的にマルウェア検査を行う：不自然なディスクアクセスがある，ファイルがなくなる，見知らぬファイルが作成されているなどは，感染の兆候である．

④　メールの添付ファイルはむやみに開かない．特に，実行形式の添付ファイルはマルウェアの確率が大きい．

⑤　マクロ機能の自動実行は行わない．

⑥　外部から持ち込まれた USB メモリや SD メモリカード等の外部記憶媒体，およびダウンロードしたファイルは検査する．

⑦　コンピュータの共同利用時はアカウントを共有しない．

これらの予防対策をとっておけば，水際でかなり防ぐことができる．自動実行を避け，怪しいメールを不用意に開いたりしないようにするだけでも，かなり効果がある．

(b)　事後対策

事後対策では，マルウェア検出と除去が主要な対策となる．

①　検　出

検出法には，既知マルウェアの検出法と未知マルウェアの検出法がある．既知マルウェア検出法にはパターンマッチング法があり，現在の主流である．これは，マルウェアの中の特徴的なパターンをあらかじめデータベースに登録しておいて，検査対象がそのパターンをもっているか否かを判定するものである．当然のことながら，既知マルウェアしか発見できない．常に，特徴パターン*のデータベースを最新にしておく必要がある．このためにセキュリティベンダは新しいマルウェアが発見されるといち早くその検体を入手し，特徴パターンを定めて，データベースに付け加えるということを行っている．既知マルウェアの検出には，確実さ，容易さからいっても最も有力な手法である．

未知マルウェアの検出手法には，次のようなものが知られている．

1)　ヒューリスティック法

マルウェアがもつ特徴的なふるまいをデータベースに格納しておき，類似のふるまいの検出によって感染を検出する方法である．特徴的なふるまいや通信先を検出するために，ハニーポ

パターンマッチング法：
Pattern Matching Method

*　シグネチャ（signature）と呼ぶ．

ヒューリスティック法：
Heuristic Method，経験に基づいた知見．

ハニーポット：
Honeypot

ットと呼ばれる脆弱性のあるシステムを偽装する観測装置を用いる．

2）動的解析

マルウェアを安全な環境で動作させて，通信先などの情報を収集する手法である．このとき用いる他のシステムに影響を与えない保護された環境を，サンドボックス（砂場）という．実際のインターネットから隔離していても，マルウェアに検出されないようにインターネットのサービスを偽装して提供する．動的解析に対して，コードレベルの逆アセンブルなどによって解析する手法を静的解析と呼ぶ．

サンドボックス：
Sandbox

3）コードサイニング

実行形式のプログラムに脆弱性がなく，悪意がないことが証明されたら，OS ベンダなどが実行ファイルにディジタル署名を施し，署名の検証ができないソフトウェアの実行を禁じる手法である．このとき用いるディジタル署名を，コードサイニングという．今日の主要な OS のほとんどや，スマートフォンのアプリなどは，コードサイニングされており，むやみに不明なソフトウェアを実行しないような対策がとられている．

コードサイニング：
Code Signing

② 回　復

マルウェアに感染したコンピュータを被害から回復するには，マルウェアを除去する必要がある．既知のマルウェアの一部には，セキュリティベンダが開発した専用の駆除ツールが提供されることがある．また，ランサムウェアによって暗号化されたファイルを復元するツールが用意されることも多い．しかし，完全に駆除できたと思っていても，バックドア*が仕掛けられていることがあり，その場合は再感染することも少なくない．その場合には，定期的なバックアップによる OS の復元機能を用いたり初期化を行ったりするほうが確実である．

＊　バックドア：
「裏口」．再侵入させるための不正プログラム

③ 届　出

情報処理推進機構：
Information-technology Promotion Agency；IPA

日本では，経済産業省の告示に基づき，情報処理推進機構（IPA）がウイルス対策事業を行っており，被害にあったときは届けることが求められている．マルウェアだけでなく，不正アクセスや製品の脆弱性情報も管理している．

■11.2　ファイアウォール

■1．ファイアウォールとは

ファイアウォール：
Firewall

　ファイアウォールは情報の流通をコントロールすることにより，外部からの不正侵入を防ぐ技術である．元来，ファイアウォールは建築用語であって，区画から別の区画へ延焼を防止するために利用される設備を指す．これになぞらえて，外部ネットワークからの攻撃を防ぐための装置もファイアウォールと呼ばれる．

　ファイアウォールがコントロールする流通情報には，外部から内部への情報と内部から外部への情報の2つがある（図11.2）．コントロールすべきオペレーションとしては，外部からはウイルスやアクセスの試みなどがあり，内部からは社内秘情報の流出，SPAMメール*1の発信などのいわゆる出口対策がある．

*1　SPAMとは不特定多数に広告などのメールを大量に送ること．語源は米 Hormel Foods 社の缶詰の商品名．

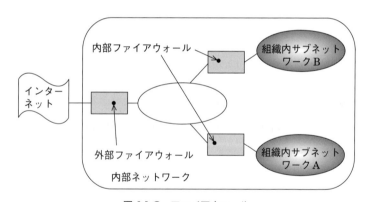

図11.2　ファイアウォール

　ファイアウォールが設定できる項目は，コネクション確立の方向，ホスト群の限定，個人の限定，サービスと品質であり，これらを通して，次のような機能を実現できる．

① アクセス制御：転送情報を制御する．

② 認証：発信元が正当かどうかを確認する．

*2　トラヒック：Traffic，パケットの通信量．

③ 暗号化：転送情報の暗号化を行う．

④ 監視：流通情報のトラヒック*2，内部のコンピュータの使用

* ログ：Log, 運
用履歴データ

状況やアクセス先，ログ*などをチェックする．

⑤ 監査：アクセス制御を行っているコンピュータの稼働環境や
稼働状況を検査する

ファイアウォールによってはこれらのすべての機能をもっていな
いものもある．例えば，Windowsに搭載されているパーソナルファ
イアウォールは，不正なパケットの検出やパケットフィルタリング
などのアクセス制御を実行するが，ネットワークからの隔離やアド
レスの変換などを行うわけではない．

また，ファイアウォールは決して万能ではないことに注意する必
要がある．そもそもセキュリティ対策に100％完全はあり得ない
し，コストパフォーマンス的に見ても100％を目指すのはむだであ
る．

■2. ファイアウォールの機能

ファイアウォールには，次に示す主要な機能がある．

(a) パケットフィルタリング

IPパケットのヘッダで指定されている送信元IPアドレス，宛先
IPアドレス，送信元ポート番号，宛先ポート番号，TCP/UDPなど
のプロトコルに応じて，ファイアウォールでの転送を決定する．IP

ルータ：
Router

パケットの転送と経路制御を行うルータ（経路制御装置）により実
現する．これにより，例えば，外部ネットワークからのポートスキ
ャンなどを防止することができる．

IPパケットはOSI参照モデルにおける3層ネットワーク層の機能
により転送を制御され，4層のトランスポート層において誤り制御
を行い信頼性のある TCP通信路を構成する．このときは，通信路
の接続を要求するホストがどちらにあるかによって，内向きか外向
きかの判断がなされる．こうして，ファイアウォールの外側からの
通信を遮断するような制御が可能になる．通信路の接続状態を保存

ステートフルパケ
ットフィルタリン
グ：
Statefull Packet
Filtering

しておく必要があるので，ステートフルパケットフィルタリングと
いう．

(b) アドレス変換

IPアドレスには，インターネットにおいては一意（唯一無二であ
る）なIPアドレスであるグローバルアドレスと，各サブネットで重

複して用いることが許されているプライベートアドレスの 2 種類がある．各組織で同じプライベートアドレス（例えば，192.168.0.0〜192.168.255.255）を用いても混乱なく通信ができるのは，ルータ（ファイアウォール）でグローバルアドレスに変換して転送されているからである．この変換を NAT という．NAT により，ファイアウォールの内側のホストからは透過的にインターネットの任意のサーバにアクセスできるが，逆はできない．

NAT：
Network Address
Translation

(c) アプリケーションファイアウォール

アプリケーションごとに独立したアクセス制御を実現する．内部からのウェブのアクセスを中継する HTTP プロキシ（代理）やウェブサーバを外部から保護する目的で設置する WAF などの例がある．アプリケーションごとに特定のポートやゲートウェイを用意する必要があるが，きめ細やかなアクセス制御を実現できる．

プロキシ：
Proxy

WAF：
Web Application
Firewall

(d) スクリーンドサブネット構成

スクリーンドサブネット構成はスクリーンドホスト構成における要塞ホストを内部のネットワーク上におかずに，特別なサブネットワーク DMZ*におくものである．

DMZ は LAN の 1 つであるが，外部からはこの DMZ のみが見えており，アクセスも可能となる．例えば，ここに外部からアクセスしてよいような広告用ウェブサーバなどをおく．こうすると，DMZ が内部のネットワークと独立しているので，互いの輻輳がほかのネットワークに影響を及ぼすことがなくなる．

＊　DMZ：
DeMilitarized
Zone，非武装地
帯（軍事用語）

LAN：
Local Area
Network

▌3.　ファイアウォールの運用管理

ファイアウォール管理者は，社内ネットワークが意図したとおりに保護されているか，不正なアクセスが行われていないかなどを監視していなければならない．そして，ファイアウォールを通過するデータやサービスの状態，要塞ホストやウェブサーバの状態をつねづねチェックする必要がある．これが守られないと，ファイアウォールを導入しても意味がない．組織が大きくなると，複数のファイアウォールを一括管理する必要が出てくるケースがあるが，このためにリモート管理ツールがある．これを使えば省資源化を図れる．

(a) ログ監視

ウェブサーバやネットワーク監視装置のログを監視して，管理者に通知する．ネットワークにおける異常なトラヒックなどを自動的に検出する IDS/IPS の警告も重要である．ただし，これらの警告メッセージやログの量は膨大であり，不正アクセスが試みられたら迅速に対処をしなくてはならず，セキュリティ管理者の人的負担は大きい．そこで，重要なインフラや組織には，24 時間体制でログや警告を常時監視する専用の組織である SOC が設けられることが多い．

SOC：
Security
Operation Center

(b) バグ対策

バグはどんなソフトウェアでもつきものである．特にセキュリティに関するバグは脆弱性と呼ばれ，不正アクセスに利用されるケースが多いので早急に取り除かなくてはならない．脆弱性を修正するソフトウェアをパッチといい，常に注意し，即座に対応するようにしなければならない．脆弱性情報やセキュリティインシデント情報は CSIRT* で管理や共有がされている．

＊ CSIRT：
Computer
Security Incident
Emergency
Response Team,
コンピュータ緊急
対応チームの総
称．不正アクセス
に関する情報を収
集提供している組
織．

(c) 二重化

ファイアウォールは何らかの原因で停止してしまうこともある．そこで，ファイアウォールを二重化しておき，片方が停止したときに自動的に他方に切り換わるようにフォールトトレラント化しておく必要がある．

(d) ユーザ教育

ファイアウォールは決して万全ではない．しかし適切に構築して，メンテナンスをよくしておけば，攻撃の可能性は大きく減る．このために，ユーザにはセキュリティを保つために守ってもらわなくてはならないことを教育する．例えば，推測されやすいパスワードを避けるというようなことは，第一歩である．また，**ソーシャルエンジニアリング**といって，電話などで社員をだましてパスワードを盗むケースが多いが，日頃からだまされないように訓練しておく必要がある．そのために，各種の擬似サイバー攻撃を体験したり，被害の最小化を図るための訓練をするサイバー演習[7]が行われている．

ソーシャルエンジ
ニアリング：
Social
Engineering

(e) 脆弱性診断・ペネトレーションテスト

システムに潜む脆弱性を検出する各種のサービスがある．脆弱性

脆弱性診断：
Vulnerability
Scanner Test

ペネトレーション
テスト：
Penetration
Test；Pentest

診断は，既知の脆弱性データベースの項目を検査するセキュリティ
ツールを用いて対象とする OS やアプリケーションの診断を行う．
一方，ペネトレーションテスト（侵入テスト）は，ネットワークを
介して実際に外部から侵入を試みる．専門知識を有するセキュリ
ティ技術者が手動で各種ツールを適用して行うことが多い．セキュリ
ティスキャナーの多くはオープンソースで開発されているが，サー
ビスをリリースする前に事業者が専門のセキュリティ業者に依頼し
て検査することが一般的である．

■11.3　不正侵入検出技術

■1．不正侵入検出技術と必要性

不正侵入検出技
術：
Intrusion
Detection
System；IDS

不正侵入防止シス
テム：
Intrusion
Prevention
System；IPS

不正侵入検出技術（IDS），および，不正侵入防止システム（IPS）
とは，ネットワークへの不正侵入を検知・防止する技術であり，不
正侵入が増加している昨今，ファイアウォールとともに重要性が増
している技術である．

IDS/IPS はファイアウォールなどのほかのセキュリティ技術で防
げなかったような通信を監視し，異常を検出して管理者に通知した
り記録したりする技術である．すなわち，ネットワークセキュリテ
ィに関してネットワーク管理者をサポートする技術であると考えれ
ばよい．したがって，IDS/IPS を導入しさえすればそれで終わりと
いうものではないことに注意する必要がある．

IDS/IPS が必要になってきた理由は，不正侵入やマルウェアが急
増してきているにもかかわらず，従来のセキュリティ技術はそれら
を十分に防ぎきれないことにある．

こうなると，ネットワーク管理者は，最初から抜けはあると覚悟
してつねづねネットワークを監視し，不正やその兆候を把握する必
要がある．そして，実際に不正が起こったなら直ちに処置する．し
かしながらこれらは多くの時間を必要とする作業となる．

そこでこの作業をサポートするために，これら従来のセキュリテ
ィ対策ですり抜けてしまった怪しいものを洗い出そうとするのが
IDS/IPS である．したがって，本当は異常でないものも通知してし

まう可能性があるが，これはセキュリティ対策をすり抜けてきたものである以上避けられないことである．実際にそれらが不正か否かはネットワーク管理者の判断に任せる．

このため，IDS/IPS をうまく使いこなすには，ネットワーク管理者にはセキュリティに関して経験と勘が要求される．

■ 2. IDS/IPS の機能

IDS/IPS の機能を述べる前に，捕捉対象とする行為を明らかにする必要がある．これは一定しておらず，ネットワーク運用管理者が各自定めなければならないものである．

例えば，ポートスキャン*をどう扱うかは，ポリシーに依存する．実際，これは不正侵入に先立つ調査行為として実行されるが，管理者がセキュリティホールの有無の確認のために行う可能性もある．したがって，可能性としては

・警報を出す

・ログをとるだけで警報は出さない

・無視する

のいずれかになる．いちいち警報を出されていてはかなわない，ログだけで十分だ，いやログもいらない，など考え方はさまざまであろう．このように，実際は不正侵入でないイベントを誤って警告することを疑陽性（FP）という．

使う側としては本当の不正侵入だけに警報を出してもらいたいところであるが，これをコンピュータに判断させることはまだできない．したがって，ここでの判断はネットワーク管理者の判断に任されるわけである．

IDS/IPS のインストールに際しては，管理者に必要な情報が得られるようにパラメータ類を設定する．IDS/IPS 自体は一般に必要と思われる情報を多めに出せるようになっている．しかし，腕に自信のあるネットワーク管理者はもっとはっきりした証拠で動き出しても対処できるという自信があるであろうし，その場合はポートスキャンは無視するであろう．

（a）IDS/IPS の機能

IDS/IPS の機能としては，監視，不正侵入検出，通知，処置，ロ

*　ポートスキャン：Port Scan, ホストで行っているサービス（メールなど）を同定するために通信ポートを総当りでテストする攻撃．

疑陽性：False Positive（FP）

グがある．

① 監視：ネットワークシステムで発生する事象（イベント）を監視し，情報を収集する．

② 不正侵入検出：監視結果からセキュリティ侵害と判断されたイベントを検出する．

③ 通知：検出結果を直ちにネットワーク管理者に通知する．

④ 処置：あらかじめ定められた設定に従い，特定のイベントに対しては接続を遮断したり，ファイアウォールの設定を変更したりする．

*1 証拠保全（ディジタルフォレンジック）：Digital Forensics

⑤ ログ：監視結果や不正侵入検出結果を記録する．証拠保全（ディジタルフォレンジック）[1]のために非常に重要であり，この機能を外されたりパスされたりしないようにしておく．

①，②，③，⑤の機能は IDS が，④の機能は IPS が，それぞれ担う．IDS の監視対象にはホストかネットワークがあり，企業ではネットワークタイプ IDS が用いられる．しかし，各個人がせめて自分のコンピュータだけでも守ろうとすることもあり，このときのホスト

パーソナル IDS：Personal IDS

タイプ IDS は特に**パーソナル IDS** とも呼ばれる．

(b) 検出方法

IDS が，ふるまいのおかしいイベントを検出する方法には，シグネチャ検出と異常検出の 2 種類ある．

① **シグネチャ検出**：不正侵入に現れる特徴的なパターンをあらかじめデータとしてもっておき，実際のイベントデータと照合することにより不正を検出する．マルウェア対策におけるパターンマッチング法の応用である．パターンを適切に選んでおけば誤検出確率を低くでき，効果は大きい．ただし，既知の攻撃手法にしか使えないので，新しい攻撃に対しては速やかにパターンの更新をしなければならない．

異常検出：Anomaly Detection

*2 データマイニング：data mining，大規模なデータから意味のある知識を機械的に抽出（採掘＝mine）する技術．

② **異常検出**：ユーザの正常なふるまいをあらかじめプロファイルとして保持しておき，実際に侵入してきた場合のふるまいがプロファイルと大きくかけ離れていないかどうかを検証する．そして，かけ離れているときに異常として検出する．そのかけ離れ具合をどう判定するかで，さまざまな方法が提案されており，データマイニング[2]や機械学習が活用されている．また，

新規の不正侵入に対しても効果がある利点をもつ．実際に侵入か否かの判断にはネットワーク管理者による調査が必要となる．

(c) IDS/IPS の限界

IDS/IPS が万能でないことはすでに述べたとおりである．また，処理能力と不正侵入検知能力はトレードオフの関係になる．例えば，精度を高めるために検出処理をアプリケーション層で行うと，処理に時間がかかるようになり，侵入検知能力を上げた代わりに処理能力が落ちることになる．このように，処理能力と侵入検知能力は両立するのが困難である．

* VPN：
Virtual Private
Network

VPN*で暗号を利用している場合は，IDS の監視が効かなくなるケースが多い．この場合は，IDS を VPN の外側の端末に設置することが考えられる．端末コンピュータごとに IDS を載せることになるので，それらを中央監視するかたちの統合 IDS が必要となる．

演 習 問 題

問1　マルウェアにはどのようなものがあるか．

問2　ディジタル署名によるマルウェア対策の効果と限界について述べよ．

問3　パケットフィルタリングによるファイアウォールの特徴を述べよ．

問4　不正侵入検出（IDS）として使われている方式にはどのようなものがあるか．また，それらの長所・欠点を述べよ．

情報ハイディング

本章では，マルチメディア情報に著作権保護などの目的により情報を秘密に埋め込む技術である情報ハイディングについて説明する．特に代表的な電子透かし，ステガノグラフィ，匿名通信路についてそれぞれの目的と原理および安全性について詳細に説明する．

■ 12.1　情報ハイディングの概要

情報ハイディング：
information
hiding

情報ハイディングとはマルチメディアの中に意図的にほかの情報を隠すディジタル技術の総称である．これまで主に暗号の原理や応用について説明してきたが，実社会には暗号技術のみでは情報の安全性を確保しにくい場面もある．そのような状況下で活用できる補完的なセキュリティ対策の一つとして，電子透かし技術が利用されている．

ステガノグラフィ：
steganography

この技術は暗号学とほぼ同じくらい古い歴史をもつ**ステガノグラフィ**の概念から工夫されたものであるが，特にディジタル社会において 1990 年代初めにマルチメディアコンテンツの著作権保護手段として登場した．ステガノグラフィと電子透かしとの主な相違点は，前者では埋め込んだ秘密情報の伝達が主目的で画像や音声など

＊1　コピープロテクト（copyright protection）とも呼ぶ．

サブリミナル法：subliminal method

コバートチャネル：covert channel

のメディアは隠れ蓑に過ぎないが，後者ではマルチメディアの伝達が主目的で埋込み情報は著作権保護＊1 のための参考資料にしか過ぎないことに留意することが大切である．

　情報ハイディングの分野には，このほかにも視聴者に無意識のうちに心理的な効果を及ぼす**サブリミナル法**や当事者に気づかれることなく情報漏えいを誘引する**コバートチャネル**などの話題がある．

■12.2　電子透かし

■1.　電子透かしの目的

電子透かし：digital watermark

＊2　contents，「内容」という意味．テキスト，映像や音楽などさまざまな種類の情報を総称して呼ぶ．

　電子透かしは画像や音声などのマルチメディアにひそかに著作権情報を文字列またはロゴマークなどの形式で埋め込む技術である．これはコンテンツ＊2 を暗号で保護しても表示の際に復号するとコピー著作権保護の機能を失うために，直接データの中に著作権情報を保存させようと企図したものである．その目的は，第一にコピー追跡であり，第二にコピー制御である．コピー追跡機能は違法コピーの作成・所持を心理的に抑制したり，契約者から非契約者に無断で流出したコピーを探索して著作権侵害を実証するのに利用される．また，コンテンツの販売管理者が識別番号や販売日などの必須データを電子透かしで記録しておき，流通経路の調査や不正コピールートの発見などに用いる．一方，コピー制御機能はマルチメディアのインタフェース規格 IEEE 1394 と組み合わせて DVD などのコピー制御フラグの埋込みに利用できる．

　これらの目的を達成するために電子透かし情報を画像や音声データに埋め込むと，それはノイズとなって品質劣化の原因になる．このため，電子透かし情報を埋め込むにあたり視聴者に不快感を与えない範囲内にマルチメディアの品質を維持することが必須の条件になる．ところが品質を向上すると電子透かしが弱くなり，電子透かしを強くすると品質が劣化せざるを得ないという二律背反の関係となっている．

▌2. 電子透かしのつくり方

　電子透かしは，物理的な自由度または空間を利用するもの，サンプル値に直接工作し，平均や分散などの特性値を統計的に偏らせて利用するもの，わざと画像の信号成分や構成部品を入れ替えたり，余分なものを挿入したり，あるべきものを削除するなどの偽りの工作をたくらむものなどに分類できる．原理的には人間の視覚や聴覚の認識範囲外に電子透かし情報を埋め込む方法を考案すればよい．例えば，物理的な自由度や空間を利用する場合には，信号波 $y = A\sin(\omega t + \theta)$ の振幅 (A) すなわち画像の輝度成分に電子透かしビットを埋め込むか，または y を直交変換してその周波数平面に電子透かしビットを埋め込むことが多い．まれに位相を利用することもある．カラー画像 RGB ベクトル空間を利用した簡単な例を次に示す．

　カラー画像 Q の画素 q_{ij} は一般に光の 3 原色 (r_{ij}, g_{ij}, b_{ij}) の成分ベクトルで表現できる．このベクトルはカラー画像の振幅情報に相当するものである．そこに電子透かし情報 (x) を埋め込む操作を図

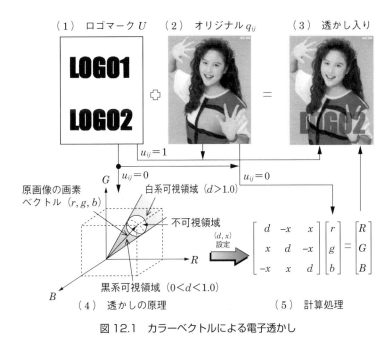

（1）　ロゴマーク U　　（2）　オリジナル q_{ij}　　（3）　透かし入り

$u_{ij} = 1$

$u_{ij} = 0$　　　　　　$u_{ij} = 0$

G

原画像の画素
ベクトル (r, g, b)

白系可視領域 $(d > 1.0)$

不可視領域

(d, x)
設定

R

B

黒系可視領域 $(0 < d < 1.0)$

$$\begin{bmatrix} d & -x & x \\ x & d & -x \\ -x & x & d \end{bmatrix} \begin{bmatrix} r \\ g \\ b \end{bmatrix} = \begin{bmatrix} R \\ G \\ B \end{bmatrix}$$

（4）　透かしの原理　　　　　　　　　　（5）　計算処理

図 12.1　カラーベクトルによる電子透かし

12.1 を用いて説明する. まず, ロゴマーク (U) として 2 値画像 (1) を準備する. その画素値が $u_{ij}=1$（白地）ならば, 同図 (2) の q_{ij} をそのまま移植する. 逆に $u_{ij}=0$（黒地）ならば同図 (4) の原理に基づいて (5) の変換を実行する. 例えば, LOGO1 は $d=1$ かつ $0<x<1$ で不可視領域に入るように変換した. したがって, 読者の目には見えないが復号可能である. 一方, LOGO2 は $0<d<1$ であるから, 黒抜き文字で可視状態に表示されている. もし $d>1$ とするならば白抜きのロゴ表示になる. このロゴマークはパラメータ (d, x) を変えることにより可視状態から不可視状態へ, またはその逆方向にも自由に変更できる利点がある. この方法は隠ぺい型, 顕示型および可変型の電子透かしを埋め込むことが可能なものである.

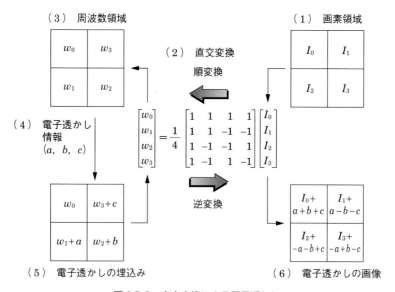

図 12.2　直交変換による電子透かし

多値画像を周波数領域に直交変換してその低周波成分に電子透かし情報を埋め込むと, 逆変換により各画素にバランスよく電子透かし情報を分散できるので, すでに多くの方法が提案されている. ここでは, 最も簡単な 2×2 画素の直交変換である図 12.2 を用いてその一例を説明する. まず, 画像から同図 (1) のように 2×2 画素を選んで, 式 (2) で周波数領域 (3) に変換する. この領域に (4) の

電子透かし情報 (a, b, c) を加えて (5) とする．この結果を逆変換すると (6) の電子透かし画像が得られる．元の画素値に比較し，電子透かし情報値は微小な値なので第三者には覗き見ることができない．この方法はほかの直交変換系（DCT*1 やウェーブレット）のアルゴリズムにもそのまま適用できる．

*1 離散コサイン変換
（Discrete Cosine Transform；DCT）やウェーブレット（wavelet）変換など．

▌3. 電子透かしの評価

　新しい電子透かしを考案したとき，その安全性や信頼性，操作性などを評価しなければならない．一般に，著作権保護を目的とする電子透かしは容易に消去されないようにデータ処理や各種の工作に強い耐性をもつことが要求されているが，逆にディジタルカメラで利用される電子透かしには弱いものが必要になる．これは撮影時にディジタル写真の全域に改ざん防止膜を覆い，その後少しでも改ざんを試みるとその痕跡を検出できるように工夫されている．このように利用目的によって電子透かしの要求性能が著しく異なることが多いので，その評価項目として電子透かしの構造，運用，保全などからその特性を考察する必要がある．

　まず，構造上から埋込み可能な情報の量とメディアの品質との関係を知ることが大切である．また，汎用性やシステムの柔軟性も検討されなければならない．運用面から画像処理や切抜きなどの 2 次利用に対してどこまで電子透かし情報が残るか，さらには伝送時のデータ圧縮や蓄積時の DA/AD 変換*2 による電子透かしの残存率などが問題となる．保全上では電子透かしとしてどのレベルまでユーザに技術内容を公開するかがポイントである．ステガノグラフィは通常，技術を公開することはない．ところが，電子透かしは，その公共性と認証のために技術の公開が求められている．特に映画や音楽用メディアに世界共通のコピー制御信号を埋め込むためにも技術を公開せずに利用者の信頼を得るのは難しい．この保全上の評価は多くの使用経験と耐性テストによって検証されるべきであろう．

*2 Digital to Analog/Analog to Digital 変換

▌4. 電子透かしへの攻撃

　電子透かしの主たる役目はコンテンツの著作権管理を効率化するためのツールを提供することにあった．したがって，第三者の攻撃

により電子透かし情報がコンテンツから削除されてしまってはその役目を果たさない．しかし，この要請を完全に満たすことは大変に難しい問題である．

　例えば，攻撃評価用ベンチマークテストとしてスティアマーク攻撃[*1]が公開されている．このツールは座標の回転変換やサンプリングレートの変更，画素の移動，縮尺変換などの画像処理の小道具を備えた強力なソフトであり，埋め込んだ電子透かしビットを復号不能に陥れる操作を行う．また，原画像と対応する署名済み画像の組を複数入手すると差分解析や結託攻撃により電子透かしのしくみを暴くことができる．これは，電子透かしそのものを変更する上書き攻撃や部分的な改ざん攻撃の端緒となってくる．

　スティアマーク攻撃のような組織的な攻撃以外にもラプラシアン攻撃[*2]やガンマ補正[*3]による色処理などの単発的な攻撃手段もある．それらすべてに対応可能な電子透かし方式は見当たらないので攻撃に耐えるには複数の電子透かし方式を組み合わせて使うのが賢明であろう．

■5.　電子透かしの復号と検証

　電子透かし情報をマルチメディアに埋め込んで，首尾よく各種の攻撃に耐えることができるならば電子透かしはその目的を達成できたことになる．しかし，現実にはいろいろな障害があり解決すべき課題が多い．まず，埋め込んだ電子透かしを復号するのにどのような復号鍵を用いるかが問題になる．実は，図12.1や図12.2で述べた電子透かし方式では署名済み画像から原画像を差し引くと埋め込んだ電子透かし情報を取り出せるしくみになっている．ゆえに，原画像を復号鍵とする方式であり良策ではない．その理由は，鍵のサイズが大きすぎてその保管がシステムに重荷であり，かつDVDなどのシステムでは実時間で利用できない．したがって実用面からは，復号鍵として乱数方式を採用することが多い．

　次に，復号した電子透かし情報が真正なものか否かを検証する機構も考えられている．上書き攻撃などにより電子透かし情報が改ざんされる可能性があるならば，当初から電子透かし情報としてロゴマークのような明確なパターンを利用することが大切である．一

*1　スティアマーク攻撃：
StirMark Attack,
演習問題参照

*2　ラプラシアン攻撃：
Laplacian attack,
画像中にノイズを散布して透かしを取り出せないようにする攻撃．

*3　ガンマ補正：gamma correction, 画像の明るさを入出力装置の特性に合うように修正すること．

方，文字列の埋込みには反復して冗長性をもたせるか，あるいは誤り訂正符号[*1]を利用することが多い.

*1 誤り訂正符号：
Error Correcting Code (ECC), 冗長情報を用いて誤りを訂正する符号化技術.

このように電子透かしを構築し，著作権保護技術として実用化するには，暗号と同じく電子透かしを埋込み復号する鍵の管理が極めて重要になる．これまでの研究成果を概観するといかなるメディアであろうとも，技術が公開されると電子透かしの構造や機能を推定できるので，鍵の乱数性でセキュリティを確保することが必要となる.

12.3 ステガノグラフィ

1. 目的と歴史

ステガノグラフィは，通信している事実そのものを隠す技術である．この概念を理解するには暗号化技術と対比すると考えやすい．暗号化は，送るメッセージを第三者に読まれても内容がわからないように変換するが，盗聴者にはそこで何か秘密通信が行われていることはわかってしまう．一方，ステガノグラフィでは，第三者には通常の通信と区別がつかないような方法で情報の伝達を実現する．例えば，ある秘密兵器の開発状況を調べているスパイが，その開発が完了しているかどうかを本国に伝えたいとしよう．むやみな暗号文を送ったりすれば，たちまち検閲されて諜報活動していることがばれてしまう．そこで，新聞広告を使って，「金送れ（開発は完了した）」か「母危篤（兵器未開発）」のどちらかを掲載する．これがステガノグラフィである．新聞広告と秘密メッセージとの関係をあらかじめ打ち合わせておいた本国の受信者にだけ，誰にも怪しまれずに情報が伝達される.

ステガノグラフィの歴史は古く，その原型はギリシャ時代にまでさかのぼる．ギリシャの歴史家ヘロドトスによると，紀元前400年頃，ペルシャに対する反乱の意志がばれないように，最も信頼できる奴隷の頭を剃り，そこにメッセージを入れ墨し，再び毛が生えてくるのを待って使者としたという．ステガノグラフィという用語も，文書を隠すという意味のギリシャ語steganographiaからきてい

ヘロドトス：
Herodotus
ヘロドトスは歴史上の歴史学者で，姓のみしかわからないというのが通説のようだ.

る. 20 世紀になり第 2 次世界大戦中には，入れ墨の代わりにマイクロフィルムが使われるようになり，さらにインターネットが世界規模に発達した今日では，奴隷の代わりにさまざまなマルチメディアが対象となった. その目的も，諜報活動のような軍事的なものから，前節で説明した電子透かしなどでの著作権保護へと，より平和的な分野へ広がってきている.

■2. 原　理

　ステガノグラフィのモデルを図 12.3 に示す. 送信者と受信者の間のすべての通信を，第三者（盗聴者）が盗聴している. 盗聴者は任意のメッセージを盗聴できるだけではなく，都合のよいように書き換えたりメッセージを偽造したりして 2 人の通信を妨害するものとする. 送信者が伝えたいメッセージを埋め込むディジタルデータをカバーと呼ぶ. カバーには，静止画像，動画像，音声，オーディオデータ，テキスト，実行ファイルなど，あらゆるディジタルデータが該当する. ただし，盗聴者に怪しまれないように，意味のあるディジタルデータでなくてはならない. カバーは複数個用意されていて，その中のいくつかだけにメッセージを少しずつ埋め込んでいく. このカバーの集合の中から埋込みを行うカバーを選択するには，乱数を用いる. 埋め込むカバーが決まったら，ステゴ鍵と呼ばれる秘密情報を用いて実際の埋込みを行う. こうして，ステゴ鍵を使ってメッセージが埋め込まれたカバーを，ステゴデータと呼ぶ.

カバー：cover

ステゴ鍵：
stego-key

ステゴデータ：
stego-object

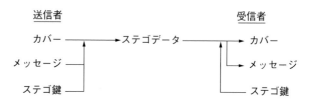

図 12.3　ステガノグラフィのモデル

　受信者は，事前に送信者と秘密に共有しておいたステゴ鍵を用いて，ステゴデータからメッセージを取り出す. 一部の方式では，この取出しの際にオリジナルのカバーを要することもある.

　ステガノグラフィの安全性は，すべてのデータを盗聴できる盗聴

者にとって，メッセージが埋め込まれたステゴデータと元のカバーがまったく区別できないことに依存する．盗聴者は通信路の盗聴だけでなく改ざんも可能だが，膨大なおとりのカバーのすべてを検査したり書き換えたりするのは効率が悪い．それゆえ，ステゴデータの書き換えに対する安全性はそれほど必要ではない．一方，電子透かしの場合には，攻撃者はそのディジタルデータに必ず電子透かしが入っているのを確信していて，電子透かし外しの試みに大きなコストをかけてくるので，強い安全性が求められるのである．

いかなるカバーもステガノグラフィに利用できるわけではない．埋込みによりカバーにはわずかな変化が生じるので，その差を人間が認識できないような種類のディジタルデータであることが必要である．より厳密には，人間だけではなくコンピュータにとっても統計的に有意な差が検出されてはならない．すなわち，ディジタルデータに十分な冗長性があり，まったく同値な表現を幾通りもの方法で表現できればよい．その冗長な領域を，秘密のメッセージで置き換えていくのである．

▌3. ステガノグラフィの種類

ステガノグラフィ技術には大きく次の種類がある．

① **歪曲法**：カバーを意図的に歪ませ，その歪ませ方に情報を埋め込む．復元するには，オリジナルのカバーと比較をする．

② **置換法**：カバーの冗長領域を直接メッセージと置換する方式．

③ **ドメイン変換法**：カバーの周波数領域にメッセージを埋め込む方式．

これら以外に，スペクトラム拡散法，統計的手法，擬似カバー法などがある．これらの一部の具体例と，性質の違いなどを述べる．

（例1）テキスト情報へのステガノグラフィ

歪曲法に分類される．テキストの意味を変えずに，別の表現に置き換えることで情報を埋め込む．一般にテキスト情報には冗長性が高く，例えば，「システムとユーザ」を「ユーザとシステム」と順序を変えたり，受動態を能動態にしても文章の大意は変わらない．そこで，形態素解析と変換辞書などを適用し，メッセージを機械的に埋め込む方式が提案されている．例を図12.4に示す．

歪曲法：
distortion
technique

置換法：
substitution
system

ドメイン変換法：
transform domain
technique

スペクトラム拡散法：
spread spectrum
technique

統計的手法：
statistical
method

擬似カバー法：
cover generation
method

> ネットワーク基盤の発達など［によって/により］，電子的にやり取りされる情報量がめざましく増加している．それに［伴い/伴って］，電子化されたコンテンツに対する著作権保護が大きな問題となっている．［そのような/その］問題を解決する1つの方法として注目，研究されているのが情報ハイディングである．

図12.4　テキストによるステゴオブジェクトの例［置換後/置換前］で変更箇所を表している

歪曲法では，オリジナルのカバーとステゴオブジェクトとを比較することでメッセージを抽出する．したがって，オリジナルカバーそのものを受信者と秘密に共有しておく必要があり，大規模なカバー集合においては効率がよくない．同じカバーを二度利用することも安全性の点から避けなくてはならず，結局，共有した大規模なカバーのほとんどは埋込みに利用されないで終わる．

歪曲法は，ほとんどのテキストベースのカバーに適用できる．ウェブページの記述に用いられる HTML やプログラミング言語の多くはフリーフォーマットであり，タグやコマンドの間にスペースをいくら挿入してもページの表現には影響を与えない．この冗長性をメッセージの埋込みに利用すればよい．PDF[*1] や PostScript などのページ記述言語においても，文字の幅や高さを微小に変動させて情報を埋め込むことが可能であることが報告されている．

HTML：
Hyper Text
Markup
Language

*1　PDF：
Portable
Document
Format, Adobe
社によって開発された プラットホームに依存しない文書形式．
PostScript も同様．

*2　画素：pixel,
画像を構成する最小要素．

（例2）ビットマップ画像へのステガノグラフィ（LSB 置換）

置換法に分類される．静止画像は，図12.1 で説明したように，カラーベクトルをもつ画素[*2]の配列で表現されている．この画素の細かさを解像度といい，これが大きいほどきめが細かい．一方，カラーベクトルは画素の明度と色相を表しており，値が大きいほど明るく白色に近づく．話を簡単にするため，1バイトで1ベクトルだけからなるグレースケール画像を考えよう．このとき，その画素の明度は0から255までの数値xで与えられる．コンピュータのビデオRAM の中では，xが2進数で格納されている．例えば，$x=202$ は 11001010 という2進数となる．xは1と0からなるディジタルデータであるが，ビットによって重みが異なっていることに注意しよう．最上位ビットが1から0に変わると，xは202から74へと大きく変化するが，最下位ビットが0から1に変わっても，202が203

＊　LSB：Least
Significant Bit,
「最も意味のもた
ないビット」すな
わち，最下位の1
ビット.

になるだけである．すなわち，最下位ビットは値にそれほど大きな
意味をもたないビットであるので，LSB＊と呼ぶ.

　実際，ビットマップ画像のLSBはその画像の印象に対してあまり
意味をもたない．図12.5のグレースケール画像を見てみよう．（1）
の原画像に対して，（2）は各画素の最上位ビット（MSB）だけから
なる白黒画像，（3）は逆にLSBのみからつくった白黒画像である.
MSBが元の大まかなイメージを残しているのに対して，LSBはほ
ぼランダムな画像を与えている．したがって，このLSBだけをほか
のランダムなデータと置き換えたとしても，でき上がる画像の大ま
かなイメージは保存されるだろう．LSB法は，この原理に基づいて
次のようにステゴオブジェクトを生成する.

　カバーcを$x_1, x_2, \cdots, x_n$のn個のバイト列，メッセージmを$(m_1,$
$m_2, \cdots, m_l)$のlビットの値とする．ステゴオブジェクトsは，$i=$
$1, \cdots, n$について，

$$s_i = \begin{cases} x_i \wedge \mathrm{FE} & (m_i = 0 \text{のとき}) \\ x_i \vee 1 & (m_i = 1 \text{のとき}) \end{cases}$$

で定義される$s_1, s_2, \cdots, s_n$のデータ列である．ただし，$x_i \vee 1$はビッ
ト単位の論理和，すなわち，x_iのLSBを1にセットすることを，x_i
$\wedge$ FEは逆にLSBをリセットすることを意味する．ステゴオブジェ
クトからメッセージの抽出は，$m_i = s_i \wedge 1$（$i = 1, \cdots, l$）で定義され
る1個のビットを求めればよい.

　LSB法は原理もやさしいので，多くのステガノグラフィのソフト
ウェアで採用されている．"Hide and Seek"は8ビットの画像に対
するオープンソースソフトウェアである．同様なものにStegoDos

　（1）　元画像　　　（2）　MSBのみ　　（3）　LSBのみ

図12.5　ビットマップ画像

TIFF：
Tagged Image
File Format

や White Noise Storm などがある．ただし，LSB がほんの少しでも変わるとメッセージが失われてしまうため，raw 形式や TIFF などの情報損失のない（ロスレス）画像フォーマットにのみその適用は限定されている．

■12.4 匿名通信路

■1. 概　要

匿名通信路：
anonymous chan-
nel, anonymous
communication

匿名通信路は，メッセージの送信者や受信者，あるいは両者をわからなくする技術である．ステガノグラフィが秘密通信の存在を隠し，送受信者の二者は特定されていたのと対照的に，匿名通信路では通信があることは明示的であり，多くの送信者と受信者の中で誰が本物であるか同定できなくすることを目的としている．電子投票*などの安全なプロトコルを構成する際に必須な要素技術の1つである．

＊　第8章8.3節
参照

インターネットは匿名性の高い通信メディアであるといわれている．匿名でいることよりも，むしろ，不特定多数が世界規模で相互に接続している環境で自分の身元を相手に納得させる（認証）ことのほうがはるかに難しい．実際，メールを代表とする多くのアプリケーションでは実名よりも仮名が用いられていて，これが匿名の電子掲示板による誹謗中傷や正体不明のデマの流通などを活性化させていた．ここにさらに匿名性を与える通信路を構築することは意味のあることなのかと疑問に思うかもしれない．

しかしながら，仮名による匿名性では不十分な応用も多い．仮名を登録しているプロバイダに問い合わせれば真の利用者への対応は判明する．これでは，不正事件の内部告発や殺人事件の目撃者の証言，政治的な発言や現体制への批判など，身元を同定されることをおそれる場合には利用できない．プロバイダに問合せをしなくても，同じ仮名を複数回利用することで履歴から利用者の追跡が可能になり，利用回数がわかってしまう．したがって，オンラインショッピングやオークションなどの場合には，その利用者の消費動向や嗜好が利用されてしまうかもしれない．

そこで，暗号技術を適用し，通信路の盗聴や中継者間の結託に対しても十分な頑健性をもつ匿名通信路が提案されてきている．

▌2. 匿名通信路の種類

明示的にされていないだけで，私たちの身の回りの通信路のいくつかはすでに匿名である．例えば，クライアントの情報を直接サーバに与えないという意味で，ウェブにおけるプロキシサーバも1つの匿名通信路である．ウェブサーバは送信者，ブラウザは受信者なので，この場合は受信者の匿名性を守っていることになる．一方，郵便というメディアは，無人の郵便ポストがいたるところに用意されているという意味で送信者の匿名性がある．発信者不明の怪文書の配布にこの匿名性が悪用されていることがわかるだろう．もっと身近な例では，誰が見ているか同定しきれないという意味では，新聞，雑誌，テレビなどの既存のマスメディアは（受信者）匿名通信路といえよう．

そこで，送信者，受信者，および，中継者の三者について，匿名性を次の4種類に分類する．

(1) 送信者の受信者に対する匿名性．
(2) 受信者の送信者に対する匿名性．
(3) 送信者の第三者（中継者）に対する匿名性．
(4) 受信者の第三者（中継者）に対する匿名性．

政治的なオンラインスピーチや内部告発は，(1) の匿名性で必要十分である．ウェブにおける視聴のプライバシーを考えれば，視聴者（ブラウザ）にとっては (2) が必要で，(3) と (4) は非合法な商品の売買などの際に求められる．

▌3. 匿名通信路の原理

匿名通信路を構成するには，いくつかのモデルがある．

① 匿名中継者：単一の中継者による代理の通信．送信者の匿名性，受信者の匿名性の両方がある．

② 確率的中継者：複数の中継者間で確率的に経路制御する通信．送信者の匿名性を保証する．

③ 多重暗号：複数の中継者のそれぞれについて経路と中継先を

プロキシサーバ：
proxy server

　暗号化する通信.

④　公開掲示板：誰もがアクセスできるメディアを媒体にした真の受信者に通信.

⑤　秘密分散法：メッセージを複数の中継者に分散し，それらの協調によりメッセージを復元する通信．送信者の匿名性を対象とする.

（a）匿名中継者

匿名中継者は，最も単純な匿名通信路である．使い捨ての仮名を用意し，真の送信者の代理でメールを転送する匿名中継者はこのモデルである．送信者の匿名性を保証している．一方，前述のウェブプロキシサーバは受信者の匿名性を守る匿名中継者である．さらに，クッキーやスクリプト言語の処理を追加した，よりセキュリティに特化したシステムもある．これら匿名中継者の欠点は，匿名性が単一の中継者への信頼に依存する点である．中継者の通信履歴が漏えいすれば，匿名性はたやすく失われてしまう．そこで，中継者を複数用意し，受信者までの経路を確率的に決定する確率的中継者も提案されている.

（b）Mix-net

多重暗号のモデルは，公開鍵暗号による暗号化を多重に行うことにより確率的中継者の問題点を解決し，より強い匿名性を実現する．このモデルは，チャームにより提案され，Mix-net と呼ばれている．Mix-net は最も強い強い匿名性を保証しており，匿名通信路の代表的なモデルになっている.

チャーム：
D. Chaum

(1)　A は，B に至るまでの経路を自分で決める．これを，R_1, …, R_n とする.

(2)　A は，メッセージ m を B の公開鍵 P_B で暗号化し，それをさらに，n 番目の中継者 R_n の公開鍵 P_n で，

$$X_n = E_{P_n}(B \| E_{P_B}(m))$$

と暗号化する．同様の処理をほかの中継者も繰り返し，最後に $E_{P_1}(R_2 \| X_2)$ を得る．これを，最初の中継者 R_1 へ送る.

(3)　R_1 は自分の秘密鍵で X を復号し，次の中継者 R_2 とメッセージ X_2 を取り出し，その中継者に送信する．ほかの中継者も同様の処理を繰り返し，最終的な受信者 B へ $E_{P_B}(m)$ が届く.

（4）B は復号して m を得る.

　経路は送信者によって動的に決められていて，各中継者は，自分の手前の中継者と次の中継者までしかわからないので，中継者の結託に対しても耐性がある.

　ただし，このままでは各中継者の前後の通信トラヒックを観察しておけば，入っていくメッセージと出ていくメッセージの対応がわかる. そこで，送信者が l 人いるとき，各中継者は l 個の暗号文を受信するまで待ち，メッセージの順番をランダムにシャッフルしてから次の送信者に転送する. 以上の処理の例を図 12.6 に示す. MIX1 が A, B, C, D の順番をシャッフルしている. n 人の中継者がそれぞれ独立にメッセージの順番を置き換えるので，最終的な B への到達順はそれらの置換の合成となり，すべての中継者が結託しないかぎり匿名性が守られる.

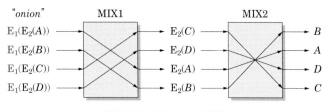

図 12.6　Mix-net の原理

（c）Tor

　Mix-net の原理に基づき，パフォーマンスを改善したプロトコル，および，ソフトウェアに Tor（トーア）がある. オニオンルーティングとは，多重に暗号化されたパケットがルータ（経路制御装置）で中継されるたびに玉ねぎの皮を向くように復号される様子から来ている.

Tor : The Onion Router

　図 12.7 に，その原理を示す. Mix-net と同様に多重に暗号化を行い，メッセージ X を受信者 A, B に届けている. Mix-net とは異なり，ルータ OR1, OR2 ではシャッフルは行わない. また，すべてのメッセージを暗号化することによる負荷を減らすため，OR 間の鍵を DH 鍵共有で確立した後は，各パケットは AES などの共通鍵暗号で暗号送信する. これらの工夫により，通常のウェブページなども閲覧できるレベルの即応性を実現している.

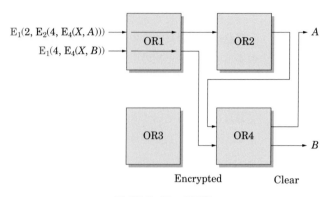

$E_1(2, E_2(4, E_4(X, A)))$

$E_1(4, E_4(X, B))$

OR1　OR2　OR3　OR4　A　B

Encrypted　　　　Clear

図 12.7　Tor の原理

　オープンソースで，Tor プロトコルでウェブページを閲覧する Tor ブラウザなどが提供され，.onion という独自のトップレベルドメインの DNS を割り当てた匿名サーバからなる世界規模の Tor ネットワークを構成している．専用ブラウザでしかアクセスできないネットワークはダークネットやディープウェブと呼ばれる．本来の内部告発者らのプライバシーを守った正規のメッセージ交換だけではなく，殺人や爆破予告などの犯罪，漏えいした個人情報，偽造ソフトウェア，非合法な商品などの売買に用いられることがしばしば社会問題になっている．

ダークネット：
dark net

ディープウェブ：
deep web

演 習 問 題

問 1　サブリミナル技法の適用例を挙げて，そのしくみと効用を述べよ．

問 2　自己の顔写真を用いて以下の電子透かし処理をせよ．

(a) 図 12.1 の方法で各自のイニシャルをロゴマークとして隠ぺい型および顕示型の電子透かしをつくりなさい．

(b) 図 12.2 の方法で各自の英字名をビット列に展開し画面全域に繰り返し埋め込みなさい．

(c) 上記 (a)(b) の結果にスティアマーク StirMark 攻撃（参照：`https://www.cl.cam.ac.uk/~mgk25/stirmark.html` のデフォルト値を利用する）を実行せよ．その出力画像と原画像との差分を求め，電子透かし情報を復号して各ビットの誤り率

を示せ.

問3 Mix-net は受信者に対して送信者の匿名性を保証している. たとえ受信者が送信者に返事をしたくても, 送信者が誰だかわからない. このような片方向の匿名通信路でも十分な応用例と不十分な応用例を挙げよ.

問4 受信者が送信者に返答するためのプロトコルを考えよ. ただし, 返答のメッセージについても送信者と受信者の匿名性を損ねてはならない.

第13章

バイオメトリクス

本章では，指紋や音声などの生体的な特徴量を用いた個人認証技術であるバイオメトリクス個人認証について学ぶ．まず，13.1節でバイオメトリクスの必要性を理解し，一般的な個人認証との関係を明確にする．13.2節と13.3節で代表的なバイオメトリクス技術の例を詳細に学び，最後に13.4節でバイオメトリクス技術の今後を展望する．

■ 13.1 バイオメトリクス認証

個人認証には，次の3要素がある．

① 鍵やICカードなどの所有物によるもの
② 暗証番号やパスワードなどの知識によるもの
③ 指紋，筆跡，音声などの体に固有の特徴によるもの

多要素認証：
multi-factor
authentication

二要素認証：
two-factor
authentication

これらの複数の要素を組み合わせた認証を多要素認証，もしくは2つの要素を組み合わせたものを二要素認証と呼ぶ．個人認証のガイドラインを定めるNIST SP800-63[1]では，確実な個人認証が求められる場面では多要素認証を用いることを要請している．バイオメトリクス認証は，センサー等で計測した本人に固有の生体特徴を機械学習等の手法により識別する技術である．特に認証に用いられる生

体特徴は，次の条件を備えているものが選ばれる．

普遍性：
universality

唯一性：
distinctiveness

永続性：
permanence

① **普遍性**（誰もがもっている特徴であること）

② **唯一性**（本人以外は同じ特徴をもたないこと）

③ **永続性**（時間の経過とともに変化しないこと）

実際の応用では，これらの特性に加えて，高い認証精度と認証速度が得られること，心理的抵抗が低いこと，なりすまし攻撃やプライバシー漏えい等に対する耐性が高いこと，認証機器が低コストで製造できることなどが求められる．

照合：
verification

識別：
identification

バイオメトリクスによる個人認証は，照合と識別の2つに大別される．照合では，本人があらかじめシステムに登録しておいた生体テンプレート情報と採取した生体情報が，同一人物に由来するものか否かを判定する．照合の場合は，個人識別番号やスマートカードを提示するなどして，自分が誰であるかを照合システムに伝える必要がある．これに対して識別は，システムに登録されている全員の生体テンプレート情報を対象として，採取した生体情報と最もよく一致するものを探索することで行われる．以下，照合と識別の違いについて，より詳しく述べる．

▌1. 照合（2クラス分類問題）

$\mathcal{I}=[1, N]$ を個人識別番号の集合，$\mathcal{X}$ を生体情報の空間とし，$X=\{x_1, x_2, \cdots, x_N\}$ を生体テンプレート情報の集合とする．個人識別番号と生体情報の正しい組のクラス C_G と，誤った組のクラス C_I は，$C_G \cup C_I = \mathcal{I} \times \mathcal{X}$ かつ $C_G \cap C_I = \varnothing$ を満たし，すべての組 $(i, x) \in \mathcal{I} \times \mathcal{X}$ は C_G か C_I のいずれか一方のクラスに属する．

照合における2クラス分類問題は，個人識別情報 i^* と生体情報 x^* が与えられたときに，$(i^*, x^*) \in C_G$ か $(i^*, x^*) \in C_I$ かを判定する問題である．これは，2つの生体情報の類似度を出力するスコア関数 $S: \mathcal{X} \times \mathcal{X} \to \mathbb{R}$ を用いて，次のように定義される．

$$(i^*, x^*) \in \begin{cases} C_I & (S(x^*, x_{i^*}) < t) \cdots\cdots D_I \\ C_G & (S(x^*, x_{i^*}) \geqq t) \cdots\cdots D_G \end{cases}$$

しきい値：
threshold

ここで，$t \in \mathbb{R}$ はしきい値，x_{i^*} は人物 i^* がシステムに事前登録した生体テンプレート情報である．すなわち，照合では，個人識別番号 i^* の入力に対して，照合対象のシステム内の登録済み生体テンプレ

ート情報 x_{i*} をデータベースから取り出し，入力生体情報 x^* との照合スコアがしきい値より高いか否かで本人か否かを判定する．

判定 $(i, x) \in C_I$ を D_G と書き，逆の判定を D_I と書く．図 13.1 に示すように，同一人物でもサンプリングごとに異なる生体情報が取得されることから，本人から採取した 2 つのサンプル x と x' のスコア $s = S(x, x')$ はばらつきをもって $p(s \mid C_G)$ に従って分布する．同様に，異なる人物から採取したサンプル x と x' の間のスコアも，$p(s \mid C_I)$ に従って分布する．これをしきい値 t によって判定すれば，しきい値の両側に 2 種類の誤判定が生じる．本人クラス C_G のサンプルであるにもかかわらずしきい値を下回ったため他人クラスに判定されたエラーを本人拒否率（FRR），他人クラス C_I のサンプルであるにもかかわらずしきい値を上回ったため本人クラスに判定されたエラーを他人受入率（FAR）と呼び，次の式で与えられる．

$$\text{FAR} = \int_{s \in D_G} p(s \mid C_I)\,ds = \int_t^\infty p(s \mid C_I)\,ds \tag{13.1}$$

$$\text{FRR} = \int_{s \in D_I} p(s \mid C_G)\,ds = \int_{-\infty}^t p(s \mid C_G)\,ds \tag{13.2}$$

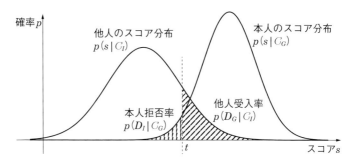

図 13.1 照合（2 クラス分類問題，ハッチ部分は識別エラーを表す）

ROC：receiver operating characteristic

ERR：Equal Error Rate

AOC：Area Over the Curve

しきい値 t を変化させると，FAR と FRR は式（13.1），（13.2）に従って図 13.2 の軌跡を描く．この軌跡を ROC 曲線と呼び，識別器の性能比較に用いられる．性能の良い識別器ほど，左上に膨らんだグラフになる．また，FAR と FRR が一致する点を等誤り率（EER），ROC 曲線の上側の面積を AOC と呼び，これらは識別器の

性能指標として用いられる．安全性を重視するアプリケーションでは，他人受入率 FAR を小さくするしきい値を選び，犯罪捜査における犯人の特定（フォレンジクス）などの用途では本人拒否率 FRR を小さくするしきい値が選ばれる．

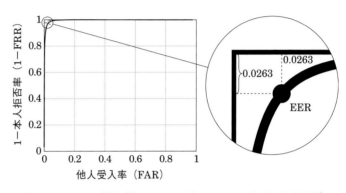

図 13.2　ROC 曲線（図では EER が 0.0263 であることを示す）

2. 識別（多クラス分類問題）

$\mathcal{I} = [1, N]$ を個人識別番号の集合，$\mathcal{X}$ を生体情報の空間とし，$X = \{x_i \in \mathcal{X} \mid i \in \mathcal{I}\}$ を生体テンプレート情報の集合とする．識別における多クラス分類問題は，生体情報 x^* が与えられたときに，$x^* \in C_{i^*}$ を満たす個人識別番号 i^* を出力する問題である．これは照合時と同様に，スコア関数 $S: \mathcal{X} \times \mathcal{X} \to \mathbb{R}$ を用いて，次のように定義される．

$$i^* = \begin{cases} \underset{i}{\arg\max}\, S(x^*, x_i) & (\exists i \quad S(x^*, x_i) \geq \tau) \\ \bot & (\forall i \quad S(x^*, x_i) < \tau) \end{cases} \tag{13.3}$$[*1]

ここで，τ はしきい値である．また，$\bot$ は入力サンプルとすべてのテンプレートの間のスコアがしきい値未満であることを表し，事前に登録された個人識別番号の集合 $\mathcal{I}$ の中に該当する番号（クラス）が存在しないと判断することを示す．バイオメトリクスの識別においては，$\bot$ を背景クラスとして加えた $N+1$ クラス分類問題を解いている．

次に，識別におけるセキュリティを考えるために，照合と同じように各クラスを $x \in C_i$ か $x \in \overline{C_i}$ の 2 クラス分類問題として捉えて FAR_{C_i} と FRR_{C_i} を考える．

*1　式 (13.3) は最高スコアの i^* を 1 つ出力する rank-1 で定義している．より一般には上位 n に入る個人識別番号を出力する rank-n が用いられる．また，以下のセキュリティの議論では $n \to \infty$ とした rank-∞ を考える．

$$\mathrm{FAR}_{C_i} = \int_t^\infty p(s \mid \overline{C_i})\,ds, \qquad \mathrm{FRR}_{C_i} = \int_0^t p(s \mid C_i)\,ds \qquad (13.4)$$

ここで，

$$p(s \mid C_i) = \sum_{x \in \mathcal{X}} p(x \mid C_i)\Pr[S(x, x_i) = s]$$

である．

　すべてのクラスについてこれらの平均をとると，識別における誤受入識別率（FPIR）と誤拒否識別率（FNIR）が与えられる．

FPIR：
false positive
identification rate

FNIR：
false negative
identification rate

$$\mathrm{FPIR} = \sum_{i \in \mathcal{I}} p(C_i)\mathrm{FAR}_{C_i} = \sum_{i \in \mathcal{I}} p(C_i) \int_t^\infty p(s \mid \overline{C_i})\,ds \qquad (13.5)$$

$$\mathrm{FNIR} = \sum_{i \in \mathcal{I}} p(C_i)\mathrm{FRR}_{C_i} = \sum_{i \in \mathcal{I}} p(C_i) \int_0^t p(s \mid C_i)\,ds \qquad (13.6)$$

　ところで，$\overline{C_i}$ が全体から C_i を除いた $\{C_1, \cdots, C_{i-1}, C_{i+1}, \cdots, C_N, C_\perp\}$ で与えられることを考慮すると，式（13.4）は次のように近似できる．

$$\mathrm{FAR}_{C_i} = \int_t^\infty p(s \mid \overline{C_i})\,ds$$

$$= 1 - \prod_{\substack{j \in \mathcal{I} \cup \perp \\ j \neq i}} \left(1 - \int_t^\infty p(s \mid C_j)\,ds\right)$$

$$\leqq \sum_{\substack{j \in \mathcal{I} \cup \perp \\ j \neq i}} \int_t^\infty p(s \mid C_j)\,ds \approx N \cdot \mathrm{FAR} \qquad (13.7)$$

$$\mathrm{FRR}_{C_i} \approx \mathrm{FRR} \qquad (13.8)$$

式（13.7），（13.8）は C_i の選び方によらず成り立つことから，識別における誤受入識別率（FPIR）は，同じしきい値を用いた場合，照合における誤受入識別率（FPIR）の N 倍程度になることがわかる．他方，誤拒否識別率（FNIR）は照合における FRR と同じで N に依存しない．

　特徴空間 $\mathcal{X}$ が１次元で登録テンプレート数が $N = 3$ のときの例を，図 13.3 に示す．C_1 を基準に考えると，分布 $\overline{C_1} = C_2 \cup C_3 \cup C_\perp$ は，図のように C_1 以外のすべての分布を合成した分布になる．図では正規化条件を無視して表示している．N を大きくすると，分布 $\overline{C_1}$ は人間全体の生体情報の分布に近づく．

　識別におけるしきい値も，アプリケーションに応じて慎重に決定

する必要がある．銀行ATMや駅の改札等でカード等の提示を求めずに認証を行うようなアプリケーションでは，一般に誤受入識別率（FPIR）を小さくするしきい値が選ばれる．他方，現場に残された指紋等から犯人を絞り込む用途（フォレンジクス）では誤拒否識別率（FNIR）を小さくするしきい値が選ばれる．

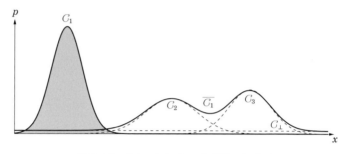

図 13.3　分布 $p(x \mid C_i)$，$p(x \mid \overline{C_i})$の概念図

13.2　バイオメトリクス技術

1. 指紋（Fingerprint）

指紋は同一人物の同一指以外には同じものが存在せず，また6か月程度の胎児で完成し，その後は成長に伴い大きさに変化はあっても指紋模様自体に変化は生じないといわれている．すなわち，万人不同，終生不変といった特徴を有する確実性の高い生体特徴として広く認められている．犯罪捜査管理におけるAFISは代表的な導入事例である．

AFIS：automated fingerprint identification system

代表的な指紋の照合アルゴリズムとしては，指紋の端点や分岐点などの特徴点（マニューシャ）の位置と方向を利用するマニューシャ法でる．また，マニューシャの位置，方向に加えてマニューシャ間の隆線数を距離として用いるマニューシャリレーション方式（図13.4参照），さらに特徴点の位置とともに周囲の画像を用いるチップマッチング法が実用化されている．最近では，隆線の方向分布をベクトル場として捉えて相関をとる手法や深層学習を用いた手法などが提案されている．

マニューシャ：minutia

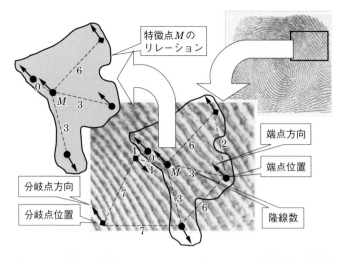

図13.4　指紋の特徴点とリレーション（NEC ソフト㈱星野氏提供）

▎2. 虹彩（Iris）

　虹彩は生後8か月で模様を形成する構造が完成し，指紋と同様に終生不変の特徴を保つといわれている．図13.5に示すように，虹彩には複雑な模様が存在する．図は35 cmの距離から撮影した白黒画像に瞳孔，虹彩，まぶたの認識位置を重ねて表示したものである．左上の符号は，虹彩パターンを2D Gabor ウェーブレット変換したときの各領域の位相を表示している[2]．

　ドーグマンは，ドーナツ型の虹彩画像を極座標系の画像 $I(\rho, \phi)$ に変換し，サンプル点 (r_0, θ_0) 近傍の直径方向に高さ 2α，角度方向に幅 2β の窓をもつ区間で角速度 ω でウェーブレット変換を行う．点 (r_0, θ_0) の符号は，式（13.9）のように，ウェーブレット変換で得られたフェーザ（複素係数）の実部と虚部の正負の符号 sgn に従って2 bit で得られる．この計算を多くのサンプル点 (r_0, θ_0) について実施し，1つの虹彩画像から2048 bit の符号（アイリスコード）を得るアルゴリズムを提案している[2]．

$$h_{[\text{Re, Im}]} = \text{sgn}_{[\text{Re, Im}]} \iint I(\rho, \phi) e^{-i\omega(\theta_0 - \phi)} \cdot e^{-\frac{(r_0 - \rho)^2}{\alpha^2}} \cdot e^{-\frac{(\theta_0 - \phi)^2}{\beta^2}} \rho d\rho d\phi$$

$$(13.9)$$

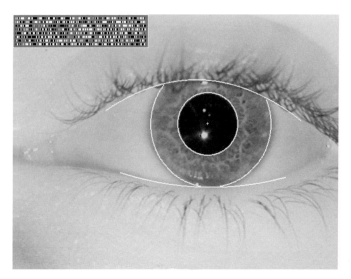

図 13.5　虹彩の例

照合スコアは2つのアイリスコードのハミング距離で求められる．本人の虹彩であれば小さな値をとり，他人の虹彩であれば大きな値をとることから，簡単なスコア計算で高精度な本人認証が可能になることが知られている．

3. 顔（Face）

　顔の識別は，人間が日常生活の中で日常的に行っているタスクである．顔の画像は，照明や姿勢，表情で変化するため，従来は高い認識精度を得られなかったが，近年では大幅に認証精度が向上している．顔は，指紋や虹彩などの他のモダリティと比較して，離れた場所から測定できて認証に要する負担が比較的少ないことや，本人に隠れて撮影することも可能なことなど，いくつかの利点がある．最近では，スマートフォンにも顔認証機能が搭載されて身近な認証技術になっている．

　顔の識別性能を大きく進化させた主成分分析（PCA）法や固有顔（eigenface）を用いる顔部分空間法（face subspace）は，学習用顔画像から抽出した特徴ベクトルの集合から，少数の主成分あるいは固有顔を計算する．この固有顔を顔部分空間の基底として，一般の

顔を固有顔の線形結合として表現することで，顔の類似度を判断することを可能にした．しかし，依然として照明，姿勢，表情等の影響を大きく受けていた．最近では，深層学習を用いることにより，撮影環境の変化に強い手法も提案されている．FaceNet[3]は，画像識別に用いられる畳込みニューラルネットワークを用い，顔画像を入力として128次元のベクトルを出力させ，本人のベクトルは近く，他人のベクトルは遠くなるようにネットワークの重みをend-to-endで学習させるだけで，撮影条件によらず安定した個人識別に向けて大きく前進した．

▍4. 静脈（Vein）

顔や指紋は常に露出していることから，生体情報の盗取が問題となる．これに対して，脳波，心電位，静脈等のモダリティは，特殊な装置を用いない限り生体情報の採取が難しいことから秘匿性が高く，リモート認証等の高いセキュリティが求められる応用に向いた方式である．中でも静脈認証は利便性が高いことから，銀行ATM等に広く採用されている．

静脈に多く見られる還元ヘモグロビンは波長760 nmの近赤外に吸収率のピークがあることから，近赤外の帯域通過フィルタを通じた画像を取得することで鮮明な静脈画像が取得される．静脈は万人不同で生涯不変な特徴をもつ精度の高いモダリティであるといわれている．

■13.3　バイオメトリクスの安全性

▍1. プレゼンテーション攻撃検知（presentation attack detection）

現実のバイオメトリクス認証システムでは，死体の指や他人の指紋を自分の指に手術した指を使ったなりすまし行為も報告されているが，さまざまな材料（シリコン，ゼラチン，プラスチック，粘土，歯科用成形材料，グリセリンなど）で製造された人工指を使用されるリスクが日常的に高いことから，センサーに提示された物体の生

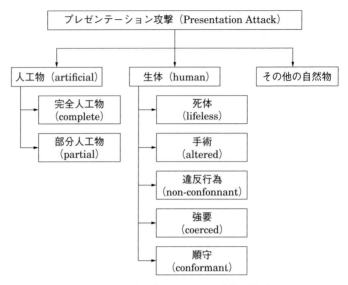

図13.6　プレゼンテーション攻撃の類型

体検知が大きな研究課題になっている．図13.6にプレゼンテーション攻撃の類型を示す．人工物を使ったなりすまし攻撃から，標的人物の指を切り取ったなりすましや，本人の意志によるなりすましまで多岐にわたる[4]．人工物によるプレゼンテーション攻撃には，グミ製の擬指，顔が写ったビデオをセンサーに提示する完全人工物による攻撃（complete）と，フィルム状指紋，サングラス，虹彩模様の付いたコンタクトレンズ，化粧など攻撃者の生体に装着して使用する部分人工物による攻撃（partial）が存在する．他方，生体によるプレゼンテーション攻撃には，切断された指などの本人の体の一部を利用する攻撃（lifeless），体の一部を損傷して本人であることを隠す行為，標的人物の指紋を移植手術して標的人物になりすます攻撃（altered），極端な感情を表した顔を提示する，指先／指側面を提示するなどして認証を逃れる行為（non-conformant），標的人物が意識を失った状態での生体の提示，脅迫して生体の提示を強要する行為（coerced），なりすましに協力する行為，標的人物へのなりすまし（conformant）が偶然に成功するなどが含まれる．このように，プレゼンテーション攻撃の可能性は非常に多岐にわたる．

　対策技術には，人間の皮膚に固有の匂い，弾性特性，湿度上昇を測定するものや，印刷物やディスプレイに固有に現れる周波数特性，特徴点のオプティカルフローにより複雑な形状をもつ 3D 生体と 2D 印刷物の識別を試みる，などさまざまな手法が研究されている[5]．

2. テンプレート保護

　バイオメトリクスでは万人不同，終生不変の生体特徴が用いられるため，電子的に格納された生体テンプレート情報が漏えいすると，プライバシー侵害のリスクが高まるだけでなく，パスワードのように変更して再登録することができないという問題がある．このため，銀行の IC キャッシュカードやスマートフォンでは，生体テンプレート情報を IC カード等の耐タンパー性のあるデバイスに分散格納して，漏えいリスクを低減する物理的な対策が取られている．しかし，耐タンパーデバイスにバグが存在して生体テンプレート情報を漏えいしてしまうリスクや，中央のデータベースに格納していた生体テンプレート情報が漏えいするリスクを完全に払拭することはできない．このため，生体テンプレート情報を暗号文の状態で復号することなくマッチングできるテンプレート保護技術が提案されている．以下，ファジーコミットメント[6]を例に説明する．

　$C \subseteq \{0, 1\}^n$ を符号語（codeword）の集合とし，$\mathrm{Dec} : \{0, 1\}^n \to C \cup \perp$ は復号関数で，任意の長さ n のビット列 x を，C の符号語の中で最もハミング距離が短い符号語に写す関数とする．ただし，復号に失敗した場合には $\perp$ を出力する．また，ビットごとの排他的論理和 XOR を $+$（$-$）で表し，$\|x\|$ で x のハミング重みを表す．x と y のハミング距離は $\|x - y\|$ で表される．さらに，C は t ビット誤り訂正符号であるとし，ハミング距離 t 以下のビット誤りを訂正する．すなわち，任意の符号語 $c \in C$ と，任意のビット列 $\delta \in \{0, 1\}^n$ かつ $\|\delta\| \leq t$ に対して $\mathrm{Dec}(c + \delta) = c$ を満たす．

　ファジーコミットメントは，登録人物の生体テンプレート情報 $x \in \{0, 1\}^n$ とランダムに選択した符号語 $c \in C$ を用いて，

$$(c + x, h(c)) \tag{13.10}$$

で表される．ここで，$h(\cdot)$ は衝突困難性を満たす暗号学的ハッシュ

関数である．生体情報 x' を採取した際に，x' に対応する符号語 $c' = \mathrm{Dec}(c + x - x')$ を復号する．入力した生体情報 x' が登録人物と同一人物で $\|x - x'\| \leq t$ を満たす場合は $h(c) = h(c')$ が満たされる．しかし，$\|x - x'\| > t$ の場合は復号に失敗するか別の符号語 $c \neq c'$ に復号され，圧倒的に高い確率で $h(c) \neq h(c')$ となる．すなわち，

$$c' = \mathrm{Dec}(c + x - x') \Rightarrow \begin{cases} h(c) = h(c') & (\|x - x'\| \leq t) \\ h(c) \neq h(c') & (\|x - x'\| > t) \end{cases} \tag{13.11}$$

C には十分に多くの符号語は含まれるため，$c + x$ は生体テンプレート情報を秘匿する暗号文になっている．

　ファジーコミットメントに代表されるテンプレート保護技術は，耐タンパーデバイスや中央のデータベースに生体テンプレート情報を暗号文の状態で登録しても，暗号文を平文に戻すことなく，暗号文のままでマッチングする一連の技術である．13.2 節で述べたアイリスコードはハミング距離によるマッチングアルゴリズムで実現されていたため，ファジーコミットメントがそのまま利用できる．ほかにも，さまざまなマッチングアルゴリズムに対応したテンプレート保護技術が提案されている[7]．

■13.4　今後の展望

①　安全性の向上

　プレゼンテーション攻撃検知やテンプレート保護などの安全性を高め，安心してバイオメトリクスを利用できるための研究開発が求められる．

②　プライバシー侵害への対応

　深層学習の発展に伴い個人識別技術の性能はめざましく進化している．これに伴い，プライバシー侵害が疑われる事案も増加していることから，社会不安を払拭する技術の研究開発や制度整備が求められる．

③　ディープフェイク等の社会課題への対応

　バイオメトリクスと関連の深い問題にディープフェイクが挙げられる．ディープフェイクやフェイクニュースの検知技術の開発

が急がれる.

演 習 問 題

問1 独立な複数のバイオメトリクスを組み合わせて人物を認証した際の精度を評価せよ.

問2 スマートフォンでユーザをバイオメトリクス認証した結果,スマートフォン側で本人と判定したとする.この判定結果をリモートのサーバに正しく伝える方法を検討せよ.

問3 プレゼンテーション攻撃検知アルゴリズムを考案し,その利害得失を述べよ.

問4 生体テンプレート情報の分布が一様であると仮定して,ファジーコミットメントが生体テンプレート情報を漏らさないことを示せ.

第14章

セキュリティ評価

本章では，セキュリティ評価基準について説明する.

セキュリティ評価基準とは，製品やシステムに対してセキュリティ機能の実現度を表す統一された国際標準である．本章では，代表的な国際規格であるISO/IEC 15408について詳細に述べていく．まず，14.1，14.2節でISO/IEC 15408の概要と構成を理解する．14.3節でセキュリティ機能要件について，14.4節でそれらの機能が実現されていることを検証する保証要件について述べる．最後に，14.5節でセキュリティの要求仕様書と実際の製品を対象とした設計仕様書であるプロテクションプロファイル（PP）とセキュリティターゲット（ST）について述べる.

＊ TCSEC：
Trusted
Computer
Systems
Evaluation
Criteria，通 称
「オレンジブック」
と呼ばれる.

■14.1　セキュリティ評価の概要

ITSEC：
Information
Technology
Security
Evaluation
Criteria

日本では，**セキュリティ評価基準**という言葉はあまり聞き慣れない言葉かもしれないが，欧米主要国では数十年も前から主として軍需や政府調達において，情報技術を用いた製品やシステムに対するセキュリティ機能の実現度を示す尺度として使われてきた．これらの評価基準は，欧米各国で独自につくられており，アメリカではTCSEC＊，欧州ではITSECなどが作成されている．また，これらの

評価基準の作成とともに，その基準に基づく評価・認証のための制度も運用されている．**ISO/IEC 15408** は，これらのセキュリティ評価基準を国際的に統一するべきとの動きから ISO 規格として標準化が進められたものであり，投票の結果，1999 年 12 月に国際標準として発行された．

ISO/IEC 15408 はコモンクライテリアとも呼ばれている*．これは TCSEC や ITSEC を策定した欧米の 6 か国（カナダ，フランス，ドイツ，オランダ，イギリス，アメリカ）の政府機関で構成される CC プロジェクトが開発したコモンクライテリアという従来の各国評価基準を統一した基準をベースに ISO へ提案されたことによる．現在，ISO/IEC 15408 と CC は規格書としては別であるが，内容は同一になっている．この国際標準の制定に対応して，日本規格協会が 1999 年度から，工業技術院の委託により ISO/IEC 15408 の JIS 化を推進し，JIS X 5070 として 2000 年 7 月 20 日に制定した．

コモンクライテリア：
Common
Criteria；CC

*　ISO/IEC：
国際標準化機構
（ISO）と国際電気
標準会議（IEC）と
の共同組織による
標準化規格

14.2　セキュリティ評価基準 ISO/IEC 15408 の特徴

1．ISO/IEC 15408 とは

ISO/IEC 15408 は，情報技術を用いた製品やシステムが備えるべきセキュリティ機能に関する要件（機能要件）や，設計から製品化に至る過程で，セキュリティ機能が確実に実現されていることを確認するための要件（保証要件）が集大成された要件集になっている．ここに書かれる各セキュリティ要件は，この規格の利用者（開発者，評価者，ユーザなど）がその内容について共通な認識をもてるように，セキュリティに関する言葉を統一して作成されている．

2．適用範囲と評価内容

この規格の適用範囲は，情報技術を用いた製品やシステムのセキュリティ機能であり，ソフトウェアだけでなく，ファームウェアやハードウェアも対象となる．そして，これらのセキュリティ機能のうち，この規格に基づく評価の対象となる部分を TOE と呼ぶ．

この規格の基本的な考え方は，開発・製造・運用に関わった資材

TOE：
Target Of
Evaluation

を第三者（評価機関）が検査することにより，そのセキュリティ機能実装の確かさを確認しようというものである．この製品やシステムを利用する際の組織上の運用や管理などは使用上の前提条件と位置づけており，直接評価の対象にはしない．ここで，検査の対象となる資材とは，**セキュリティターゲット**（保護の対象の特定，セキュリティ脅威分析，対策方針，装備すべき機能などを記載したセキュリティ設計仕様書であり，ST と呼ばれる），プログラム設計書（上位/下位レベル設計書），プログラムのソースコード/オブジェクトコード，テスト仕様書，脆弱性分析書，開発者の運用規則，ユーザマニュアルなどである．

したがって，これらの資材は，評価を行う第三者にわかりやすいものでなければならない．このことは評価の均一性と正当性の確保にもつながる．

セキュリティターゲット：
security target；
ST, セキュリティ設計仕様書

■3. ISO/IEC 15408 の構成

この規格は以下の 3 パートから構成されている．
・Part 1：概説と一般モデル
・Part 2：セキュリティ機能要件
・Part 3：セキュリティ保証要件

Part 1 には，この規格が前提とするセキュリティの概念や評価モデルなどについて記載されている．さらに，セキュリティ評価の基本となるセキュリティ設計仕様書（ST）や，ST のベースとなる文書であるセキュリティ要求仕様書（PP）について解説されている．

PP：protection profile（セキュリティ要求仕様書）

Part 2 には，情報技術を用いた製品やシステムが備えるべきセキュリティに関する**機能要件**が規定されている．

Part 3 には，セキュリティ機能が確実に実現されていることを確認するための保証要件が規定されている．さらに，セキュリティ機能実装の保証度を表す 7 階層の**評価保証レベル**（EAL）が定義されている．

評価保証レベル：
evaluation assurance level；
EAL

14.3　機能要件

1.　機能要件の構成

　機能要件は，製品やシステムが備えるべきセキュリティ機能に関する要件である．ISO/IEC 15408 Part 2 に規定されている機能要件は，表 14.1 に示すように 11 種類に分類される．これを**機能クラス**と呼ぶ．

表 14.1　機能クラス一覧

機能クラス	概　要
セキュリティ監査（FAU） Security Audit	セキュリティ事象に関連した情報の認識，記録，保存分析に関する要件
通信（FCO） Communication	否認防止のためのデータ通信への参加者の身元確認に関する要件
暗号サポート（FCS） Cryptographic Support	暗号鍵生成/配布/失効の管理，データの暗号化/復号，ディジタル署名の生成/検証などの暗号操作に関する要件
ユーザデータ保護（FDP） User Data Protection	アクセス制御，情報フロー制御，ユーザデータの取込み/転送時のセキュリティ属性保護，ユーザデータ転送時の機密保護などに関する要件
識別と認証（FIA） Identification and Authentication	ユーザ個人を特定し，本人であることを認証する要件
セキュリティ管理（FMT） Security Management	セキュリティ属性や，セキュリティ機能に関連するデータ（例：認証データ，セキュリティ方針 DB）などの管理に関する要件
プライバシー（FPR） Privacy	ほかのユーザにより個人情報を見られたり，誤使用されたりすることに対する防止に関する要件
TOE セキュリティ機能保護（FPT） Protection of the TOE Security Function	セキュリティ機能を提供するメカニズムと内部データの正当性および保護に関する要件
資源利用（FRU） Resource Utilisation	資源の耐障害性，優先度制御，資源割当てに関する要件
TOE アクセス（FTA） TOE Access	ユーザセッション（TOE とユーザとの間の対話路）確立の制御に関する要件
信頼経路/チャネル（FTP） Trusted Path/Channels	ユーザと TOE との間の高信頼性通信路に関する要件

　各機能クラスはより具体的な数種類の機能（**機能ファミリーと呼称**）から構成され，さらに各ファミリーは機能のレベルに応じて階層化された機能項目（**機能コンポーネントと呼称**）から構成されている．実際の機能要件は，機能コンポーネントごとに規定されている．

　機能要件の全体構成は，図 14.1 のようにクラス，ファミリー，コンポーネント，エレメントによる階層構造となっている．クラスとファミリーは，それぞれアルファベット 3 文字の省略記号で識別され，機能要件のクラス名は，必ず Function の頭文字 F で始まる．また，各ファミリーは Fxx_aaa のようにクラス名とファミリー名を下線でつないで表現する．さらに，それぞれのコンポーネントとエレメントには数字が振られており，ファミリー名の後にピリオドでつないで表現する．図 14.1 では，Fxx クラスの aaa ファミリーの要件であるコンポーネント 1 に含まれるエレメント 1 を Fxx_aaa.1.1 と表現している．

図 14.1　機能要件の構成

▌2. 機能要件に対する操作

　機能要件を抽出する際，単にエレメントの記述をそのまま抜き出すだけでは，さまざまな製品やシステムに柔軟に対応した ST を作成することは困難である．そのため，機能要件のエレメントの中には以下の 4 種類の操作を行うことを許しているものがある．

割つけ：
assignment

（a）割つけ

　コンポーネントによっては，コンポーネントのエレメントについてのパラメータや変数を埋めることが必要な場合があり，コンポーネント抽出時に実現したい機能に適した単語や値を割り当てることができる．

　① 　割つけが可能なコンポーネントの例：FAU_STG.3.1　TSF は，監査証跡が「割つけ：事前に定義された限界値」を超えた

場合,「割つけ:監査記録失敗のおそれ発生時のアクション」を
取らねばならない.

② 割つけの例:FAU_STG.3.1　TSF は, 監査証跡が容量の
90 ％を超えた場合, それを警告するアクションを取らねばな
らない.

選択:selection

(b) 選　択

コンポーネントによっては, コンポーネントのエレメントについ
て選択肢の中から選択することが必要な場合があり, コンポーネン
ト抽出時に実現したい機能に適したものを選択することができる.

① 選択が可能なコンポーネントの例:FAU_STG.1.2　TSF は,
監査証跡に対する改変を「選択:防御または検出」しなければ
ならない.

② 選択の例:FAU_STG.1.2　TSF は, 監査証跡に対する改変を
検出しなければならない.

**詳細化:
refinement**

(c) 詳細化

コンポーネントを抽出するだけでは十分でない場合に, 補足をつ
け足すことでコンポーネントの意味や条件を限定できる.

① 詳細化が可能なコンポーネントの例:FIA_UAU.1.2　TSF
は, ユーザのために TSF によって行われるほかのアクション
が実行される前に, 各ユーザが認証に成功することを要求しな
ければならない.

② 詳細化の例:FAU_UAU.1.2　TSF は, ユーザのために TSF
によって行われるほかのアクションが実行される前に, 各ユー

*　第13章参照

ザがバイオメトリクス認証*に成功することを要求しなければ
ならない.

**繰返し:
iteration**

(d) 繰返し

同じ要件の異なる面(例えば, 複数の利用者タイプの識別)を取
り扱う必要がある場合, 同じコンポーネントを繰り返し使用するこ
とができる. 使用方法を考慮すると当然ではあるが, この操作は,
割つけ, 詳細化, または選択などの操作によりバリエーションをも
たせることができるコンポーネントに対して有効である.

① 繰返しが可能なコンポーネントの例:FAU_SAR.3.1　TSF
は,「割つけ:論理的相関をもった尺度」に基づいた監査データ

の「選択：検索，ソート，整列」を実行する能力を提供しなければならない．

② 繰返しの例：FAU_SAR.3.1（1）TSF は，タイムスタンプだけ，ユーザだけ，ユーザとタイムスタンプ，ユーザまたはタイムスタンプに基づいた監査データの検索を実行する能力を提供しなければならない．

FAU_SAR.3.1（2）TSF は，最初から最後までのタイムスタンプに基づいた監査データの整列を実行する能力を提供しなければならない．

■14.4 保証要件と評価保証レベル

■1．保証要件の構成

保証要件は，設計から製品化に至る過程で，セキュリティ機能が確実に実現されていることの確認を求める要件である．ISO/IEC 15408 Part 3 に規定されている保証要件は，表 14.2 に示すように，10 種類に分類される．これを**保証クラス**と呼ぶ．

機能要件と同様に，各保証クラスはより具体的な数種類の保証項目（**保証ファミリー**と呼称）から構成され，さらに各ファミリーは保証のレベルに応じて階層化された保証小項目（**保証コンポーネント**と呼称）から構成されている．実際の保証要件は，保証コンポーネントごとに規定されている．

保証要件の全体構成は，クラス，ファミリー，コンポーネント，エレメントによる階層構造となっている．クラスとファミリーは，それぞれアルファベット 3 文字の省略記号で識別され，保証要件のクラス名は，必ず Assurance の頭文字 A で始まる．また，各ファミリーは Axx_aaa のようにクラス名とファミリー名を下線でつないで表現する．さらに，それぞれのコンポーネントとエレメントには数字が振られており，ファミリー名の後にピリオドでつないで表現する．図 14.2 では，Axx クラスの aaa ファミリーの要件であるコンポーネント 1 に含まれるエレメント 1 を Axx_aaa.1.1 と表現している．

表14.2　保証クラス一覧

保証クラス	概　　要
PP評価（APE） Protection Profile Evaluation	PPの内容の妥当性を評価するための要件
ST評価（ASE） Security Target Evaluation	STの内容の妥当性を評価するための要件
構成管理（ACM） Configuration Management	製品やシステムの設計書，ソースコード，オブジェクトコードなどの管理に関する要件
配付と運用（ADO） Delivery and Operation	製品やシステムがユーザに完全に提供され，運用されることを確認する要件
開発（ADV） Development	製品やシステムの設計内容が，プログラムのモジュール構成やソースコードに正しく反映されていることを確認するための要件
ガイダンス文書（AGD） Guidance Document	システム管理者および一般利用者向けのマニュアルやガイドラインの記述内容の妥当性を確認するための要件
ライフサイクルサポート（ALC） Life Cycle Support	開発から保守に至るまでの各工程で必要なセキュリティ対策を明確にしているかどうかを確認するための要件
テスト（ATE） Test	製品やシステムのテストを漏れなく実施し，TOEがセキュリティ機能要件を満たしていることを確認するための要件
脆弱性評定（AVA） Vulnerability Assessment	運用時に発生し得るセキュリティ上の問題点を漏れなく分析し，それに対する対策が施されていることを確認するための要件
保証維持（AMA） Maintenance of Assurance	TOEが変更されたり，その使用環境が変わってもTOEがそのSTに適合していることを確認することにより，保証を維持させるための要件

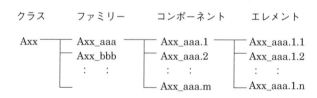

図14.2　保証要件の構成

■2. 評価保証レベル

評価保証レベルは，EAL7を最高レベルとしたEAL1からEAL7までの7段階で規定されている．評価保証レベル*は，保証要件の

＊　14.2節3項参照

集合をパッケージ化したものであり，評価保証レベルが決まると必要な保証コンポーネントが決まる．EALが高いほど，検査対象の資材（ドキュメント類）が増えるとともに，厳格さが求められる．つまり，開発者は各保証要件クラスで要求されるドキュメントを作成する手間や費用が増大し，評価者の評価期間も長くなる．ここで注意が必要なのは，EALはセキュリティ機能の高さを意味しているのではなく，TOEに対する評価の深さを意味していることである．

　各EALにおける評価内容を表14.3に示す．EALの上位（番号の大きいほう）レベルは下位レベルの保証要件を含む．一般的に，EAL4以下が商用レベルといわれているが，商用レベルでも金融など，高度なセキュリティを要する分野においてはEAL5もしくはそれ以上が適用されるケースも見受けられる．

表14.3　各EALにおける評価内容

EAL	評価内容
1	・機能仕様，インタフェース仕様およびガイダンス文書を利用し，TOEのセキュリティ動作を理解することによって，機能分析（STで記述された機能要件が正しく実装されているかを分析）を行う． ・セキュリティ機能のサブセットについて，動作確認テストを行う． ・TOEがバージョン管理されており，利用者におけるインストール，立ち上げ，起動手順も文書化され安全であることを確認する．
2	・EAL1に加え，概要設計を機能分析に利用する．開発者から提供されるテスト仕様，結果，およびテストカバー範囲に関する証拠を評価する． ・開発者のテストの一部をサンプリングし，開発者と同様のテストを実行する． ・開発者による明白な脆弱性分析を評価する． ・侵入テストを実施，明白な侵入攻撃にTOEが耐え得るかを確認する． ・開発者によるセキュリティ機能強度分析を評価する． ・TOEの構成要素リストを含む構成管理文書のもとでTOEが管理されていることを確認する． ・TOEが利用者に安全に配布される手順が文書化されていることを確認する．
3	・EAL2に加え，上位レベル設計がセキュリティポリシー実施機能とそれ以外に分離して記述されていることを確認する． ・開発者によるテストカバー範囲分析を評価し，開発者テストにより上位レベルまでの動作確認が行われたかを確認する． ・実装コード，設計，テスト仕様，ユーザ/管理者ガイダンス文書および構成管理文書自身が構成管理の配下にあり，承認の管理がされていることを確認する．開発環境のセキュリティを確認する．

表 14.3　つづき

4	・EAL3 に加え，下位レベル設計（詳細設計），実装コードのサブセットおよび半形式的（semiformal）記述のセキュリティポリシーモデルを機能分析に利用する． ・開発者とは独立に脆弱性分析を行う．侵入テストを実施し，低い攻撃力をもつ攻撃者による侵入攻撃に TOE が耐え得るかを確認する． ・開発者による誤使用分析を評価する． ・実装コード管理に関して自動化ツールを使用し，セキュリティ欠陥追跡を保証する構成管理がされているかを確認する． ・開発/保守のライフサイクル定義や開発ツールマニュアルが文書化されていることを確認する． ・TOE 配布時の改ざん/なりすまし対策が文書化されていることを確認する．
5	・EAL4 に加え，半形式的記述の機能仕様と上位レベル設計，実装コードのすべて，それらの半形式的記述の関連づけ資料および形式的記述（formal）のセキュリティポリシーモデルを証拠資料として機能分析に利用する． ・セキュリティ機能の構造設計がモジュール分割によることを確認する． ・開発者テストにより下位（詳細設計）レベルまでの動作確認が行われたかを確認する． ・中程度の攻撃力をもつ攻撃者による侵入攻撃に TOE が耐え得るかを確認する．開発者による隠れチャネル分析を評価する． ・開発ツールが構成管理の配下で制御されていることを確認する．開発/保守のライフサイクル定義や開発ツールマニュアルが標準に準拠していることを確認する．
6	・EAL5 に加え，半形式的記述の下位レベル設計，構造化された実装コードを機能分析に利用する．セキュリティ機能の構造設計がレイヤ分割によることを確認する． ・高度な攻撃力をもつ攻撃者による侵入攻撃に TOE が耐え得るかを確認する．開発者による体系的な隠れチャネル分析を評価する． ・実装コードを含めたすべての構成要素に関して，構成管理が自動化されているかを確認する．
7	・EAL6 に加え，形式的記述の機能仕様，上位レベル設計，および仕様書間の関連づけ資料を機能分析に利用する． ・開発者テストにより実装コードレベルの動作確認が行われたかを確認する． ・開発者の全テストを実行する．

■14.5　セキュリティターゲット（ST）とプロテクションプロファイル（PP）

■1.　ST および PP の概要

　　セキュリティターゲット（ST）はセキュリティに関する設計仕様書に相当し，①その製品やシステムが想定する利用条件や脅威，

②脅威に対する対策方針，③対策方針を実現するために必要な機能要件，④製品の具体的なセキュリティ基本仕様などを記述する．これらはISO/IEC 15408で規定された構成に準拠して作成され，評価を行う際のベースになる．またSTは，提供者の意向によって評価・認証済みの製品リストとともに一般に公開することもできる．この場合，利用者が導入を検討する際の判断の目安として利用できるようになる．

　STは，個々の製品やシステムごとにISO/IEC 15408で定める要件集から抽出して作成する．STで記述する各要件は，製品やシステムの種別（ファイアウォール，データベース管理など）で共通的な部分がある．これらの共通部分を抽出したものを**プロテクションプロファイル**（PP）と呼ぶ．このPPは，通常，業界団体や，調達者などにより作成されるもので，セキュリティ要求仕様書といった位置づけの文書である．製品やシステムの設計者は，STを作成する際にこのPPを参照することにより，STの信頼性を高めることと，STを開発する作業を軽減することができる．

▌2. STの記述内容

　STは以下に示す第1章から第7章で構成される．

第1章　ST序説

　STの名称，作成者，バージョン番号および作成日など，STの識別情報やSTおよびTOEの概要を簡潔かつ十分に記述する．評価・認証済み製品リストなどから製品を選択するのに，まず本章の情報が用いられる．

第2章　TOE記述

　TOE全体の動作がわかり，TOEのセキュリティ要件を理解できるようにするためのものであり，TOEの範囲とその境界を，物理的および論理的に明らかにする．TOEが，どのような環境，構成および方法で利用され，どのような機能をもつかを，ユーザや評価者にもわかるように記述する．

第3章　TOEセキュリティ環境

想定：
assumption

脅威：
threats

　セキュリティ環境における想定，保護資産に対する脅威および組織のセキュリティ方針を記述することにより，セキュリティに対す

る要求の範囲と性質を定義する.

第4章　セキュリティ対策方針

セキュリティ方
針：
Organizational
Security
Policies；OSP

　TOE セキュリティ環境で記述された想定，脅威および組織のセキュリティ方針に対する対策方針を書く．対策方針は，暗号化やアクセス制御などの技術的対策か，または運用方法や職員の教育などの非技術的対策かを分類する．また，技術的対策については，TOE で対応可能か，または環境で対応可能かの観点でも分類する.

第5章　IT セキュリティ要件

　セキュリティ対策方針で規定した内容を満たすために必要となるセキュリティ機能要件を記述し，さらにこれらの機能要件の確実な実装を検証するためのセキュリティ保証要件を記述する．これらセキュリティ機能要件および保証要件を総称してセキュリティ要件と呼び，基本的には ISO/IEC 15408 の Part 2 および Part 3 からそれぞれ抽出される．また，これらのセキュリティ要件は，TOE で対応する TOE セキュリティ要件と，IT 環境で対応する IT 環境セキュリティ要件に分類して記述する.

第6章　TOE サマリ仕様

　IT セキュリティ要件で記述された内容の具体的な実現方法を定義する．そのため，TOE のセキュリティ機能，およびそれらとセキュリティ機能要件の対応関係などを記述する．また，セキュリティ保証要件に対応する保証手段を明確にするため，提出すべき設計文書類を列挙する.

第7章　PP クレーム

　評価済みで公開されている PP に適合しているかどうかを宣言する．PP 適合宣言する場合は，完全に適合する必要があり，部分的に適合することは許されていない．また，適合する PP がない場合は，その旨を記述する必要がある.

　ある PP に適合する場合，次の3種類がある.

＊　修整は, tai-
loring の訳. 目的
に適合させること.

・PP 修整＊：PP に対して認められているセキュリティ要件への操作（選択や割つけ）が施されている.
・PP 追加：PP にさらにセキュリティ対策方針やセキュリティ要件が追加されている.
・PP 参照：ある PP に対して，修整も追加も施す必要なく，すべ

ての要件を満たす.

第8章 根拠

第3章のTOEセキュリティ環境から第7章PPクレームまでの記述が完全で一貫したものであるという根拠を提示する.

- ・セキュリティ対策方針根拠

  TOEセキュリティ環境に対応するセキュリティ対策方針のセットが効果的で必要かつ十分であることを示す.

- ・セキュリティ要件根拠

  セキュリティ要件のセットが,セキュリティ対策方針を満たすために必要かつ十分であることを示す.

- ・TOEサマリ仕様根拠

  TOEのセキュリティ機能が,すべてのセキュリティ要件を満たすために必要かつ十分であることを示す.

- ・PPクレーム根拠

  PPクレームの正当性を示す.

▌3. PPの記述内容

PPに記述する内容は,ほとんどSTと同じである.しかし,STは,製品やシステムごとに作成されるセキュリティの設計仕様書であるのに対し,PPは製品やシステムのカテゴリごとに作成される,いわばセキュリティの要求仕様書である.したがって,具体的なセキュリティ機能までを含める必要はない.すなわち,PPにはSTの記述項目のうち製品やシステムのセキュリティ機能を書いた第6章TOEサマリ仕様は含まない.また自らがPPなので,当然ながら適合すべきPPはなく,したがって第7章PPクレームも含まない.

PP,STともに,第5章でセキュリティ機能要件を記述する必要がある.PPの場合,製品やシステム固有ではなく,それらのカテゴリに共通的な仕様を規定するものであるため,セキュリティ機能要件に対する操作（選択や割つけなど）を完結して一意に決定している必要はなく,ST作成時に操作できる余地を残しておくこともある.一方,STは,製品やシステム固有の仕様であるため,セキュリティ機能要件はすべて一意的に決定されている必要がある.

演習問題

問 1　ISO/IEC 15408 に対する以下の記述内容に関して正しいものを
選びなさい.

    (a) EAL3 で合格した製品より, EAL4 で合格した製品のほう
が, セキュリティ機能が高い.

    (b) EAL3 における評価でも, EAL4 における評価では要求され
なかった文書提出を求められることがある.

    (c) ST で選択された TOE セキュリティ機能要件は, 必ず製品
の仕様のどれかで実現されなければならない.

    (d) 保証要件は, ST に記載された内容が製品に実装されている
ことを確認するための方法を与えるものである.

    (e) ISO/IEC 15408 は, 製品やシステムが正しくセキュリティ
が考慮されて設計および開発されているかどうかを評価する
基準であるので, 完成した製品がユーザに配送される工程ま
で検査されることはない.

問 2　ある ST に以下のようなセキュリティ対策方針が書かれていた.
これらのセキュリティ対策方針に対応するセキュリティ機能要件
をそのクラス名（アルファベット 3 文字 F ？？）で答えなさい.

    (a) TOE は, ユーザがアクセス権限をもたない資源にアクセス
したり, そのうえで操作を行うことを防げなければならない.

    (b) TOE は, TOE へのユーザのアクセスを許可する前に, ユ
ーザを一意に識別し, 本人であることを確認しなければなら
ない.

    (c) TOE は, セキュリティに関連したイベントを適切に記録す
る手段を提供しなければならない.

    (d) TOE は, 法的に有効なデータをユーザとの間で送受信する
場合は, そのデータの送受信の事実否認を防ぐための手段を
提供しなければならない.

    (e) TOE は, TOE 外に送信されるユーザデータが不当に改ざん
されることを防御しなければならない.

問 3　次の設問に答えなさい.

    (a)「アクセス権限をもたないユーザが資源にアクセスするおそ
れがある」という脅威に対して, IT 環境で対抗する手段の例
を挙げよ.

    (b)「TOE 責任者は TOE が IT セキュリティを損なうおそれの

ある物理的攻撃から保護されることを保証しなければならない」というセキュリティ対策方針は，以下に示すどの対抗法が適当か．

TOE で対抗する・IT 環境で対抗する・非 IT 環境で対抗する

(c) ST の TOE セキュリティ環境のところで「外部ネットワーク上の攻撃者が内部ネットワーク上の情報を改ざん，破壊，暴露することがある」という記述があった．これは，想定，脅威，組織のセキュリティ方針のどれに相当するか．

(d) ST の TOE セキュリティ環境のところで「ファイアウォールは，内部ネットワークと外部ネットワーク間の唯一のネットワーク結合を形成する」という記述があった．これは，想定，脅威，組織のセキュリティ方針のどれに相当するか．

(e) ST の TOE セキュリティ環境のところで「特定の情報へのアクセス権は，あらかじめ指定された人のみに与えられる」という記述があった．これは，想定，脅威，組織のセキュリティ方針のどれに相当するか．

第15章
情報セキュリティにおける倫理問題

　新しい科学技術が社会で利用されるようになっていくときに，人々は，さまざまな問題に直面する．ここでは，技術的方法では解決できない問題のうち，人間の行動やその社会的状況に関わる問題について考える．これらの問題は，Ethical, Legal, and Social Issues（倫理的，法的，社会的な問題）の頭文字を取って，ELSI（エルシー）と呼ばれている．

　本章では，情報セキュリティが，倫理・法・社会とどのように関連するかについて取り上げる．

15.1　情報セキュリティと倫理

1. 倫理とモラル

　「倫理」という言葉は，日本では高等学校の教科「公民」にある科目の名称として，多くの高校生に知られているほか，日常生活でも，ときどき耳にすることがある．一方で，「モラル」*という言葉もある．まず，この違いについて考える．

＊　本書では「道徳」と訳すが，この訳については，異論もある．

　哲学者のジル・ドゥルーズは，『スピノザ・実践の哲学』（和訳本 p. 45, L14)[1]において，次のように述べ，倫理を定義している．

> 道徳は「内的な根拠による『〜すべし』」に従うのに対し，エチ
> カ（倫理）は社会的な規範である

また，日本の哲学者の和辻哲郎は，『人間の学としての倫理学』[2]
において次のように述べ，主観的道徳意識と人間同士の関係の上に
成り立つ倫理とを区別している．

> 我々は（中略）倫理という概念を，
> 主観的道徳意識から区別しつつ，作り上げることができる．
> （中略）
> それは人々の間柄の道であり秩序であって，
> それがあるゆえに間柄そのものが可能にせられる．

スピノザを説いたジル・ドゥルーズと，和辻哲郎の共通する点
は，「倫理は社会的であり，道徳は個人同士」ということになる．言
い換えるなら，倫理とは社会規範そのものである．
　やや不正確なたとえになるが，次の考え方がわかりやすい．
・倫理は，グローバル定数のようである．
　－ プログラム（1 つの社会）中では，同一である．
　－ 異なるプログラム（異なる社会）では，異なる値になること
　　もある．
・道徳（モラル）は，ローカル変数のようである．
　－ 代入により，値が途中で変わることもある．
　－ 関係する個人同士で異なってもよい．
なお，倫理も道徳も，それぞれの社会・個人同士によって異なる
ものであってもよい．
・**倫理の観点**：日本を含む多くの国では一夫一妻制度が採り入れ
　られているが，一部の国では，一夫多妻制度や多夫一妻制度を
　導入している．このとき，他の社会の倫理を押し付けてはなら
　ず，それぞれの社会が，歴史や経緯に沿った倫理に従うことに
　なる．
・**道徳（モラル）の観点**：A 氏は B 氏から「精製塩 1 kg を，150
　円で買う」と約束をした．一方で，A 氏は C 氏から「精製塩

1 kgを，200円で買う」と約束をした．中身は同じ精製塩であるが，異なる価格の約束となった．

　もし「A氏とB氏」「A氏とC氏」のそれぞれが，この約束に納得しているのであれば，そこには何も問題は生じない．それは，「価格を同じにしなければいけない」というルールがないからである．

　モラル（道徳）的な美徳は，多数の人に平等にもたらされるものではなく，相手によって異なる内容・異なる基準でもたらされる．

■15.2　情報社会における重要な法令

　社会規範の中でも，現在の私たちの生活で欠かせないものが，憲法と法令である．ここでは，情報社会に関連する項目について取り上げる．

■1. 著作権

　著作権は，元々は15世紀末から16世紀初頭のイタリア・イギリスにおいて確立された．当時は，印刷業者の権益保護や著述業の育成を目的としていたが，その後，著作者の経済的保護の権利となった．

　現在の日本の著作権法は，国際条約であるベルヌ条約に基本がある．著作権法は，大きく2つの権利群を保護している．1つは著作者人格権と呼ばれる権利群であり，もう1つは複製権および関連する権利群である．

- ・著作者人格権：以下の3つの権利からなる．
  - – 公表権：未公表の著作物を公表することを決定する権利
  - – 氏名表示権：著作者の氏名を表示する，ペンネームを表示する，何も表示しないなどを決める権利
  - – 同一性保持権：著作物への改変を許諾する，あるいは禁止する権利

・複製権

- 著作物の複製物を作成して頒布する権利
- 複製権のほかに，上演権・演奏権，上映権，公衆送信権・公の伝達権，口述権，展示権，頒布権，譲渡権，貸与権，翻訳・翻案権等，二次的著作物の利用権という権利が定められている．

■ 2.　著作権保護違反は親告罪か？

著作権侵害が，親告罪か，非親告罪かという観点も重要である．

- 親告罪に該当する場合は，違法行為があっても，被害者からの告訴がない限り，捜査が行われたり，起訴されたりすることはない．
- 非親告罪に該当する場合は，違法行為があると警察等が認定すれば，被害者からの告訴がなくても捜査・起訴（公訴）を行うことが可能となる．例えば，殺人罪の場合は，そもそも被害者が告訴できないため，非親告罪に該当する．

日本では，著作権法に対する違法行為は，長く親告罪とされてきたが，2018 年 12 月 30 日に TPP（環太平洋パートナーシップ協定）の批准に伴い，著作権法違反は非親告罪となった．ただし，著作物をそのままコピーしてネット等で販売する「海賊版の頒布」行為や，「引用の条件」を満たしていないのに引用と主張して，著作権者に無断で利用する行為等は，非親告罪として公訴される対象となり，芸術的創造性を育むパロディについては，実質的には，親告罪と同様に扱われることになった．

一方で，アメリカなどでは，そもそも親告罪・非親告罪という区別がなく，原則としてすべての権利侵害を警察等は捜査対象とすることができる．だが，被害者が捜査に協力しない場合は警察等は捜査を打ち切ることになるため，実質的には，親告罪と同様に捉えるのがわかりやすい．

■ 3.　個人情報保護とプライバシー

現在，個人情報の利用に際して守るべきルールはいくつもあるが，その中でも，次の 3 つはよく話題になる（重要である）．

　　・利用目的の明示

　　・収集の通知

　　・第三者への無断提供の禁止

　例えば，単独では個人を特定できない情報でも，組み合わせることで個人を特定することができる場合もあるため，対象となっている個人に無断で，個人から得られたデータを含む複数のデータベースを結合することは，禁止される.

　では，これらの項目は，一体どのような経緯で成立したのだろうか.

（a）プライバシー

　人は，他人に知らたくない個人の情報・データを，他人に知られたり，その情報・データを利用されたりするときに，「自分のプラバシーが侵害された」と感じる. プライバシー概念は，このように，自分についての情報を制御する自己情報コントロール権の及ぶ抽象的な空間の存在として捉えられている.

（b）EU データ保護指令

EU データ保護指令：The Data Protection Directive 95/46/EC

　1995 年，欧州連合（EU）は EU データ保護指令を定めた. また，この指令に準拠するデータ保護規則をもたない（EU 域外の）国とは，個人に関わる情報のやり取りを禁止されることになった.

（c）住民基本台帳データ漏えい事件と個人情報保護法

　1999 年，宇治市住民基本台帳データ大量漏えい事件が発生した. これは，宇治市役所庁内で，個人情報取扱業務を委託された業者に雇用された者によって，住民基本台帳のデータが持ち出され，いわゆる名簿屋に転売され，名簿屋の広告を見た新聞記者がこれを購入し，市役所に持ち込んで照合したことから漏えいが発覚した事件であった.

　この事件の後，同種の事件が数多く発生したことが，法律の整備を後押しすることとなり，その後の審議等により，2003 年，個人情報の保護に関する法律（個人情報保護法）が施行された.

（d）GDPR（EU 一般データ保護規則）

GDPR：General Data Protection Regulation

　Google，Apple，Facebook，Amazon といった巨大 IT 企業（big tech companies）は，多くの個人情報を取り扱うようになった. また，広告代理店によるウェブ広告の販売行為は，検索エンジンのラ

ンキング，アフィリエイト（記事等に入れた広告を他者がクリックすることで広告料収入を得る行為）において，クッキー技術が積極的に利用された.

こういった状態が続いたため，主にヨーロッパの検索サイト利用者らの間で，クッキーの利用を始めとする多くの個人と結び付く可能性があるデータの利用の際には，利用者の許諾を得るようにするべきだ，という意見が強くなった. 2018 年には，GDPR（EU 一般データ保護規則）が制定され，EU 域内での個人情報保護のルールが更新された.

■ 15.3　モラルジレンマ

■ 1.　モラルジレンマのモデル化

倫理学の世界では，「2 つの選択肢のどちらも，全く異なる理由で選ぶことが難しいと感じるが，どちらかを選ばなければいけない」という状況のことをジレンマという. ここでは，情報社会において「倫理」と「モラル」がジレンマを起こした場合を考察する.

独立する 2 軸を用いたモデル化によって，ジレンマを図 15.1 に示した.

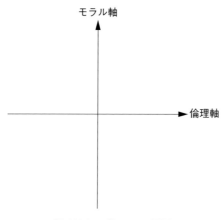

図 15.1　ジレンマの図示

・合法であり，「よい」とされることは，図の右上に位置する．

・違法であり，「わるい」とされることは，図の左下に位置する．

だが，発生する事象は，右上か左下でなく，右下「よい行為だが，違法」や，左上「わるい行為だが，合法」に現れることもある．

■2．ランサムウェアへの身代金支払い

すでに述べたように，ランサムウェアは，身代金の支払いと引き換えに，データの復号や不拡散を約束するソフトウェアである．通常は，ランサムウェアの被害に遭った場合，犯人が金銭的に利することにならないように，身代金を支払ってはいけないとされる．

だが，特に，顧客情報や取引先情報が人質に取られていた場合などは，企業にとっては経営上の損失金額と身代金を天秤にかけ，やむなく身代金を支払うこともある．

ランサムウェアで被害を及ぼすことは違法行為であり，それに加担する身代金支払いも倫理的に許されない行為であるが，一方で，顧客の情報（道徳）を守るためには，違法行為をなす者が利する決定をせざるを得ないことになる．

また，情報セキュリティの研究者が，故意に（おとりを用意して）システムをランサムウェアに感染させ，身代金を支払い，ランサムウェア被害から復旧させる手順の研究を行うというときは，犯罪者が利する（倫理に合わない）行為で研究を進めることになる．最終的には犯罪者に不利になる研究につながるとしても，一時的には犯人が利することになる．さらに，身代金を支払っても，暗号解除がなされない可能性があり，また暗号解除がなされても分析できない可能性がある．

以上の行為が及ぼす影響については，慎重に検討する必要がある．

■3．放送権と生命の安全

2011年3月11日に発生した東北地方太平洋沖地震では，東北地方を中心に大きな被害が発生した（東日本大震災）．当時，被災地域では停電が発生していたが，携帯電話会社のアンテナ（基地局）は自家発電装置を使って動作していた．

地震発生からしばらくして，広島県在住のある中学生が，「NHK

の映像をスマートフォンで見られるようにすれば，被害に遭っている人や，これから津波が来そうな地域の人にとって，役に立つ」と考えた．そして，自らのスマートフォンを自宅のテレビに向けて固定し，当時のネット動画中継サービスである Ustream を利用して，配信をし始めた．この配信は，瞬く間にツイッターで話題となり，被災地にいる人にも周知され，実際に役に立った（著者の知人にも，この配信の視聴者がいる）．

だが，この配信は，放送権（著作隣接権）の侵害行為であった．本章の定義でいえば，倫理に反する行為であった．Ustream Asia の職員は，通常なら，放送権の侵害を発見した場合は，直ちに配信を管理者権限で停止していた．だが，当時は判断に迷い，Ustream Asia の社長が「NHK から停止の要求がない限りは，配信を続ける」という判断をした．その後しばらくして，このことを知った NHK 公式ツイッターアカウントから，「情報感謝！」「私の独断なので，あとで責任は取ります。」とのツイートがあり，Ustream を利用した配信が続いた．

この数時間後に，NHK が自ら Ustream を利用してニュースの同時配信を始めるまで，中学生による配信が続いていた．この中学生の行為，それを直ちに止めなかった Ustream Asia の社員の判断，NHK ツイッターアカウント担当者の判断は，いずれも，倫理に反しても人命を尊重したいというジレンマ状態での，ギリギリの判断であった[3), 4)]．

未曾有・想定外の大規模災害が発生した場合，それまでに構築された法体系よりも，人命尊重という道徳的判断が優先される例である．なお，この NHK ツイッターアカウント担当者は，1995 年の阪神・淡路大震災の被災者であり，震災における情報の価値を実体験として知っていたため，このような判断に至った[5)]．

▌4. 放送権と兵士への同情

2012 年 4 月 26 日，アメリカのニューヨークタイムズ（The New York Times）の地域面に，"At 92, a Bandit to Hollywood but a Hero to Soldiers" というタイトルの記事が掲載された（図 15.2）[6)]．

太平洋戦争の退役軍人であるハイマン・ストラックマン（Hyman

図 15.2　The New York Times の記事

Strachman）氏が，アメリカのテレビドラマや映画などを DVD に
無許諾で複製し，それをイラクやアフガニスタンにあるアメリカ軍
の駐留地にボランティアで送付していた．ストラックマン氏は，自
らは退役軍人であり，兵士の心情に同情を寄せており，そこで，私
費を投じてこの行為を行った．

　だが，これは放送権の侵害行為である．すなわち，兵士らに対す
る個人的な義務感という点では道徳的であるが，一方で，著作権と
いう倫理の世界では違法行為と認定される．

　このことが記事として明らかになった後，テレビ局も映画会社も，
ストラックマン氏を訴えなかった．それは，もし彼を訴えると，そ
のテレビ局や映画会社が「愛国的でない」という非難を受ける可能
性があり，そのほうがビジネス的に打撃が大きいと判断したのであ
ろうと，記事などでは推測されている．

▍5. ジレンマと判断

　ここまで，倫理と道徳（モラル）のジレンマについて，3 つの例
を取り上げた．

　ランサムウェアへの身代金支払いは，金銭と情報，特に個人情報
などのやり取りでのジレンマ構造．一方で，東日本大震災の場合は
放送権と人命．そして，退役軍人による DVD 複製の場合は放送権
と愛国心がジレンマ構造に表れた．

　日本社会のメンタリティは，人命を重視する傾向にある（著者も，
それに従うべきと考えている）．一方で，愛国心という言葉・概念は，
アメリカでは世論の動向を左右する重要な考え方である．

　ジレンマに陥ったとき，どのように判断すべきかは，その社会全体がどのような価値を重視しているかを前提にして，深い洞察のもとに決定されることである．

6.　ジレンマと ELSI

　ELSI（Ethical, Legal, and Social Issues；倫理的，法的，社会的な問題）とは，その行為を行うにあたって，その倫理性，法的問題，社会的な問題・影響を事前に考える，問題が起こりそうならあらかじめ準備するなどの作業である．

　例えば，自動車が普及した20世紀，自動車の排ガスは大気汚染をもたらした．また，道路に自動車があふれることになり，交通事故も発生した．一方で，自動車のおかげで遠くからの産品が届けられるようになり，農作物などの流通が変化した．

　現代は，さまざまな技術が発明され実際に用いられているが，特に情報技術の進展はめざましく，そして，その進展が社会を大きく変え続けている．ELSI の観点で考えれば，どのような情報技術が，社会をどのように変えていくか，実用化させる前に十分に考えておくことが重要であり，それは，新しい情報技術が登場するたびに検討される必要がある．

7.　ジレンマかどうかの判断

　ジレンマに関しては，重要な指摘をしておく．

　そもそも，目の前で発生している状況が，何と何のジレンマになっているかを，明確に指摘することができないと，その状況はジレンマとして妥当とはいえない．例えば，図の場合は，横方向（倫理）については「正しい法的な知識」が必要になり，縦方向（モラル）軸については「徳の概念を理解すること」が必要になる．すなわち，本当にそれは違法行為なのか，本当にそれは義務を果たさないことになるのか，という2軸の妥当性を検討する必要がある．

　これは，倫理とモラルの2軸ではなく，例えば，倫理と健康の2軸（ルールに違反しても，薬を飲んでよいか？）や，環境と道徳の2軸（環境汚染をしてでも，遺言どおりに散骨をしてよいか？）などで考えることもある．

　そして，このようなジレンマが，とっさの判断を必要とする状況で現れたときは，日頃の判断経験の有無が，より「よい」判断を導くかどうかに影響する．

　本章の冒頭で述べた ELSI を考えることは，正しい知識を前提として，リスクマネジメントを行うことである．ELSI が検討されていない状況でジレンマに陥っていると感じているときは，可能な限り丁寧に，2 軸の妥当性を検証する必要がある．ジレンマ構造として妥当に成立していると認知できて初めて，それまでと異なる価値の軸を探す必要が発生する．

■15.4　倫理性の確保とジレンマ

　ここでは，倫理的判断について参照されることが多い 2 つの評価観点,「手段」と「目的」について議論する．

■1. 手段の倫理性

　情報流通の観点において，現在，多くの国で憲法，法律，あるいは判例などで保護されている項目を挙げる．

- **通信の秘密**：通信内容を傍受することは許されない．また，故意でなく偶然に通信内容を傍受した人は，その内容を語ってはならない．
- **報道の自由**：報道機関は，報道内容を理由として，政府から政治的な弾圧を受けてはならない．

　情報セキュリティを確保するために，上の 2 つの項目とのジレンマが生じることがある．

　例えば，犯罪者の可能性が高い者の通信を傍受することは，犯罪捜査上必要であると主張されることがある．一方で，その対象が本当に犯罪者なのかは，通信事業者には判断ができない．したがって，何らかの正式な手続きを経ない限りは，通信の傍受を正当化することはできない．日本では，犯罪捜査のための通信傍受に関する法律（通信傍受法）が発効しており，裁判所の許可（令状）を前提に，組織的殺人，薬物・銃器の不正取引，集団密航に限定して，許可され

ている.

　また，ある国で，政府に批判的な報道機関に対し，政府からの通信遮断などの措置が決定された場合，通信機器の設定オペレータは，報道の自由を根拠にして遮断設定を拒否できるか，という問題が発生する. その国の法令（倫理）に従う行為であっても，世界的な価値観に合わない場合に陥るジレンマである. この場合，どのようにふるまうべきかの一般的な解はない.

■2. 目的の倫理性とモラル

　次の例を想定する.

- ・本人に無断で，通信を傍受したり，脆弱性があるシステムから個人情報を抜き出して，
  - − マーケティングに使った場合
  - − 医療診断に使った場合
- ・戦争を補助するシステムを作成して，そのシステムの脆弱性を除去する業務や，相手国のシステムの脆弱性を調査する業務を命じられた場合
- ・化学兵器・生物兵器や，人クローンの研究など，通常は人道上許されないとされる目的のために，情報セキュリティの確保を求められた場合

　情報セキュリティの確保も，法に従うことも求められる状況であるが，そこで行われている情報に関する行為の目的が，倫理的に許されない場合や，他人の生命を脅かす行為，非人道的行為に加担する場合は，どのようにふるまうべきかも，あらかじめ正解を用意できない問題である.

■15.5　ハクティビズム

＊　この意味での hack は，マサチューセッツ工科大学（MIT）の鉄道模型クラブので語用例が語源とされる.

　ハッキングによって社会を変えようという考え方を，ハクティビズムという. ここでいうハッキング＊とは，対象をくまなく調べることであり，この言葉自体には犯罪の意味はない.

　だが，情報セキュリティの観点で使われるハクティビズムは，犯

罪行為，あるいは犯罪行為とされる可能性がある行為を利用する．したがって，情報セキュリティの観点では，「脅威」（行為の理由）である．ハクティビズムは，大きく次の2つに分類される．

　・攻撃型ハクティビズム

　・漏えい型ハクティビズム

　また，漏えい型と区別が難しい，報道機関による秘密調査報道についても述べる．

▌1．攻撃型ハクティビズム

　行為者（犯罪者）が，攻撃対象となるシステムに侵入し，ファイルを削除・改変したり，設置を変更してシステムの動作を止めたり，あるいは，その情報システムによって動作している社会基盤（例えば発電所）を誤動作や暴走をさせることで，破壊する行為である．「アノニマス」と呼ばれる集団が行ったことで知られている．また，イランの原子力発電所で見つかったマルウェアは，イランの敵対国が作成したといわれている．

　行為者は，自らの正義感に基づいて，攻撃対象を選定して社会を変えようとする．ある立場では「正義の味方」としての行為であるが，別の立場で見ると一方的な価値観・政治観の押し付けになってしまうこともある．

▌2．漏えい型ハクティビズムと調査報道

　行為者（犯罪者）が，攻撃対象となるシステムに侵入し，機密情報を盗み出して，ウェブなどで漏えい（リーク）することで，社会を変えようとする考え方である．「ウィキリークス」と呼ばれる集団が行ったことで知られている．公開される情報は，例えば「A国の大統領が，B国の首相の通話内容を盗聴していた」というような，外交上・軍事上，緊張を引き起こす可能性が高いものや，「C社の社内では，悪質な行為が行われている」というような，企業経営に大きな影響を与えるものなどがある．

　漏えいが発生したときに関係が悪化するのは，対象（ターゲット）になった者同士である．この点が，攻撃型と異なる点である．

　一方で，漏えい型ハクティビズムとよく似ている活動として，秘

密調査報道がある．例としては，2016 年 4 月 3 日に公開された「パ
ナマ文書」（図 15.3）[7)]がある．これは，租税回避地として知られる
パナマに本部をもつ会計事務所と取引をしているとされた，個人や
企業のリストであった（誤指摘も少なからずあった）．この文書は
匿名を前提に 2015 年 8 月に南ドイツ新聞に持ち込まれ，世界中の調
査報道機関（日本の NHK を含む）によって秘密に分析された．そ
の結果，世界中で辞任に追い込まれた政治家もいた．

図 15.3　パナマ文書ウェブサイト

　漏えい型のハクティビズムの場合は，社会構造そのものをハッキ
ングによって変えようとしているのに対して，秘密調査報道の場合
は，合法性を重視して入手した情報を基にしている点が異なる．ま
た，パナマ文書の場合は，多くの報道機関が秘密を守りながら関わ
ったことで，一面的な価値判断を避けた指摘がなされたことも，漏
えい型ハクティビズムと異なるといえる．

演 習 問 題

問1 「プライバシー保護と個人データの国際流通についてのガイドラインに関する理事会勧告」に記述されている「OECD 8 原則」はどのようなものかを述べよ.

問2 肖像権,パブリシティ権は,それぞれどのようなものかを述べよ.

問3 情報社会におけるジレンマについて,本章で取り扱ったもの以外を調べ,述べよ.

問4 人工知能（AI）を含むシステムにおける情報セキュリティが,従来の情報セキュリティと同じになるのか,変わるのか.変わるとするならば,どこが異なるのかを述べよ.

問5 ハクティビズムと,政治的意図をもったフェイクニュースの関係について述べよ.

演習問題略解

■第1章

問1 ア：C（秘匿性），個人情報の漏えいは，秘匿性の損失である．

イ：A（可用性），ボットネットによる分散 DoS 攻撃の例である．情報は漏れていないし，書き換えもされていないが，利用できなくなっていることは可用性が損なわれたと考える．

ウ：I（完全性），生体認証における認証情報の偽造は，完全性の損失である．

問2 ビットコインの例．ECDSA だ円曲線に基づくディジタル署名，ハッシュ関数 SHA-256 と RIPEMD-160

問3 誤っている．まず，コンピュータの計算速度が上がれば，それによって攻撃者だけでなく正規の利用者にも等しく恩恵があるので，鍵長を拡大するなどの工夫により公開鍵アルゴリズムを使い続けることができる．したがって，計算速度がアルゴリズムの安全性に与える影響は大きくない．

量子コンピュータを用いると，従来計算量的に困難であった素因数分解問題と離散対数問題を確率的に多項式時間で解くことができるアルゴリズム[6]（Shor 1994）が知られている．したがって，計算量的な困難性の仮定は崩れ，もはや鍵長やブロック長を拡大するだけでは対処不可能である．これが，もはや RSA 暗号や DH 鍵交換がもはや安全でないと判断される理由である．

問4 マルウェアに感染したホストがファイアウォールの内側で活動するおそれがあるため．例えば，外部からの制御命令を受けて，組織に侵入する裏口を開けたり，他の脆弱なホストを探して感染を広げたり，外部の組織に対して新たな攻撃を仕掛けたりする行為があり得る．したがって，通常アクセスしないようなサイトに異常な時間にアクセスしていたりしないか，外側への通信も監視する必要が生じてきている．在宅勤務などのオンライン業務が進む中，多様な環境や巧妙な方法でマルウェアに感染するリスクはますます高まっている．

第2章

問1　LCM$(2^8-1, 2^9-1, 2^{10}-1) = 44434005$

問2　MixColumns 演算では乗算アルゴリズムにおける a の値は 01, 02, 03 のいずれかである．これらの場合，ループの3回目から a は常に0になるため，c の値は変わらない．したがって，2回のループが完了した時点での c の値が乗算の結果を示している．同様に，InvMixColumns 演算では乗算アルゴリズムの a の値は 09, 0b, 0d, 0e のいずれかであるので，これらの場合，ループの5回目から a は常に0となる．

問3　このパディングは，平文の末尾に値 i を i 回付加することで全体の長さを b バイトの倍数にするというものである（$1 \leqq i \leqq b$）．したがって，ランダムな平文の末尾がたまたま 01 になる確率は 2^{-8}，0202 となる確率は 2^{-16}，030303 となる確率は 2^{-24}，…であるので，その合計は

$$\sum_{i=1}^{b} 2^{-8i} = \frac{2^{8b}-1}{2^{8b}(2^8-1)} \approx \frac{1}{255}$$

である．

問4　CBC モードでは，i 番目の暗号文ブロック C_i と j 番目の暗号文ブロック C_j が一致したら，$C_{i-1} \oplus P_i = C_{j-1} \oplus P_j$ が成り立つ．ここで，P_i, P_j はそれぞれ，i 番目の平文ブロックと j 番目の平文ブロックである．したがって，$P_i \oplus P_j = C_{i-1} \oplus C_{j-1}$ が成り立ち，これは暗号文から平文の情報が1ブロック分露呈していることを意味している．誕生日のパラドックスによれば，ブロックサイズを b ビットとするとき，$2^{b/2}$ ブロックの平文を暗号化すると，このようなことが起こる確率が無視できなくなる．なお，この解読手法は暗号文一致攻撃（ciphertext matching attack）と呼ばれ，ブロック暗号のブロックサイズが 64 ビットから 128 ビットに移行した理由でもある．

第3章

問1　(1) GCD$(m, n) = 1$ とする．このとき，任意の $a \in Z_m^*$ と $b \in Z_n^*$ に対して，$x \equiv a \pmod{m}$ かつ $x \equiv b \pmod{n}$ を満たす $x \in Z_{mn}^*$ が唯一存在する．逆に，任意の $x \in Z_{mn}^*$ に対して，x は m, n と互いに素なので，ある $a \in Z_m^*$ と $b \in Z_n^*$ に対して $x \equiv a \pmod{m}$ かつ x

$\equiv b \pmod{n}$ を満たす．すなわち，乗法群 $\mathbb{Z}^*_{mn}$ は乗法群の直積集合 $\mathbb{Z}^*_m \times \mathbb{Z}^*_n$ と同型である．よって，$\mathbb{Z}^*_{mn}$ の元の数は直積分解された各群の元の組合せの個数に等しく，$\varphi(mn) = \varphi(m)\varphi(n)$ である．

(2) $1, 2, \cdots, p^n$ のうち，p^n と互いに素でない数，すなわち p の倍数は $p^n/p = p^{n-1}$ 個ある．よって p^n と互いに素な数の個数は

$$\varphi(p^n) = p^n - p^{n-1} = p^{n-1}(p-1)$$

(3) $n = p_1^{e_1} p_2^{e_2} \cdots p_t^{e_t}$ とすると，(1)，(2) の結果から

$$\varphi(n) = \varphi(p_1^{e_1})\varphi(p_2^{e_2})\cdots\varphi(p_t^{e_t})$$
$$= n\left(1 - \frac{1}{p_1}\right)\left(1 - \frac{1}{p_2}\right)\cdots\left(1 - \frac{1}{p_t}\right)$$

問2 r を $\mathbb{F}_p^*$ の任意の元とする．$\mathbb{F}_p^*$ の各元に r を乗じて p で割った余りをとった集合 $G = \{r, 2r, \cdots, r(p-1)\}$ は，集合として $\mathbb{F}_p^*$ と一致する．なぜならば，$\mathbb{F}_p^*$ は乗法群なので，乗法に関して閉じていることと，相異なる $a, b \in \mathbb{F}_p^*$ に対して $ra \equiv rb$ ならば $a \equiv b$ となるからである．よって，G の元をすべて乗じたものと $\mathbb{F}_p^*$ の元をすべて乗じたものは一致し，$r \cdot 2r \cdots \cdot r(p-1) \equiv 1 \cdot 2 \cdots \cdot (p-1) \pmod{p}$ であるから，両辺を右辺で割って $r^{p-1} \equiv 1 \pmod{p}$．

問3 $n = p_1^{e_1} \cdots p_t^{e_t}$ のとき，両辺の 2 を底とする対数をとって $\log_2 n = \sum_{i=1}^t e_i \log_2 p_i$ を得る．ここで，$\sum_{i=1}^t e_i \log_2 p_i \geq \sum_{i=1}^t \log_2 2 = t$ であるから $t \leq \log_2 n$．

問4 $\varphi(n) = (p-1)(q-1) = n - p - q + 1$ の値を用いて，2 次方程式 $x^2 - (n + 1 - \varphi(n))x + n = 0$ を解くと n は分解できる．

問5 α を $\mathbb{F}_p^*$ の原始根とすると，任意の $r \in \mathbb{Z}^*_{p-1}$ に対して，α^r もまた原始根である．$r, s \in \mathbb{Z}^*_{p-1}$，$r \not\equiv s \pmod{p-1}$ に対して，$\alpha^r \not\equiv \alpha^s$ である．したがって，$\#\mathbb{Z}^*_{p-1}$，すなわち $\varphi(p-1)$ 個の原始根が存在する．

問6 $\mathbb{Z}_{p-1}$，$\mathbb{F}_p^*$ はそれぞれ位数 $p-1$ の加法群，乗法群である．任意の $a, b \in \mathbb{Z}_{p-1}$ に対して $f(a+b) = g^{a+b} = g^a g^b = f(a)f(b)$ より，f は群準同型．また，$f(x) = 1 \Leftrightarrow x = 0$ より f は単射．群の位数がともに $p-1$ であるから全単射となり f は群同型写像となる．

問7 g^x の入力に対し，g^{x^2} を返す多項式時間アルゴリズムを F とする．通信路上の情報 $A\,(=g^a)$，$B\,(=g^b)$ を観測したとき，$F(A)$，$F(B)$，$F(AB)$ の計算により $g^{2ab} = F(AB)/(F(A)F(B))$ を得る（$F(A) = g^{a^2}$，$F(B) = g^{b^2}$，$F(AB) = g^{(a+b)^2}$ に注意）．求める共有鍵は $K = g^{ab}$ であるから，$g^{2ab} = K^2$ の平方根 $\pmod{p}$ を計算すれば，$\pm K$ が求まる．

■第4章

問1 公開鍵暗号を実現するためには，鍵生成アルゴリズム KG が必要である．KG は，鍵サイズ（安全性パラメータ）k を入力とし，公開鍵と秘密鍵の対 (P_A, S_A) を出力する確率的多項式時間（k に関して）アルゴリズムである．このとき，KG が用いる乱数源 r を外部入力とする確定的多項式時間アルゴリズム KG′ が構成でき，$(P_A, S_A) =$ KG′(k, r) となる．ここで，k を安全性パラメータとする関数 F_k を $F_k(r) = [\text{KG}′(k, r)]^{P_A}$ とする．$[\text{KG}′(k, r)]^{P_A}$ は，KG′(k, r) の出力の中で P_A の部分のみを出力する記号とする．このとき，この公開鍵暗号が安全であるならば，明らかに F_k は一方向でなければならない（もし，F_k が一方向でないと，公開鍵 P_A から r が求まり，それより秘密鍵 S_A が求まる．）

問2 RSA 暗号の公開鍵を (n, e) としたとき，攻撃の対象となる暗号文を $c = m^e \bmod n$ とする．これに対して攻撃者は，ある公開値 a を用いた次の自明でない関係 $R_a(m, m′) : m′ = a \cdot m \bmod n$ を満足する暗号文 $c′$ を以下のように生成することができる．$c′ = ca^e \bmod n$．

問3 RSA 暗号の公開鍵を (n, e) としたとき，攻撃の対象となる暗号文を $c = m^e \bmod n$ とする．まず，選択暗号文攻撃（IND–CCA1）では，c を与えられる前のみに選択暗号文攻撃が許されるが，その段階の攻撃により攻撃が成功することは，次の問題で示すように RSA 暗号が受動的攻撃に対して一方向（OW）であることとほぼ等価である．現在のところ，RSA 暗号に対してそのような性質は知られていない．一方，適応的選択暗号文攻撃（IND–CCA2）の場合，c を与えられた後にも，選択暗号文攻撃が許される．そこで，攻撃者は，乱数 $r \in \mathbb{Z}_n$（$r \neq 1$）を生成し，暗号文 $c′ = cr^e \bmod n$ を生成する．$c′ \neq c$ なので，攻撃者は $c′$ に対して選択暗号文攻撃を行い，その復号結果 $m′ = c′^{1/e} \bmod n$ を得る．このとき，攻撃者は c の復号結果 m を $m = m′/r \bmod n$ により計算できる．

問4 ラビン暗号の公開鍵を $n = pq$（p, q：秘密鍵）とする．まず，選択暗号文攻撃（IND–CCA1）では，攻撃対象の暗号文 c を与えられる前のみに選択暗号文攻撃が許される．そこで，攻撃者は乱数 $x \in \mathbb{Z}_n$ を生成し $y = x^2 \bmod n$ を計算し，復号オラクルから y の復号結果を得る．このとき，y の復号結果 $x^* = y^{1/2} \bmod n$ は 4.2 節 2 項で説明したように 4 つの値のいずれかであり，GCD $(x - x^*, n)$ が p もし

くは q になる確率が $1/2$ である．つまり，ラビン暗号は1回の選択暗号文攻撃（IND–CCA1）により，$1/2$ の確率で公開鍵から秘密鍵が求められる．一方，受動的な攻撃で暗号文 $y = x^2 \bmod n$ からその平文 x を求める効率的アルゴリズム A があれば，A をブラックボックス（上で述べた攻撃法で復号オラクルに相当）として用いて，n を確率 $1/2$ で素因数分解できる．つまり，n の素因数分解が困難と仮定すると，受動的な攻撃により暗号文を解読するような効率的アルゴリズムが存在しないことになる（つまり，ラビン暗号が一方向である）．なお，受動的安全性の証明では，A が無視できない確率で（確率1ではなく）解読に成功する場合についても考慮する必要があることに注意されたい．この場合の証明については，読者の演習問題とする．

第5章

問1 メッセージ中の M_i とその署名 S_i を削除したり，別の（既知の）メッセージとその署名対 (M_i', S_i') に変更しても，署名検証に合格してしまう．

問2 エルガマル署名にはメッセージに対し署名情報が長くなるという欠点があった．これに対し，DSA 署名では，公開鍵の1つである g の位数を小さくすることにより，署名長を短く抑えることに成功している．具体的には，原始根（位数 $p-1$）の代わりに，位数が q $(q|p-1)$ となる元 g を用いることにより，乗法群 $\mathbb{Z}_p^*$ の中の g が生成する部分群上で演算を取り扱うことができるようになった．このため，g の指数部を位数 q 以下に抑えることができ，署名長が短縮できた．

問3 $y = \sigma^e \bmod n$ $(= (y^d)^e \bmod n)$ として y を求めると，正しい署名であれば，$y = 0 \| r^* \| w$ であるので，$[y]^1 = 0$ が成り立つ．次に，$r^* = [y]_{k_2}^2$，$w = [y]_{k_1}$ として r^*, w を求めると，正しい署名の場合は，r^* は $r^* = H_1(w) \oplus (0^{k_2-k_3} \| r)$ として与えられるため，$\tilde{r} = r^* \oplus H_1(w) = (0^{k_2-k_3} \| r)$ となり，$0^{k_2-k_3} = [\tilde{r}]^{k_2-k_3}$，$r = [\tilde{r}]_{k_3}$ が成り立つ．一方，w は $w = H(m' \| r)$ として与えられるため，2つの検証式を満足する．

問4 上記 w の生成式を用いた RSA–PSS–R 署名で，かつ，m_r が存在しない場合（$t_1 = 0$）を考える．この m_r の長さ t_1 を長さ t_2 の2進数で表現すると，0^{t_2} となり，$H(t_1 \| m_r \| m' \| r) = H(0^{t_2} \| m' \| r)$ となる．

すなわち，上記の RSA-PSS 署名における w の生成式と一致する．よって，RSA-PSS 署名と RSA-PSS-R 署名を区別することなく運用できる．

問 5 $b = (\sigma^k - m'2^{2t}) \bmod n$ なる値 b を考える．このとき，$b = wpq - a$ かつ $0 \leq b < pq$ が成り立つ．よって，複数の署名を集めることにより，署名者の秘密である pq に関する情報が漏えいすることになる．そのため，公開値を用いた 2^{2t-1} でその分布を制限する必要がある．

各方式について詳細に知りたい読者は，巻末の参考文献を参照されたい．DSA 署名については文献5），シュノア署名については文献9）が提案されている．メッセージ回復型に関する議論は文献6）に詳しい．RSA 署名については文献8），RSA-PSS(-R) 署名については文献2），ESIGN 署名については文献7）である．安全性のモデルは文献4）において確立された．

問 6 誕生日のパラドックスにより，$R_0, R_1, \cdots, R_{2^{n/2}}$ の中に同じ値が含まれる可能性が無視できない．したがって，周期は $2^{n/2}$ 程度になると考えられる（$R_a = R_b$ が成り立ったら，任意の j に対して $R_{a+j} = R_{b+j}$ が成り立つことに注意する）．

■ 第 6 章

問 1 (a) 位数は 6 である．

(b) $P_A = x_A G = 2G = (1, 1)$.

(c) $P_B = x_B G = 5G = -G = (3, -3)$.

(d) $K_{A, B} = x_B P_A = x_A P_B = 5(1, 1) = (1, -1)$.

問 2 (a) D の多項式表現は，$(x(x-1), 2x+1) = (x^2+6x, 2x+1) \bmod 7$.

(b) $2D = (3x^2+2x+6, 5x+5)$. $a(x)$ のほうをモニック多項式として，$(x^2+3x+2, 5x+5)$ としてもよい．

(c) $P_2 = (5, 2)$, $Q_2 = (6, 0)$ または，$P_2 = (6, 0)$, $Q_2 = (5, 2)$.

(d) $24D = (5x^2+2x, 5x+6)$. または，$(x^2+6x, 5x+6) \bmod 7$.

(e) $24D = (x^2+6x, -(2x+1)) \bmod 7$ であるため，$24D = -D$ が成り立つ．したがって，位数は 25．

■ 第 7 章

問 1 (a) $\mathbb{F}_{11}$ 上で計算すると，

$$f(1) = 5 + 1 + 2 = 8$$
$$f(2) = 5 + 2 + 8 = 4$$
$$f(3) = 5 + 3 + 18 = 4$$
$$f(4) = 5 + 4 + 32 = 8$$

であるから，$v_1 = 8$，$v_2 = 4$，$v_3 = 4$，$v_4 = 8$.

(b) 公式より，

$$\lambda_1(x) = \frac{x-2}{1-2} \cdot \frac{x-3}{1-3} = 6(x-2)(x-3)$$

$$\lambda_2(x) = \frac{x-1}{2-1} \cdot \frac{x-3}{2-3} = -(x-1)(x-3)$$

$$\lambda_3(x) = \frac{x-1}{3-1} \cdot \frac{x-2}{3-2} = 6(x-1)(x-2)$$

$$f(0) = 6(x-2)(x-3)8 - (x-1)(x-3)4 + 6(x-1)(x-2)4 = 5$$

$f(0)$ を計算することにより，正しく $s = 5$ が復元できる．$1/2 \equiv 6$ (mod 11) に注意.

問2 $(2, 3)$ しきい値法は，$\{A_1, A_2, A_3\}$ の部分集合のうち，大きさが2以上のものがアクセス集合であるから，

$$\Gamma_{(2,3)} = \{\{A_1, A_2\}, \{A_1, A_3\}, \{A_2, A_3\}, \{A_1, A_2, A_3\}\}$$

問3 $\lambda(n)$ を知っているグループメンバは，公開鍵 n と $\lambda(n)$ から p, q を求めることができ，d を求めることができる．このため，ほかのメンバの協力なしに暗号文を復号できてしまう．

問4 署名者は，$r \in \{0, 1\}^{\varepsilon(|l|+k)}$ に対して，$u_i = g_i^r$ $(i = 1, 2)$ を計算し，$e = H(g_1 \| g_2 \| y_1 \| y_2 \| u_1 \| u_2 \| m)$ とし，$s = r - ex \in \mathbb{Z}$ とする．

問5 m を任意のメッセージとする．A_N は，任意に選んだ $c, u_i \in \mathbb{F}_q$ $(1 \leq i \leq N-1)$ に対して，$H_{1,i} = H_1(u_1 \| \cdots \| u_i \| m)$，$u_N = g^c (\prod_{i=1}^{N-1} y_i^{H_{1,i}} u_i)^{-1}$ とし，$v_N = c + x_N H_{1,N}$ を計算する．このとき，$(v_N, u_1, \cdots, u_N)$ は m に対する $I_1, \cdots, I_N$ による多重署名となる．

■第8章

問1 検証者が $e = 0$ を出すことがわかっている場合，$u = r^2 \bmod n$，$v = r$ とする．$e = 1$ を出すことがわかっている場合，$u = r^2/y \bmod n$，$v = r$ とする．

問2 投票者はゼロ知識証明を用いて「この暗号投票文は1あるいは0を暗号化したものである」という NP 命題を証明する．

問3 共通点：入力（投票内容と入札値）の秘匿性，頑健性，全体検証性（主催者，選挙管理委員）など．

相違点：否認不可性（オークションのみ），二重投票防止（選挙のみ，入札値が複数あってもそれらの最大値をとるので意味がない）など．

■第9章

問1 同じ K を用いても異なる数列 $x_1, x_2, \cdots, x_n$ を生成するようにすればよい．例えば，乱数 r を用いて $x_1 = H(K \| r)$ と変更し，$n-1$ 回目で認証は止めて K までは漏らさない．実際，S/Key はそのように設計されている．

問2 （1）発行したナンスをデータベースにすべて蓄えておき，二重利用をチェックする．（2）二度と同じ値が生じることがないほど，十分大きな乱数を用いる．（3）日時と数ミリ秒単位の時刻情報を用いる．

問3 オンライン型の利点：小さな転送コスト，情報の即時的な反映，検証処理に証明書のパス検証の処理を組み合わせることが可能．欠点：負荷の集中，失効処理サーバへの DoS 攻撃など．

問4 パスワードがわかっても，登録されたメールアドレスを変更しない限り，不正に認証を試みても本来のユーザにメールが届き，不正アクセスが検出されるため．多要素認証は，なりすましに必要な情報の種類が増えるため，さらに安全性が増す．

■第10章

問1 Triple-DES，RC5，IDEA，Blowfish，CAST-128，

問2 RC2，RC4，IDEA，DES，Triple-DES，RSA，DH

問3 RC2，Triple-DES，RSA，DSA

問4 公開鍵暗号は共通鍵暗号より処理速度が遅いため（100倍から1000倍の時間がかかる）．大量のデータを暗号化する場合には，データを公開鍵で暗号するよりも，データをまず共通鍵（通常16バイト以下）で暗号化し，次にその共通鍵を公開鍵で暗号化するほうが，高速に暗号化が可能となる．

問5 暗号メール交換可能な人の公開鍵証明書をデータベースに登録し，電子メールアドレスで検索できるようにする（このようなデー

タベースは通常ディレクトリサーバと呼ばれる). 暗号メールソフ
トウェアは, 送信前に, データベースから送信先のメールアドレス
に対応する公開鍵証明書の取得を試みる. 公開鍵証明書が取得でき
た場合には, 暗号化して送る. 取得に失敗した場合には, 暗号化し
ないでメールを送る.

問6 安全でない. もしメールを盗聴できる第三者がいたならば, 暗号
化 ZIP も続くパスワードも同様に入手できるため効果がない. オン
ラインストレージと比べても, 不正に復号する試みの検出ができな
いため, リスクが大きい.

■第11章

問1 ブートセクタ感染型, 実行形式プログラムファイル感染型, マク
ロファイル感染型

問2 未知マルウェアでも検出できるが, 特定はできない. マクロに対
しては適用しにくい.

問3 パケットフィルタリングによる制御では, IP パケットの送信元
IP アドレス, 宛先 IP アドレス, 送信元ポート番号, 宛先ポート番
号などによって, 通過させたり遮断したりする. 通過する情報の中
身は見ないので, きめ細かい制御はできないが高速処理可能である.

問4 シグネチャ検出とプロファイル検出がある (詳細は本文参照).

■第12章

問1 横井真路:洗脳ゲーム—サブリミナルマーケティング, リブロポ
ート (1995) を参照.

問2 文献第12章の3) の第2章を参照.

問3 片方向の例:電子投票, 内部告発, 政治的な主張など. 双方向の
例:電子マネーの決済, コンテンツの売買など.

問4 (1) 中継者が往信の際の前後の中継者を記録しておき, 返信のと
きにはそれを逆にたどる. 送信者はメッセージといっしょに,
使い捨ての共通鍵暗号を入れておき, 返信メッセージはそれで
暗号化させる.

(2) 送信者があらかじめ行きと帰りの経路を定め, その一連の経路
を Mix-net のプロトコルに従って暗号化しておく. (1) と同様

に，返信メッセージは使い捨ての共通鍵で暗号化して，帰りの暗号文とともに送り返す．

■第13章

問1 2つのバイオメトリクスから得られたスコアを s_1, s_2 とし，それぞれのしきい値を t_1, t_2 とする．さらに，「$t_1 \leq s_1$ かつ $t_2 \leq s_2$」を D_G とし，その他を D_I とすると，独立性から $p(s_1, s_2 \mid C_I) = p(s_1 \mid C_I) p(s_2 \mid C_I)$ より，これを式（13.1）に代入すると，

$$\mathrm{FAR} = \int_{D_G} p(s_1, s_2 \mid C_I) ds_1 ds_2 = \int_{t_1}^{\infty} \int_{t_2}^{\infty} p(s_1, s_2 \mid C_I) ds_1 ds_2$$

$$= \int_{t_1}^{\infty} p(s_1 \mid C_I) ds_1 \int_{t_2}^{\infty} p(s_2 \mid C_I) ds_2 = \mathrm{FAR}_1 \mathrm{FAR}_2$$

となり，それぞれの FAR の積で与えられる．ここで，FAR_1，FAR_2 は，それぞれのバイオメトリクスにおける FAR を表す．FRR についても同様に $\mathrm{FRR} = \mathrm{FRR}_1 + \mathrm{FRR}_2 - \mathrm{FRR}_1 \mathrm{FRR}_2$ で与えられる．これは，AND ルールと呼ばれ，FAR を小さく抑える方法として知られている．逆に，「$t_1 \leq s_1$ または $t_2 \leq s_2$」を D_G とすれば OR ルールが得られ，FRR を小さく抑えることができる．一般に，独立性の高い複数のバイオメトリクスが得られる場合には，D_G と D_I の決定境界を適切に設定することにより，高性能なバイオメトリクスを得ることができる．

問2 スマートフォンで正しくバイオメトリクス認証した結果と，マルウェア等による不正な出力をリモートのサーバが正しく区別するための仕組みが求められる．最近のスマートフォンでは，バイオメトリクス認証用のセンサーと耐タンパーハードウェアを一体化した認証装置が搭載されており，認証結果の出力にディジタル署名を付したデータを送信する仕組みが採用されている．詳しくは，FIDO 規格（https://fidoalliance.org/）などを参照するとよい．

問3 例えば，指紋認証システムにシリコン製の偽指を提示する攻撃を検知する方法として，体温を検知する温度センサーを追加する検知方法を考える．この方法でも，利用者の指とシリコン製偽指を区別できそうである．攻撃者は標的利用者の指紋が刻まれたシリコン製偽指を作成することに加えて，温度センサーでプレゼンテーション

攻撃を検知していることを何らかの方法で知る必要がある．しかし，誰かが温度で検知していることを発見し，シリコン製偽指を温めることで検知機能を突破できることをインターネット等で公開してしまえば，誰でも容易に検知機能を突破できてしまうため，このような検知方法はあまり賢い方法とはいえない．また，外気温が低い屋外では，正しい利用者の指も冷えており誤検知が増えるかもしれない．温度センサーの追加により装置コストも上昇する．このように，プレゼンテーション攻撃検知手法を検討する場合には，装置の設計情報の入手しやすさ，攻撃者の熟練度，攻撃に要する時間，攻撃者に必要な装置コスト，利用者の利便性の低下，検知装置のコストなどを考慮する必要がある．

問4 ファジーコミットメントを $(c+x, h(c))$ とする．$c+x$ から c_0 を分離したときに $h(c) = h(c_0)$ を満たせば，生体テンプレート情報 x を求めることができる．生体テンプレート情報 $X = x \in \{0,1\}^n$ が一様分布のときは，x が平文 c を隠蔽するワンタイムパッドとして働くため，$p(x \mid x+c) = p(c \mid x+c) = p(c)$ を満たし，$x+c$ は生体テンプレート情報 x を全く漏らさず，ハッシュ値 $h(c)$ から逆像 c を求める困難性に帰着される．他方，生体テンプレート情報 X が一般の分布のときは，$H[X \mid X+C] = H[C \mid X+C] \leq H[C]$ となり，C のエントロピーが減少するため，より詳しい解析が必要である．詳しくは，文献6) などを参照するとよい．

■第14章

問1 (c) と (d)

問2 (a) FDP

(b) FIA

(c) FAU

(d) FCO

(e) FCS

問3 (a) 動作環境である OS のアクセス制御機能

(b) 非 IT 環境で対抗する

(c) 脅威

(d) 想定

(e) 組織のセキュリティ方針

■第15章

問1　1980年に制定されて，以下の項目が定められている．

① Purpose Specification Principle（目的明確化の原則）

② Use Limitation Principle（利用制限の原則）

③ Collection Limitation Principle（収集制限の原則）

④ Data Quality Principle（データ内容の原則）

⑤ Security Safeguards Principle（安全保護の原則）

⑥ Openness Principle（公開の原則）

⑦ Individual Participation Principle（個人参加の原則）

⑧ Accountability Principle（責任の原則）

これらは，インターネットが普及するよりも前に制定された原則であるが，現在の私たちから見ても十分に整理された原則であるといえる．

問2　肖像権とは，人の肖像に対する権利である．人の肖像を，その本人以外が利用する場合には，あらかじめ許諾を得る必要がある．

　パブリシティ権とは，人の肖像や名前を利用して，顧客を集める権利である．有名人がもつ権利であり，それを店舗に（通常は使用料金を受け取って）許諾する．店舗の広告だけでなく，ゲームのキャラクターや，動画の出演者の名前などでも権利が主張される．

問3　略（その時代に応じて，さまざまなものがある．）

問4　第3次人工知能ブームといわれている間は，機械学習を利用した人工知能が活発に開発されていることから，特に，教師データの保護に努める必要があるものの，大きな方針は変わらない．

問5　ハクティビズムを信じて行動するものは，自らの意図・目的のために，多くの人を動かそうとする．その際には，自らが信じる「正義」のために，嘘をついたりすることもある．フェイクニュースの動機の一つとして，ハクティビズムを挙げることができる．

参考文献

■第 1 章

1) F. Arute, K. Arya, R. Babbush et al.：Quantum supremacy using a programmable superconducting processor, Nature, Vol.574, pp.505-510（2019）
https://doi.org/10.1038/s41586-019-1666-5

2) 情報通信研究機構，情報処理推進機構：CRYPTREC Report 2019 暗号技術評価委員会報告，（2019）

3) 「中国、ハイテク戦で禁じ手 急増する産業スパイ事件」，日経ビジネス 2020 年 10 月 12 日号，pp.42-46（2020）

4) 鍛忠司：増加する社会インフラを標的としたサイバー攻撃：3. 社会インフラの安心・安全を確保するためのセキュリティ技術の研究開発，情報処理，Vol.55，No.7，pp.654-659（2014）

5) L. Chen, S. Jordan, Y.-K. Liu, D. Moody, R. Peralta, R. Perlner and D. Smith-Tone：Report on Post-Quantum Cryptography, NISTIR 8105, NIST, U.S. Department of Commerce（2016）
http://dx.doi.org/10.6028/NIST.IR.8105

6) P. W. Shor：Polynomial-Time Algorithms for Prime Factorization and Discrete Logarithms on a Quantum Computer, SIAM Journal on Computing, Vol.26, No.5, pp.1484-1509（1997）

7) 安冨潔，上原哲太郎：基礎から学ぶデジタル・フォレンジック：入門から実務での対応まで，日科技連出版社（2019）

8) 日経クロステック：すべてわかるゼロトラスト大全 さらば VPN・安全テレワークの切り札，日経 BP（2020）

■第 2 章

1) ISO/IEC 10116:2017, Information technology — Security techniques — Modes of operation for an n-bit block cipher（2017）

2) E. Barker and N. Mouha：Recommendation for the Triple Data Encryption Algorithm（TDEA）Block Cipher, Special Publication

800-67 Revision 2, NIST, U.S. Department of Commerce（2017）
https://doi.org/10.6028/NIST.SP.800-67r2

3） NIST：Advanced Encryption Standard（AES），Federal Information Processing Standards Publication 197, NIST, U.S. Department of Commerce（2001）
https://nvlpubs.nist.gov/nistpubs/FIPS/NIST.FIPS.197.pdf

4） H. Krawczyk, M. Bellare and R. Canetti：HMAC: Keyed-Hashing for Message Authentication, RFC 2104, Internet Engineering Task Force（1997）

5） M. Dworkin：Recommendation for Block Cipher Modes of Operation: Galois/Counter Mode（GCM）and GMAC, Special Publication 800-38D, NIST, U.S. Department of Commerce（2007）
https://nvlpubs.nist.gov/nistpubs/Legacy/SP/nistspecialpublication800-38d.pdf

■第3章

1） 山本芳彦：現代数学への入門―数論入門 1―，岩波書店（1996）

2） M. Bellare, A. Desai, D. Pointcheval and P. Rogaway：Relations among notions of security for public-key encryption schemes, Proc. of Crypto '98, LNCS 1462, Springer-Verlag, pp.26-45（1998）

3） D. Gordon：Discrete logarithms in GF（p）using the number field sieve, SIAM J. Discrete Math., Vol.6, pp.124-138（1993）

4） H. W. Lenstra, Jr.：Factoring integers with elliptic curves, Annals of Mathematics, Vol.126, pp.649-673（1987）

5） A. K. Lenstra, H. W. Lenstra, Jr., M. S. Manasse and J. M. Pollard：The number field sieve, Proc. 22nd STOC, pp.564-572（1990）

6） K. Sakurai and H. Shizuya：A structural comparison of the computational difficulty of breaking discrete log cryptosystems, J. Cryptology, Vol.11, pp.29-43（1998）

■第4章

1） T. ElGamal：A Public Key Cryptosystem and Signature Scheme based on discrete logarithms. IEEE Trans. on Information

Theory, No.4, 31, pp.469-472（1985）

2） M. Bellare and P. Rogaway：Optimal Asymmetric Encryption, Proc. of Eurocrypt'94, LNCS 950, Springer-Verlag, pp.92-111（1995）

3） W. Diffie and M. Hellman：New Directions in Cryptography, IEEE Trans. on Information Theory, IT-22, 6, pp.644-654（1976）

4） E. Fujisaki, T. Okamoto, D. Pointcheval and J. Stern：RSA-OAEP Is Secure under the RSA Assumption, Proc. of Crypto'01, Springer-Verlag, LNCS 2139, pp.260-274（2001）

5） M. O. Rabin：Digital Signatures and Public-Key Encryptions as Intractable as Factorization, MIT, Technical Report, MIT/LCS/ TR-212（1979）

6） R. Rivest, A. Shamir and L. Adleman：A Method for Obtaining Digital Signatures and Public-Key Cryptosystems, Communications of the ACM, Vol.21, No.2, pp.120-126（1978）

7） V. Shoup：OAEP Reconsidered, Proc. of Crypto'01, Springer-Verlag, LNCS 2139, pp.239-259（2001）

8） E. Fujisaki and T. Okamoto：Secure Integration of Asymmetric and Symmetric Encryption Schemes, Proc. of Crypto'99, Springer-Verlag, LNCS 1666, pp.535-554（1999）

9） V. Shoup：A Proposal for an ISO Standard for Public Key Encryption（v.2.1）. ISO/IEC JTC1/SC27, N2563.
http://shoup.net/papers/

10） E. Barker：Recommendation for Key Management: Part 1 — General, Special Publication 800-57 Part 1 Revision 5, NIST, U.S. Department of Commerce（2020）
https://doi.org/10.6028/NIST.SP.800-57pt1r5

■第5章

1） M. Abe and T. Okamoto：A Signature Scheme with Message Recovery as Secure as Discrete Logarithm, Proc. of EUROCRYPT '99, Lecture Notes in Computer Science 1716, Springer-Verlag, pp.378-389（1999）

2） M. Bellare and P. Rogaway：The Exact Security of Digital Signatures−How to Sign with RSA and Rabin, Proc. of EURO-CRYPT '96, Lecture Notes in Computer Science 1070, Springer-Verlag, pp.399-416（1996）

3）　T. ElGamal：A Public Key Cryptosystem and a Signature Scheme based on Discrete Logarithms, IEEE Transactions on Information Theory, Vol.IT-31, No.4, pp.469-472（1985）

4）　S. Goldwasser, S. Micali and R. Rivest：A Digital Signature Scheme secure against Adaptive Chosen Message Attack, SIAM Journal on Computing, Vol.17, No.2, pp.281-308（1988）

5）　National Institute for Standards and Technology：The Digital Signature Standard, Communications of the ACM, Vol.35, No.7, pp.36-40（1992）

6）　K. Nyberg and R. A. Rueppel：Message Recovery for Signature Schemes Based on the Discrete Logarithm Problem, Designs, Codes and Cryptography, Kluwer Academic Publishers, Vol.7, pp.61-81（1996）

7）　T. Okamoto：A Fast Signature Scheme Based on Congruential Polynomial Operations, IEEE Transactions on Information Theory, Vol.IT-36, No.1, pp.47-53（1990）

8）　R. Rivest, A. Shamir and L. Adleman：A Method for Obtaining Digital Signatures and Public-Key Cryptosystems, Communications of the ACM, Vol.21, No.2, pp.120-126（1978）

9）　C. P. Schnorr：Efficient signature generation by smart cards, Journal of Cryptology, Vol.4, No.3, pp.161-174（1991）

10）　NIST：Secure Hash Standard（SHS）, Federal Information Processing Standards Publication 180-4, NIST, U.S. Department of Commerce（2015）
http://dx.doi.org/10.6028/NIST.FIPS.180-4

11）　M. J. Dworkin：SHA-3 Standard: Permutation-Based Hash and Extendable-Output Functions, Federal Information Processing Standards Publication 202, NIST, U.S. Department of Commerce（2015）
https://doi.org/10.6028/NIST.FIPS.202

■第6章

1）　岡本龍明, 太田和夫 共編：暗号・ゼロ知識証明・数論, 共立出版（1995）

2）　N. Koblitz：Algebraic Aspects of Cryptography, Algorithms and Computation in Mathematics, Vol.3, Springer-Verlag, pp.148-178

（1998）

3） 山本芳彦：現代数学への入門―数論入門 2―，岩波書店（1996）

4） J. H. Silverman：The Arithmetic of Elliptic Curves, GTM106, Springer-Verlag, New York（1986）

■第 7 章

1） M. Ito, A. Saito and T. Nishizeki：Secret sharing scheme realizing general access structure, Proc. of IEEE Globcom '87, pp.99-102（1987）

2） P. Feldman：A Practical Scheme for Non-interactive Verifiable Secret Sharing, Proc. of FOCS '87, pp.427-437（1987）

3） D. Chaum, C. Crépeau and I. Damgård：Multi-party unconditionally secure protocols, Proc. of ACM STOC '88, pp.11-19（1988）

4） V. Shoup：Practical Threshold Signatures, Lecture Notes in Computer Science, 1807, pp.207-220（2000）

5） A. Shamir：How to share a secret, Communications of the ACM, 22, 11, pp.612-613（1979）

6） M. Ben-Or, S. Goldwasser and A. Wigderson：Completeness theorems for non-cryptographic fault-tolerant distributed computation, Proceedings of the twentieth annual ACM Symp. Theory of Computing, STOC, pp.1-10（1988）

7） R. J. McEliece and D. V. Sarwate：On secret sharing and Reed-Solomon codes, Communications of the ACM, Vol.24, pp.583-584（1981）

8） J. Camenisch and M. Michels：A group signature scheme based on an RSA-variant, Tech. Rep., RS-98-27, BRICS, Dept. of Comp. Sci. University of Aarhus（1998）

9） A. Ishida, Y. Sakai, K. Emura, G. Hanaoka and K. Tanaka：Proper Usage of the Group Signature Scheme in ISO/IEC 20008-2, Asia CCS '19, pp.515-528, ACM（2019）

■第 8 章

1） M. K. Franklin and M. K. Reiter：The design and implementation of a secure auction service, IEEE Trans. on Software Engineering, 22, 5, pp.302-312（1996）

2) M. Harkavy, J. D. Tygar and H. Kikuchi : Electronic auction with private bids, In Third USENIX Workshop on Electronic Commerce Proceedings, pp.61-74（1998）

3) K. Sako : An auction protocol which hides bids of losers, Proc. of PKC'2000, pp.422-432（2000）

4) R. Cramer, R. Gennaro and B. Schoenmakers : A secure and optimally efficient multi-authority election scheme. European Transactions on Telecommunications, 8:481-489（1997）, available from Proc. of EUROCRYPT '97.

5) U. Feige, A. Fiat and A. Shamir : Zero Knowledge Proofs of Identity, STOC '87, pp.210-217, ACM（1987）

6) A. Fujioka, T. Okamoto and K. Ohta : A Practical Secret Voting Scheme for Large Scale Elections, Proc. of AUSCRYPT '92, Springer-Verlag, pp.244-251（1992）

7) S. Goldwasser, S. Micali and C. Rackoff : The Knowledge Complexity of Interactive Proof Systems, SIAM J. Computing（1988）

8) O. Goldreich, S. Micali and A. Wigderson : Proofs that Yield Nothing but their Validity or All Languages in NP Have Zero-Knowledge Proof Systems, Journal of the ACM, Vol.38, No.1, pp.691-729（1991）

9) S. Nakamoto : Bitcoin: A Peer-to-Peer Electronic Cash System, `https://bitcoin.org/bitcoin.pdf`

10) Vitalik Buterin : Ethereum Whitepaper, `https://ethereum.org/en/whitepaper/`

■第9章

1) H. Krawczyk, et al. : HMAC: Keyed-Hashing for Message Authentication, Internet RFC 2104（1997）

2) L. Lamport : Password authentication with insecure communication, Communications of the ACM, Vol.24, No.11, pp.770-772（1981）

3) R. M. Needham and M. D. Schroeder : Using encryption for authentication in large networks of computers, Communications of the ACM, Vol.21, pp.993-999（1978）

4) ITU-T Recommendation X.509（1997 E）: Information Technology–Open Systems Interconnection–The Directory:

Authentication Framework（1997）
5 ） 2019 Access Management Index, Thales
https://cpl.thalesgroup.com/resources/access-
management/2019/access-management-index-report

■第10章

　IPSECの規格は，IPSECの考え方を記述したセキュリティアーキテクチャ[3]，認証に関連する規格[1]，暗号化に関する規格[2]，鍵交換に関する規格[4]からなる．親展データ，署名データのフォーマットは，S/MIME Version 4 Message Specification[5] にて，Cryptographic Message Syntax[6]に従うよう規定されている．S/MIME にて利用する公開鍵証明書は，S/MIME Version 4 Certificate Handling[7]にて，Internet X.509 Public Key Infrastructure Certificate and CRL Profile[8]に従うよう規定されている．

1 ） S. Kent：IP Authentication Header, RFC 4302（2005）
2 ） S. Kent：IP Encapsulating Security Payload（ESP）, RFC 4303（2005）
3 ） S. Kent and K. Seo：Security Architecture for the Internet Protocol, RFC 4301（2005）
4 ） C. Kaufman, et al.：The Internet Key Exchange Protocol Version 2（IKEv2）, RFC 7296（2014）
5 ） J. Schaad, et al.：S/MIME Version 4 Message Specification, RFC 5751（2019）
6 ） R. Housley：Cryptographic Message Syntax, RFC 3852（2002）
7 ） J. Schaad, et al.：S/MIME Version 4 Certificate Handling, RFC 5750（2019）
8 ） D. Cooper, et al.：Internet X.509 Public Key Infrastructure Certificate and Certificate Revocation List（CRL）Profile, RFC 5280（2008）
9 ） ITU-T Recommendation X.509（2005）：Information Technology－Open Systems Interconnection－The Directory: Public-key and attribute certificate frameworks（2005）

■第11章

1 ） M. Asaka, A. Taguchi and S. Goto：The Implementation of IDA：

An Intrusion Detection Agent System, in Proceedings of the 11th FIRST Conference 1999, Brisbane, Australia（1999）

2） 通商産業省：コンピュータウイルス対策基準解説書，日本情報処理開発協会（1995）

3） 岡本忠士，白石善明，大家隆広，森井昌克：なりすましに対する不正侵入検知システム (IDS-M)，情報処理学会，オフィスシステム研究会（1999）

4） 岡本栄司，山田忠直，湯藤典夫：我が国におけるコンピュータウイルスの現状と対策，情報処理，Vol.33，No.7，pp.811-819，（1992）

5） 千石靖：ウイルス，bit 別冊 情報セキュリティ，pp.150-161（2000）

6） 宝木和夫，小泉稔，寺田真敏，萱島信 共著，今井秀樹 監修：ファイアウォール，昭晃堂（1998）

7） 瀬戸洋一，永野学，長谷川久美，中田亮太郎，豊田真一：サイバー攻撃と防御技術の実践演習テキスト，日本工業出版（2019）

■第12章

1） S. Katzenbeisser, F. A. P. Petitcolas editors：Information Hiding Techniques for Steganography and Digital Watermarking, Artech House（2000）

2） 松井甲子雄：電子透かしの基礎―マルチメディアのニュープロテクト技術，森北出版（1998）

3） 小野束：電子透かしとコンテンツ保護，オーム社（2001）

4） M. K. Reiter and A. D. Rubin：Crowds: anonymity for Web transactions, ACM Transactions on Information and System Security, 1(1), pp.66-92, November（1998）

5） D. Chaum：Untraceable Electronic Mail, Return Addresses, and Digital Pseudonyms, Communications of the ACM, Vol.24, No.2, pp.84-88（1981）

6） D. Chaum：Security without Identification: Transaction systems to Make Big Brother Obsolete, Communications of the ACM, Vol.28, No.10, pp.1030-1044（1985）

7） P. F. Syverson, D. M. Goldschlag and M. G. Reed：Anonymous Connections and Onion Routing, IEEE Symposium on Security and Privacy, pp.44-54（1997）

8） R. Dingledine, N. Mathewson and P. Syverson：Tor: the second-generation onion router, SSYM '04, Vol.13（2004）

■第13章

1） P. A. Grassi, M. E. Garcia and J. L. Fenton：Digital Identity Guidelines, Special Publication 800-63-3, NIST, U.S. Department of Commerce（2017）
https://doi.org/10.6028/NIST.SP.800-63-3

2） J. Daugman：How iris recognition works. IEEE Transactions on Circuits and Systems for Video Technology, Vol.14, Issue 1, pp.21-30（2004）

3） F. Schroff, D. Kalenichenko and J. Philbin：FaceNet: A Unified Embedding for Face Recognition and Clustering. 2015 IEEE Conference on Computer Vision and Pattern Recognition（CVPR）, pp.815-823（2015）
https://doi.org/10.1109/CVPR.2015.7298682

4） ISO/IEC 30107-1:2016, Information technology — Biometric presentation attack detection（2016）

5） Sébastien Marcel, et al., eds.：Handbook of Biometric Anti-Spoofing: Presentation Attack Detection 2nd. ed., Advances in Computer Vision and Pattern Recognition, Springer（2019）

6） A. Juels and M. Wattenberg：A Fuzzy Commitment Scheme, in Proceedings of the 6th ACM Conference on Computer and Communications Security, pp.28-36（1999）
https://doi.org/10.1145/319709.319714

7） ISO/IEC 30136:2018, Information technology — Performance testing of biometric template protection schemes

■第14章

1） ISO/IEC 15408:1999, Information technology – Security techniques – Evaluation criteria for IT security（1999）

2） Common Criteria for IT Security Evaluation V2.1（1998）

3） 田渕治樹：国際セキュリティ標準 ISO 15408 のすべて，日経 BP 社（1999）

4） 内山政人：ISO 15408 情報セキュリティ入門，東京電機大学出版局（2000）

■第 15 章

1） ジル・ドゥルーズ 著，鈴木雅大 訳：スピノザ—実践の哲学，平凡社（1994）

2） 和辻哲郎：人間の学としての倫理学，岩波書店（1949）

3） Google Crisis Response：東日本大震災と情報，インターネット，Google　数多くの英断が生み出した，テレビ番組のネット配信（2012）
https://www.google.org/crisisresponse/kiroku311/chapter10.html（2021.8.11 閲覧）

4） いまトピ編集部：【3.11】あの日 Ustream 社では何が起こっていたのか？　当時の関係者が語る真実（2016）
https://ima.goo.ne.jp/column/article/4059.html（2021.8.11 閲覧）

5） NHK_PR 1 号：中の人などいない　@NHK 広報のツイートはなぜユルい？，新潮社（2012）

6） The New York Times：At 92, a Bandit to Hollywood but a Hero to Soldiers. April 2012
http://www.nytimes.com/2012/04/27/nyregion/at-92-movie-bootlegger-is-soldiers-hero.html（2012 年 6 月 3 日閲覧）

7） International Consortium of Investigative Journalists：The Panama Papers: Exposing the Rogue Offshore Finance Industry（2016）
https://www.icij.org/investigations/panama-papers/（2021.8.11 閲覧）

索　引

マ　行

ヤ　行

編著者一覧および担当箇所

編著者

宮地　充子（大阪大学）　　　　　　　　　　3.2 節，6.1 節，6.2 節，6.3 節，6.4 節，
　　　　　　　　　　　　　　　　　　　　　7.3 節

菊池　浩明（明治大学）　　　　　　　　　　第 1 章，8.4 節，9.1 節，9.4 節，
　　　　　　　　　　　　　　　　　　　　　9.5 節，第 11 章，12.3 節，12.4 節

著　者（五十音順）

大塚　　玲（情報セキュリティ大学院大学）　第 13 章
尾形わかは（東京工業大学）　　　　　　　　7.1 節，7.2 節
岡本　栄司（筑波大学）　　　　　　　　　　第 11 章
岡本　龍明（日本電信電話株式会社）　　　　4.1 節，4.2 節，4.4 節
勝山光太郎（金沢工業大学）　　　　　　　　10.1 節，10.2 節
黒澤　　馨（茨城大学）　　　　　　　　　　7.1 節，7.2 節
櫻井　幸一（九州大学）　　　　　　　　　　4.3 節
佐古　和恵（早稲田大学）　　　　　　　　　8.1 節，8.2 節，8.3 節
静谷　啓樹（東北大学）　　　　　　　　　　3.1 節，3.3 節，3.4 節，3.5 節
辰己　丈夫（放送大学）　　　　　　　　　　第 15 章
西川　　満（元・住友電気工業株式会社）　　第 14 章
藤岡　　淳（神奈川大学）　　　　　　　　　5.1 節，5.4 節
布田　裕一（東京工科大学）　　　　　　　　6.5 節
松井甲子雄（防衛大学校名誉教授）　　　　　12.1 節，12.2 節
松井　　充（三菱電機株式会社）　　　　　　第 2 章，5.2 節
満保　雅浩（金沢大学）　　　　　　　　　　5.3 節
山崎重一郎（近畿大学）　　　　　　　　　　9.2 節，9.3 節
米田　　健（三菱電機株式会社）　　　　　　10.3 節

（所属は 2022 年 2 月現在）

〈編者略歴〉

宮地充子（みやじ　あつこ）
1990 年　大阪大学大学院理学研究科博士前期課程数学専攻修了
1990 年　松下電器産業株式会社
1997 年　博士（理学）
現　在　大阪大学大学院工学研究科電気電子情報工学専攻教授

菊池浩明（きくち　ひろあき）
1988 年　明治大学工学部電子通信工学科卒業
1994 年　博士（工学）
現　在　明治大学総合数理学部教授

- 本書の内容に関する質問は，オーム社ホームページの「サポート」から，「お問合せ」の「書籍に関するお問合せ」をご参照いただくか，または書状にてオーム社編集局宛にお願いします．お受けできる質問は本書で紹介した内容に限らせていただきます．なお，電話での質問にはお答えできませんので，あらかじめご了承ください．
- 万一，落丁・乱丁の場合は，送料当社負担でお取替えいたします．当社販売課宛にお送りください．
- 本書の一部の複写複製を希望される場合は，本書扉裏を参照してください．

IT Text
情報セキュリティ（改訂 2 版）

2003 年 10 月 25 日　第 1 版第 1 刷発行
2022 年 2 月 20 日　改訂 2 版第 1 刷発行

編　　者　宮地充子
　　　　　菊池浩明
発 行 者　村上和夫
発 行 所　株式会社 オーム社
　　　　　郵便番号　101-8460
　　　　　東京都千代田区神田錦町 3-1
　　　　　電話　03(3233)0641(代表)
　　　　　URL　https://www.ohmsha.co.jp/

© 宮地充子・菊池浩明 2022

印刷・製本　美研プリンティング
ISBN978-4-274-22816-2　Printed in Japan

本書の感想募集　https://www.ohmsha.co.jp/kansou/
本書をお読みになった感想を上記サイトまでお寄せください．
お寄せいただいた方には，抽選でプレゼントを差し上げます．

情報と職業 (改訂2版)

駒谷昇一・辰己丈夫　共著　■ A5判・232頁・本体2500円【税別】

■ 主要目次
情報社会と情報システム／情報化によるビジネス環境の変化／企業における情報活用／インターネットビジネス／働く環境と労働観の変化／情報社会における犯罪と法制度／情報社会におけるリスクマネジメント／明日の情報社会

コンピュータグラフィックスの基礎

宮崎大輔・床井浩平・結城 修・吉田典正　共著　■ A5判・292頁・本体3200円【税別】

■ 主要目次
コンピュータグラフィックスの概要／座標変換／3次元図形処理／3次元形状表現／自由曲線・自由曲面／質感付加／反射モデル／照明計算／レイトレーシング／アニメーション／付録

数理最適化

久野誉人・繁野麻衣子・後藤順哉　共著　■ A5判・272頁・本体3300円【税別】

■ 主要目次
数理最適化とは／線形計画問題／ネットワーク最適化問題／非線形計画問題／組合せ最適化問題／付録　数学に関する補定

アルゴリズム論

浅野哲夫・和田幸一・増澤利光　共著　■ A5判・242頁・本体2800円【税別】

■ 主要目次
アルゴリズムの重要性／探索問題／基本的なデータ構造／動的探索問題とデータ構造／データの整列／グラフアルゴリズム／文字列のアルゴリズム／アルゴリズム設計手法／近似アルゴリズム／計算複雑さ

離散数学

松原良太・大嶌彰昇・藤田慎也・小関健太・中上川友樹・佐久間雅・津垣正男　共著
■ A5判・256頁・本体2800円【税別】

■ 主要目次
集合·写像·関係／論理と証明／数え上げ／グラフと木／オートマトン／アルゴリズムと計算量／数論

確率統計学

須子統太・鈴木 誠・浮田善文・小林 学・後藤正幸　共著　■ A5判・264頁・本体2800円【税別】

■ 主要目次
データのまとめ方／集合と事象／確率／確率分布と期待値／標本分布とその性質／正規母集団からの標本分布／統計的推定／仮説検定／多変量データの分析／確率モデルと学習／付録　統計数値表

HPCプログラミング

寒川 光・藤野清次・長嶋利夫・高橋大介　共著　■ A5判・256頁・本体2800円【税別】

■ 主要目次
HPCプログラミング概説／有限要素法と構造力学／数値線形代数／共役勾配法／FFT／付録　Calcompインターフェースの作画ライブラリ

人工知能 (改訂2版)

本位田真一　監修・松本一教・宮原哲浩・永井保夫・市瀬龍太郎　共著　■ A5判・244頁・本体2800円【税別】

■ 主要目次
人工知能の歴史と今後／探索による問題解決／知識表現と推論の基礎／知識表現と利用の応用技術／機械学習とデータマイニング／知識モデリングと知識流通／Web上で活躍するこれからのAI／社会で活躍するこれからのAIとツール

もっと詳しい情報をお届けできます。
◎書店に商品がない場合または直接ご注文の場合も右記宛にご連絡ください。

ホームページ https://www.ohmsha.co.jp/
TEL／FAX TEL.03-3233-0643　FAX.03-3233-3440

（本体価格は変更される場合があります）

F-2202-307